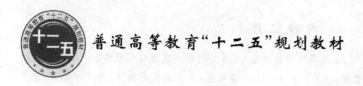

普通高等教育"十二五"规划教材

全光通信网技术

（第 2 版）

李维民　康巧燕　黄海清　赵巧霞　编著

U0291096

北京邮电大学出版社

·北京·

内 容 简 介

21 世纪是光网络取代电网络的时代,全光通信网技术是 21 世纪的新一代通信网络技术。本书系统地介绍了全光通信网的基础理论和关键技术,全书共分 11 章,内容包括:全光通信网概述、光开关技术、光交换技术、光传送网技术、光交叉连接设备、光分插复用器(OADM 与 ROADM)、下一代 OTN 技术(超级通道技术、偏振复用相干光 OFDM 技术、Nyquist-WDM 技术)、全光网络结构与保护技术、光传送网管理、IP over WDM、自动交换光网络。书后附有缩略语及主要参考文献。

本书可作为高等院校通信技术专业学生的教材和参考书,也可供从事信息化建设工作的广大科技工作者和工程技术人员使用。

图书在版编目(CIP)数据

全光通信网技术/李维民等编著. --2 版. --北京:北京邮电大学出版社,2015.8
ISBN 978-7-5635-4118-8

Ⅰ. ①全… Ⅱ. ①李… Ⅲ. ①光纤通信—通信网 Ⅳ. ①TN929.11

中国版本图书馆 CIP 数据核字(2014)第 189772 号

书　　　　名 :	全光通信网技术(第 2 版)
著作责任者 :	李维民　康巧燕　黄海清　赵巧霞　编著
责 任 编 辑 :	张珊珊
出 版 发 行 :	北京邮电大学出版社
社　　　址 :	北京市海淀区西土城路 10 号(邮编:100876)
发 行 部 :	电话:010-62282185　传真:010-62283578
E-mail :	publish@bupt.edu.cn
经　　　销 :	各地新华书店
印　　　刷 :	北京鑫丰华彩印有限公司
开　　　本 :	787 mm×1 092 mm　1/16
印　　　张 :	14.75
字　　　数 :	362 千字
版　　　次 :	2009 年 8 月第 1 版　2015 年 8 月第 2 版　2015 年 8 月第 1 次印刷

ISBN 978-7-5635-4118-8　　　　　　　　　　　　　　　　定　价 : 30.00 元

第 2 版前言

光纤通信技术经过了四十多年的发展,到目前为止,全光通信网络是最活跃的领域之一。从历史上看,光纤通信技术经历了 4 个时期。

第一个时期是 20 世纪 70 年代初期的发展阶段,主要解决了光纤的低损耗,带来了光源和光接收器等光器件以及小容量光纤通信系统的商用化。

第二个时期是 20 世纪 80 年代的准同步数字系列(PDH)设备的大量商用化。这个时期光纤开始代替电缆,数字传输制取代模拟传输制,由于 PDH 系统是点对点系统,没有国际统一的光接口规范,上/下电路不方便,成本高,帧结构中没有足够的管理比特,无法进行网络的运行、管理与维护,于是在 20 世纪 80 年代中期出现了 SDH。

第三个时期是 20 世纪 90 年代的同步数字系列(SDH)设备的大量商用化。SDH 真正实现了网络化的运行、管理与维护,由于实现了大容量传输,传输性能好,在干线上光纤开始全面取代电缆。SDH 中光只是用来实现大容量传输,所有的交换、选路和其他智能都是在电层面上实现的;SDH 技术偏重于业务的电层处理,具有灵活的调度、管理和保护能力,操作、管理和维护(OAM)功能完善。但是,它以 VC4 为基本交叉调度颗粒,采用单通道线路,容量增长和调度颗粒大小受到限制,无法满足业务的快速增长。而光波分复用(WDM)技术以业务的光层处理为主,多波长通道的传输特性决定了它具有提供大容量传输的优势。

第四个时期是 21 世纪以来 WDM 通信系统设备的大量商用化和光传送网(OTN)的发展。这个时期,IP 业务的增长势如破竹,已成为世界瞩目的焦点和推动全球信息业发展的主要力量,并给整个网络的技术模式、整体架构及业务节点的实现方式、组网形态、业务能力等诸多方面带来了深远的影响。WDM 技术的成熟使得以较低成本提供巨大的网络容量成为现实,在此基础上形成了WDM 光层。特别是密集波分复用(DWDM)技术对网络的升级扩容、发展宽带新业务、充分挖掘和利用光纤带宽能力、提高通信系统的性价比和经济有效性、满足不断增长的电信和因特网业务的需求、实现超高速通信具有十分重要的意义。在越来越多的光传输系统升级为 WDM 或 DWDM 系统,以及在 DWDM 技术逐渐从骨干网向城域网和接入网渗透的过程中,人们发现 DWDM 技术在提高传输能力的同时,还具有无可比拟的联网优势。普通的点到点光波分复用通信系统尽管有巨大的传输容量,但只提供了原始的传输带宽,需要有灵活的节点才能实现高效的灵活组网能力。而全光节点可以彻底消除光/电/光设备产生的带宽瓶颈,保证网络容量的持续扩展性;可以省去昂贵的光电转换设备,大幅度降低建网和运营维护成本;可以实现网络对客户层信号的透明性,支持不同格式或协议的信号;可以避免光电转换环节及复杂的时隙指配过程,加快高速电路的指配和业务供给速度,以实现在波长级灵活组网的目的;可以实现快速网络恢复,改进网络的生存性和质量。OTN 是继 PDH、SDH 之后的新一代数字光传送技术体制,它能解决传统 WDM 网络无波长/子波长业务调度能力、组网能力、保护能力弱等问题。OTN 以多波长传送、大颗粒调度为基础,综合了 SDH 的优点及 WDM 的优点,可在光层及电层实现波长/子波长业务的交叉调度,并实现业务的接入、封装、映射、复用、级联、保护/恢复、管理及维护,形成一个以大颗粒宽带业务传送为特征的大容量传送网络。

随着网络业务向动态的 IP 业务的继续汇聚,一个灵活、动态的光网络是不可或缺的,最新发展趋势是自动交换光网络(ASON),它使光联网从静态光联网走向动态交换光网络。这样带来的主要好处有:简化网络和节点结构,优化网络资源配置,提高带宽利用率,降低建网初始成本;实现规划、业务指配和维护的自动化,从而降低运维成本,并且可以解决实时、准确维护传输网资源的难题,避免资源搁浅;具备网络和业务的快速保护恢复能力。

近年来由于视频业务、移动互联网、云计算等新型业务的兴起,促使互联网的流量需求(近几年调查显示)正以每年约 $40\% \sim 60\%$ 的速度在增长,这种快速增长消耗了大量带宽,光网络面临着严峻的挑战,现有的 10G/40G/100 GWDM 系统将不能满足未来骨干网对大量数据传输的需求。为了满足互联网需求的急剧增长,必须找到新的方法来提高现有光纤网络的传输容量,并确保这些新技术既经济高效又操作简单,能使网络供应商在继续扩展网络带宽的同时限制基础设施投资。为了效解决互联网发展所带来的挑战,近几年出现了几种新的技术:超级通道技术、相干光 OFDM(CO-OFDM)技术、奈奎斯特-WDM 技术,这些技术将在本书第 2 版的第 7 章中讲述。第 4 章光传送网技术做了较大的修改,因 G.709 为了适应灵活的 WDM 栅格以支持下一代光网络的发展在 2012 年做了较大的修订。最后在第 11 章增加了软件定义光网络技术的内容。

本书广泛收集了国内外的相关资料,引用了一些专家、学者的研究成果。第 1、5、7 章由李维民编写,第 4、10、11 章由康巧燕编写,第 6、8、9 章由黄海清编写,第 2、3 章由赵巧霞编写。

由于作者水平有限,书中错误难免,疏漏不当之处,敬请广大读者批评指正。

编 者

目　　录

第1章

概　述

光纤通信重大的变革是由点到点的光波分复用(WDM)系统向全光网络的发展和演变。随着传输系统容量的快速增长,节点交换系统的压力越来越大,再用传统的电交换系统已无法满足快速增长的节点吞吐量,促使人们对光交换系统的研究产生了兴趣。光波分复用技术不仅具有巨大的传输容量,而且具有良好的联网能力,从而引发了全光通信网的发展。本章主要介绍全光通信网的基本概念。

1.1　光纤通信的发展

1966 年 7 月,高锟博士和他的同事霍克曼(G. A. Hckman)发表了题为《介质纤维表面光频波导》的著名论文,认为可以用石英基玻璃纤维进行长距离传输,并指出当光纤损耗由目前的 1 000 dB/km 下降到 20 dB/km 之日,便是光纤通信成功之时。高锟提出的光纤,是用高纯度的玻璃纤维制成,光进入到其中,就像进入了一个周围全是镜子的管线,在全反射的作用下,只能从另一端出来。这种与头发差不多粗细的导体,具有频带宽、尺寸小、重量轻的优点,如果再加上低损耗,必将给人类通信带来一场革命,把人类带入信息无限丰富的时代。

1970 年,美国康宁公司马勒博士等三人的研究小组首次成功研制出损耗为 20 dB/km 的光纤。1974 年,贝尔实验室发明了制造低损耗光纤的方法,称为改进的化学气相沉积法(MCVD),使光纤损耗下降到 1 dB/km。1976 年,日本电话电报公司研制出更低损耗光纤,损耗下降到 0.5 dB/km。1979 年,日本电报电话公司研制出损耗为 0.2 dB/km 的光纤(1.55 μm)。

1976 年,美国在亚特兰大成功地进行了速率为 44.7 Mbit/s 的光纤通信系统试验;1981 年,日本 F-100 M 光纤通信系统投入商用;1987 年,英国南安普顿大学研制出掺铒光纤放大器(EDFA);1992 年,美国朗讯公司研制出实用化的光波分复用系统;1996 年,光波分复用系统开始商用;1999 年,美国朗讯推出 1 Tbit/s(100×10 Gbit/s) WDM 系统,该系统有 100 个波长通道,每通道 10 Gbit/s ;2000 年,日本 NEC 光波分复用系统试验达到 3.2 Tbit/s(160×20 Gbit/s);2001 年 3 月,在 OFC2001 年年会上,日本 NEC 公司发布了当时世界上最高纪录,该系统速率为 10.92 Tbit/s(273×40 Gbit/ s),采用 S、C、L 三个波段,传输距离 117 km(纯硅芯大有效面积光纤 PSCF 两段),采用了分布拉曼放大与集中光纤放大。

2010 年 10 月,武汉邮电科学研究院的光纤通信技术和网络国家重点实验室在全球率先实现了单通道 1.08 Tbit/s 相干光 OFDM(正交频分复用)系统,在普通标准单模光纤中传输了 1 040 km,达到了国际领先水平。2011 年 7 月,又实现了单个 C 波段 WDM 总容量 30.7 Tbit/s 的世界新纪录。NEC 在 2011 年的 OFC 会议上宣布了在 C＋L 波段上实现了 370 × 294 Gbit/s＝108.78 Tbit/s 信号传输 165 km 的新纪录,频谱效率达到 11 bit·$(s·Hz)^{-1}$。在 2012 年的 OFC 会议上,NTT 宣布在 C 波段＋扩展的 L 波段上实现了 224×548 Gbit/s＝122.752 Tbit/s 信号传输 240 km(PDPSC.3),这是迄今为止在单根单芯光纤上传输的最大容量的最高纪录。在多芯光纤传输技术方面,我国远远落后,目前国际上的最高纪录是 NTT 网络创新实验室在 2012 年的 ECOC 会议上发布的,在 12 芯光纤上实现的 1.01 Pbit/s(12 空分复用/222WDM/456 Gbit/s)信号传送 52 km 的实验。在超长距离传输方面,在 2010 年的 OFC 会议上 Tyco 公司发布了 10.7 Tbit/s（96×112 Gbit/s ）PDM-RZ-QPSK 信号传输 10 608 km 的纪录(PDPB10)。

1.2　WDM 技术的优点

1.2.1　光波分复用技术的产生

从准同步数字系列(PDH)及同步数字系列(SDH)通信技术可以看到:(1)要实现 A、B 两点间的通信,需要两根光纤,工作波长通常为 1.31 μm 或 1.55 μm,且收发同一波长;(2)为了增加传输容量,提高光纤带宽的利用率,从而降低每一通路的成本,采用的是电时分复用(ETDM)方式。这是一种传统和成熟的复用方案,广泛用于 PDH 及 SDH 设备中。但是,随着现代电信网对传输容量要求的急剧提高,利用 ETDM 方式已日益接近硅和镓砷技术的极限:当系统的传输速率超过 10 Gbit/s 时,由于受到电子迁移速率的限制即所谓的"电子瓶颈"问题,ETDM 方式实现起来非常困难,并且传输设备的价格也很高,光纤色度色散和极化模色散的影响也日益加重。因此,如何充分利用光纤的频带资源,提高系统的通信容量,从而降低每一通路的成本,成了光纤通信理论和设计上的重要问题。

回顾光纤的损耗特性曲线(如图 1-1 所示)可以发现:单模光纤并不仅仅是在 1.31 μm 和 1.55 μm 两个独立波长上是低损耗的,而是存在两个低损耗窗口,其总宽度约 200 nm,所提供的带宽达 27 THz。因此人们设想:如果在这两个窗口上以适当的波长间隔 $\Delta\lambda$ 选取多个波长做载波,然后通过一个器件把它们合在一起传输,到达接收端后,再通过另一个器件将它们分离开来,这样,就可以在不提高单信道速率的情况下,使光纤中的传输容量成倍增加,从而降低每一通路的成本,避免电子瓶颈的限制。这就是光波分复用技术。

1.2.2　光波分复用系统结构

所谓光波分复用(Wavelength Division Multiplexing, WDM)技术就是为充分利用单模光纤低损耗区的巨大带宽资源,采用光波分复用器(合波器),在发送端将多个不同波长的光载波合并起来并送入一根光纤进行传输,在接收端,再由光解复用器(分波器)将这些不同波长承载不同信号的光载波分开的复用方式。

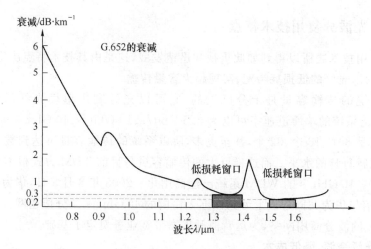

图 1-1 普通单模光纤的衰减随波长变化示意图

光波分复用系统工作原理如图 1-2 所示。从图中可以看出,在发送端由光发送机 $TX_1 \cdots TX_n$ 分别发出标称波长为 λ_1、λ_2、$\cdots$、λ_n 的光信号,每个光通道可分别承载不同类型或速率的信号,如 2.5 Gbit/s 或 10 Gbit/s 的 SDH 信号或其他业务信号,然后由光波分复用器把这些复用光信号合并为一束光波输入到光纤中进行传输;在接收端用光解复用器把不同光信号分解开,分别输入到相应的光接收机 $RX_1 \cdots RX_n$ 中。

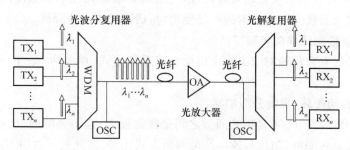

图 1-2 WDM 系统原理方框图

光波分复用系统的关键组成有 3 部分:合/分波器、光放大器和光源器件。合/分波器的作用是合波与分波,对它的要求是:插入衰耗低,具有良好的带通特性(通带平坦、过渡带陡峭、阻带防卫度高),温度稳定性好(中心工作波长随环境温度变化小),复用通道数多,具有较高的分辨率和几何尺寸小等。光放大器的作用是对合波后的光信号进行放大,以便增加传输距离,对它的要求是高增益、宽带宽、低噪声。WDM 系统的光源一般采用外调制方式,对它的要求是:能发射稳定的标称光波长、高色散容限、低啁啾。图 1-2 中的 OSC 为光监控通道,其作用就是在一个新波长(1 510 nm 波长光源的光监控通道)上传送有关 WDM 系统的网元管理和监控信息,使网络管理系统能有效地对 WDM 系统进行管理。

在发送端,$TX_1 \sim TX_n$ 共 n 个光发送机分别送出波长为 λ_1、λ_2、$\cdots$、λ_n 的已调光信号,通过 WDM 器组合在一起,然后在一根光纤中传输。到达接收端后,通过解复用器将不同光波长的信号分开并送入相应的接收机内,完成多路信号单芯传输的任务。由于各信号是通过不同光波长携带的,所以彼此之间不会串扰。

1.2.3 光波分复用技术特点

光波分复用技术之所以得到如此重视和迅速发展,这是由其技术特点决定的。

1. 充分利用光纤的低损耗带宽,实现超大容量传输

WDM 系统的传输容量是十分巨大的,它可以充分利用单模光纤的巨大带宽(约 27 THz)。因为系统的单通道速率可以为 2.5 Gbit/s、10 Gbit/s、40 Gbit/s 等,而复用光通道的数量可以是 8 个、16 个、32 个,甚至更多,所以系统的传输容量可达到数百吉比特每秒甚至几十太比特每秒的水平。而这样巨大的传输容量是目前 TDM 方式根本无法做到的。

目前,160×10 Gbit/s 的 WDM 系统已经商用化。2008 年 8 月 5 日,华为技术有限公司宣布,中国电信与华为共同建设上海到江苏无锡段的 40 Gbit/s 波分传送网。这是中国首个 80×40 Gbit/s 的波分商用网络,为运营商开展高带宽业务奠定了基础。

2. 节约光纤资源,降低成本

节约光纤资源、降低成本这个特点是显而易见的。对单波长系统而言,1 个 SDH 系统就需要一对光纤;而对 WDM 系统来讲,不管有多少个 SDH 分系统,整个 WDM 系统只需要一对光纤就够了。如对于 32 个 2.5 Gbit/s 系统来说,单波长系统需要 64 根光纤,而 WDM 系统仅需要 2 根光纤。节约光纤资源这一点也许对于市话中继网络并非十分重要,但对于系统扩容或长途干线,尤其是对于早期安装的芯数不多的光缆来说就显得非常难能可贵了,可以不必对原有系统做较大改动,而使通信容量扩大几十倍至几百倍,随着复用路数的成倍增加以及直接光放大技术的广泛使用,每话路成本迅速降低。

3. 可实现单根光纤双向传输

实现单根光纤双向传输对于必须采用全双工通信方式(如电话)而言,可节省大量的线路投资。

4. 各通道透明传输、平滑升级扩容

由于在 WDM 系统中,各复用光通道之间是彼此独立、互不影响的,也就是说波分复用通道对数据格式是透明的,与信号速率及电调制方式无关,因此就可以用不同的波长携带不同类型的信号,如波长 λ_1 携带音频,波长 λ_2 携带视频,波长 λ_3 携带数据……从而实现多媒体信号的混合传输,从而给使用者带来了极大的方便。

另外,只要增加复用光通道数量与相应设备,就可以增加系统的传输容量以实现扩容,而且扩容时对其他复用光通道不会产生不良影响。所以 WDM 系统的升级扩容是平滑的,而且方便易行,从而最大限度地保护了建设初期的投资。

5. 可利用 EDFA 实现超长距离传输

掺铒光纤放大器(EDFA)具有高增益、宽带宽、低噪声等优点,在光纤通信中得到了广泛的应用。EDFA 的光放大范围为 1 530~1 565 nm,经过适当的技术处理也可能为 1 570~1 605 nm,因此它可以覆盖整个 1 550 nm 波长的 C 波段或 L 波段。所以用一个带宽很宽的 EDFA 就可以对 WDM 系统各复用光通道信号同时进行放大,以实现超长距离传输,避免了每个光传输系统都需要一个光放大器的弊病,减少了设备数量,降低了投资。

WDM 系统的传输距离可达数百公里,可节省大量的电中继设备,大大降低成本。

6. 对光纤的色散并无过高要求

对 WDM 系统来讲,不管系统的传输速率有多高、传输容量有多大,它对光纤色度色散系数的要求,基本上就是单个复用通道速率信号对光纤色度色散系数的要求。如 80 Gbit/s 的 WDM 系统(32×2.5 Gbit/s),对光纤色度色散系数的要求就是单个 2.5 Gbit/s 系统对光纤色度色散系数的要求,一般的 G.652 光纤都能满足。

但时分复用(TDM)方式的高速率信号却不同,其传输速率越高,传输同样的距离要求光纤的色度色散系数越小。以目前铺设量最大的 G.652 光纤为例,用它直接传输 2.5 Gbit/s 速率的光信号是没有多大问题的;但若传输 TDM 方式 10 Gbit/s 速率的光信号则会遇到麻烦。首先对系统的色度色散诸参数提出了更高的要求,主要是对光纤的色度色散系数或光源器件的谱宽提出了更苛刻要求。因为色散受限的传输距离与码速率成反比例关系。其次出现了偏振模色散(PMD)受限问题,这是过去所没有遇到过的。偏振模色散是指因在光纤的制造过程中由于工艺方面的原因使光纤的结构偏离圆柱形,材料存在各向异性,以及在实际使用中由于受扭曲力、侧压力等外部应力的作用,使光缆中的光纤出现双折射现象,导致不同相位的光信号呈现不同的群速度,使接收端出现脉冲展宽。

光纤的偏振模色散是客观存在的,但对不同的传输速率有着不同的影响,而且差别颇大。对于传输速率在 10 Gbit/s 以上的单波长系统或基群为 10 Gbit/s 以上的 WDM 系统,必须考虑偏振模色散受限的问题。

7. 可组成全光网络

全光网络(AON)是未来光纤传送网的发展方向。在全光网络中,各种业务的上下、交叉连接等都是在光路上通过对光信号进行调度来实现的。例如,在某个局站可根据需求用光分插复用器(OADM)直接上、下几个波长的光信号,或者用光交叉连接设备(OXC)对光信号直接进行交叉连接。而不必像现在这样,首先进行光-电转换,然后对电信号进行上下或交叉连接处理,最后再进行电-光转换,把转换后的光信号输入到光纤中传输。

WDM 系统可以与光分插复用器、光交叉连接设备混合使用,以组成具有高度灵活性、高可靠性、高生存性的全光网络。

近年来,密集波分复用(DWDM)一直向更高的单波长比特率(已达到 100 Gbit/s)、更密集的波分复用(最多路数已达 1 022)、更宽的可用波长范围(C、L 和 S 波带)、更长的光放大段(单跨距 468 km)、更长的无电再生传输距离(实验室中环路循环传输距离达到 7 380 km)、更大容量(最大容量达到 122.752 Tbit/s)的方向迅速发展着,并在全球干线网中扮演重要角色。

1.3 光通信网络的发展和演变

通信网络的发展历史悠久,经历了现在已开始逐渐淘汰的电通信网络、目前正在广泛使用的光电混合网络,正朝着全光网络迈进。

1. 电网络

电网络采用电缆将网络节点互连在一起,网络节点采用电子交换节点,是 20 世纪 80 年代以前广泛使用的网络,如图 1-3(a)所示。承载电信号的信道有同轴电缆和对称电缆,是一种损耗较大、带宽较窄的传输信道,主要采用了频分复用(FDM)方式来提高传输的容量。电网络具有如下特点:(1)信息以模拟信号为主;(2)信息在网络节点的时延较大;(3)节点的信息吞吐量小;(4)信道的容量受限,传输距离较短。由于电网络完全是在电领域完成信息的传输、交换、存储和处理等功能,因此,受到了电器件本身的物理极限的限制。

2. 光电混合网

光电混合网在网络节点之间用光纤取代了传统的电缆,实现了节点之间的全光化。这是目前广泛采用的通信网络,如图1-3(b)所示。这是一个数字化的网络,采用了时分复用来充分挖掘光纤的宽带宽资源,从而进行信息的大容量传输,采用时分(结合空分)交换网络实现信息在网络节点上的交换。TDM有两种复接体系,即基于点到点准同步数字体系(PDH)和基于点到多点、与网络同步的同步数字体系(SDH),由于SDH优于PDH,因而目前广泛用SDH取代PDH。

目前,在全球几乎90%以上的信息量是通过光纤网络来传输的。随着传输系统容量的快速增长,交换节点的压力越来越大,在交换系统中引入光子技术的需求日渐迫切。

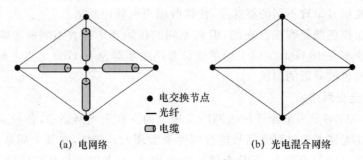

● 电交换节点
— 光纤
▭ 电缆

(a) 电网络   (b) 光电混合网络

图1-3 通信网络

3. 全光网络

全光网络(ALL Optical Network,AON)是指信号以光的形式穿过整个网络,直接在光域内进行信号的传输、再生、光交叉连接、光分插复用和交换/选路,中间不需经过光电、电光转换,因此它不受检测器、调制器等光电器件响应速度的限制,对比特速率和调制方式透明,可以大大提高整个网络的传输容量和交换节点的吞吐量。它强调网络的全光特性,严格地说在此网内不应该有光电转换,所有对信号的处理全在光域内进行。

全光网络最重要的优点是它的开放性。全光网络本质上是完全透明的,即对不同速率、协议、调制频率和制式的信号同时兼容。全光网络是人们所追求的,是未来将要实现的网络。

4. 光传送网

在早期,WDM仅作为点到点的传输系统来使用,以提高传输线路的速率。与TDM系统对照,WDM技术在从简单的点对点系统向基于波长的多点网络演变的过程中具有相当明显的优势。WDM点对点网络系统提供了巨大的传输容量。普通的点到点波分复用通信系统尽管有巨大的传输容量,但只提供了原始的传输带宽,需要有灵活的节点才能实现高效的灵活组网能力。于是业界的注意力开始转向光交换节点。

光交换技术在其从点到点传输系统向光联网网络演进过程中所发挥的作用也是至关重要的。随着可用波长数的不断增加、光放大和光交换等技术的发展以及越来越多的光传输系统升级为WDM或DWDM系统,下层的光传输网不断向多功能型、可重构、灵活性、高性价比和支持多种多样保护恢复能力等方面发展。人们发现,光波分复用技术不仅可以充分利用光纤中的带宽,而且其多波长特性还具有无可比拟的光通道直接联网的优势,这为进一步组成以光子交换为交换体的多波长光交换网络提供了基础。随着波长/光分插复用器(WADM/OADM)和波长/光交叉连接器(WXC/OXC)技术的成熟,当与 WDM 技术相结合后,不但能够从任意一条线路中任意上下一路或几路波长,而且可以灵活地使一个节点与其他节点形成连接,从而形成 WDM 光交换网络。

由于光信号固有的模拟特性和光器件的水平,人们暂时放下了全光网的追求,转而用"光传送网"来代替,即子网内全光透明,而在子网边界处采用光/电/光技术。全光网已被ITU-T 定义为光传送网(Optical Transport Network,OTN)。光传送网是在现有的传送网中加入光层,提供光交叉连接和分插复用功能,提供有关客户层信号的传送、复用、选路、管理、监控和生存性功能。

光传送网是在 SDH 光传送网和 WDM 光纤系统的基础上发展起来的,图 1-4 形象直观地给出了光传送网的演变。WDM 技术在光纤网中的应用正在经历一个从"线"到"面"的发展过程,即从点对点的 DWDM 系统到环形网,再向网状网的方向发展。点对点的 DWDM传输技术目前已比较成熟,现在关于 WDM 技术的研究方向主要有两个:一个是朝着更多波长、单波长更高速率的方向发展;另一个是朝着 WDM 联网方向发展,联网更能体现WDM 技术的优越性。

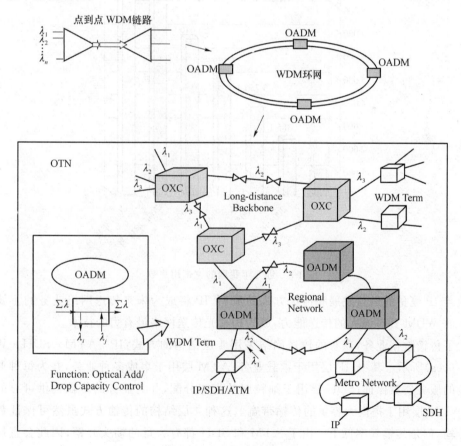

图 1-4　光传送网的演变

总之,通信网络的传输已经利用光缆取代电缆,交换节点正在用光交换逐步取代电交换,网络正在利用 OADM、OXC 构建 WDM 光网络。

1.4　IP over WDM

1998 年,全球范围内的数据业务量已经超过传统的话音业务量。我国近几年数据业务量接入用户数飞速增长,2007 年我国成功超越美国,成为全球宽带用户数最多的国家。2007 年 12 月我国的宽带用户数是 6 646.4 万,截至 2008 年 11 月,我国的宽带用户数达到了 8 338 万,月平均增长 150 万户以上,如图 1-5 所示。据工信部 2012 年 11 月的报告数据,我国的宽带家庭用户已经达到了 1.66 亿。

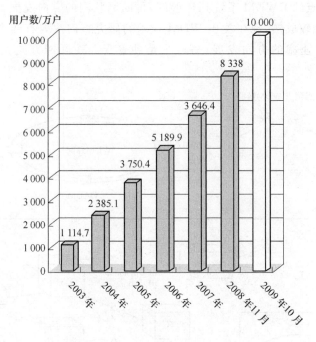

图 1-5　近几年我国的宽带用户数

随着 IP 流量的迅猛发展和传送方式的成功,IP 将成为未来传送网络业务的主要承载方式。而 WDM 具有惊人的传送能力,成为构建光传送网络最有力的技术。

为了传输数据业务,现有的传送网络采用 4 层结构的方式:IP—ATM—SDH—WDM,如图 1-6 (a)所示。其中,IP 层用于承载业务;ATM 层用于集成多种业务,并为每种业务提供相应的服务质量保证;SDH 层用于细粒度的带宽分配,并为业务的传输提供可靠的保护机制;WDM 层用于提供大容量的传输带宽。这种 4 层结构的传输方式虽然可保证数据业务的传输,但是传输效率低下。由于 ATM 和 SDH 都有大量的帧头开销,因此会直接影响到数据业务的传输效率。

IP 和 ATM 的结合是面向连接的 ATM 与无连接 IP 的统一,也是选路与交换的优化组合,可以综合利用 ATM 的速度快、容量大、多业务支持能力等优点以及 IP 的简单灵活、易扩充和统一性的特点,达到优势互补的目的。但其网络结构复杂重复,ATM 和 IP 都具有寻址、选路和流量控制功能,开销损失达 25 %,而在网络扩展性方面,ATM 的拆装分割(SAR)功能也将随着接口速率的增加而变得十分复杂,因而其速率不易提高。

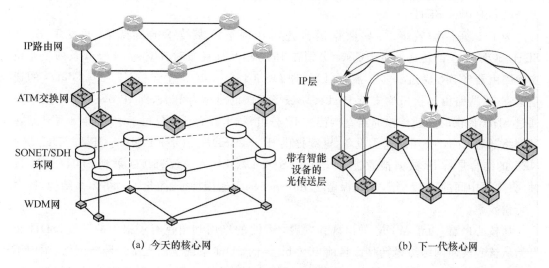

IP路由网

ATM交换网

SONET/SDH
环网

WDM网

IP层

带有智能
设备的
光传送层

(a) 今天的核心网
(b) 下一代核心网

图 1-6 传送网络层结构

在数据业务占重要地位的网络中,人们对带宽的需求与日俱增。伴随着这种需求的猛增,也提出了对提高带宽利用率、简化网络体系结构和降低网络扩建费用的要求。

4 层结构网络的带宽分配分别采用了 4 种完全不同的方式,即 IP 包、ATM 信元、SDH 帧、WDM 波长,而实际使用时,完全不需要如此多的带宽颗粒。而在功能上,每一层都带有相邻层的功能,特别是保护和恢复功能,因此造成十分复杂甚至相互冲突的局面。总之,现有 4 层网络的结构已无法适应数据业务发展的需要,必须开发新的技术手段。

传统的由 IP、ATM、SDH 和 WDM 构成的多层网络虽然有服务质量(QoS)和生存性措施,但由于其管理的复杂性和数据业务成本偏高促使人们不断探讨如何简化层次。鉴于 WDM 技术能提供巨大的带宽,已经无可争议地成为骨干网络中最为主要的传输技术,因此,如何在 WDM 之上高效地承载 IP 业务就成为最热门的重点研究课题,IP over WDM 成为人们期望的选择。

IP 在 WDM 上的适配技术有以下几种。

(1) IP over ATM

20 世纪 90 年代中期,一些因特网业务提供商在他们的核心网络中引入 IP over ATM 的模式,以满足带宽的需求,适应网络业务的爆炸性增长。

IP over ATM 的基本原理为:将 IP 数据包在 ATM 层封装为 ATM 信元,数据以 ATM 信元的形式在信道中传输。当网络中的交换机接收到一个 IP 数据包时,它首先根据 IP 数据包的 IP 地址进行处理,按路由转发。随后,按已计算的路由在 ATM 网络上建立虚通路(VC)。以后的数据包将在此 VC 上以直通方式传输而不再经过路由器的地址解析处理,从而有效地解决了 IP 路由器的瓶颈问题,提高了 IP 数据包的交换速度。

　　IP 和 ATM 的结合是面向连接的 ATM 与无连接 IP 的统一,也是选路与交换的优化组合,但其网络结构复杂,功能重复,开销损失达 25%,在网络扩展性方面,ATM 的拆装功能将随着接口速率的增加而变得十分复杂,因而其速率不易提高。在速率不高的情况下(如155 Mbit/s 或 622 Mbit/s)采用 IP over ATM 技术。

　　(2) IP over SDH

　　为了提高传输效率,一些数据运营公司在网络厂家技术的支持下,开发了 IP 在SDH/SONET 上的传送业务。Cisco 公司在 1997 年 9 月宣布对其 Cisco 12000 系列千兆位交换路由器(GSR)做进一步扩展,可以处理 OC-3 155 Mbit/s 直至 OC-48 2.4 Gbit/s 的通信速率,这些路由器接口均支持 Packet over SDH(也简称为 POS,即 IP over SDH 技术是通过 SDH 提供的高速传输通道直接传送 IP 分组)技术。Sprint 公司于 1998 年 3 月开始在其网络部署 Cisco 公司的这类设备,继续提供 IP over SDH/SONET 服务。IP 与 SDH/SO-NET 的结合是将 IP 数据报通过 PPP/LAPS/SDL/GFP 等协议直接映射到 SDH/SONET帧,去除了中间的 ATM 层,从而保留了 Internet 的无连接特征,简化了网络体系结构,提高了传输效率。

　　从核心网看,由于 WDM 的出现和发展,SDH 的作用和角色有了很大的转变,SDH 正开始从核心网向网络边缘转移。目前 10 Gbit/s 的 SDH 系统早已大批量装备网络,国内不少公司已开发出 40 Gbit/s 系统。从网络应用看,带宽为 100 Gbit/s 的路由器已经问世。随着这些路由器的大量应用,为了提高核心网的效率和功能,希望单波长内能处理多个数字连接,因此核心网的单波长速率向 400 Gbit/s 方向演进。

　　(3) IP over GE(Gigabit Ethernet,千兆以太网)

　　以太网占据了全世界局域网(LAN)的 85% 以上,以太网技术在其 20 年风雨历程中发生了 3 次大的飞跃,1995 年 IEEE 正式通过 802.3u 快速以太网标准,1998 年 6 月正式批准了 802.3z 千兆以太网标准,2002 年 6 月,802.3ae 10 G 标准发布。由于以太网技术具有共享性、开放性,加上设计技术上的一些优势(如结构简单、算法简洁、良好的兼容性和平滑升级),以及传输速率的大幅提高,以太网得到了前所未有的大规模应用。使用新的以太网标准可把大容量的 LAN 扩展成为城域网(MAN),甚至可扩展成为广域网(WAN)。路由器中的吉比特线路卡提供与 SDH 相当的容量,花费只是其 1/6 左右。在这种情况下,还需要SDH 吗?尤其是 10 Gbit/s 路由器已经出现,100 Gbit/s 的路由器也已提上日程,SDH 的装载容量已不能满足高速路由器的出口速率要求,显然直接给路由器配个波长进入 WDM 网络,不再进入 SDH 网络是可行的。这就出现了光传送网(OTN)的组网形式。

1.5　IP over OTN 是未来组网的主要形式

　　随着宽带数据业务的大力驱动和 OTN 技术的日益成熟,采用 OTN 技术构建更为高效和可靠的传送网是 OTN 技术必然的发展结果。现有城域核心层及干线的 SDH 网络适合传送的主要为 TDM 业务,而目前迅猛增加的主要为具备统计特性的数据业务,因此在这些网络层面,后续的网络建设不可能大规模新建 SDH 网络,但 WDM 网络的规模建设和扩容不可避免,IP 业务可通过 POS 接口或者以太网接口直接上载到 OTN。对于现有 WDM 系统新建或扩容的传送网络,在省去 SDH 网络层面以后,至少应支持基于 G.709 开销的维护管理功能和基于光层的保护倒换功能,也就是说,OTN 网络替代了 SDH 网络相应的功能。WDM 网络正在逐渐升级过渡到 OTN 网络,而基于 OTN 技术的组网则正在逐渐占据传送网主导地位。

基于 OTN 的光网络综合了 SDH 和 DWDM 的优点。一方面,它处理的基本对象是波长级业务,提供对更大颗粒的 2.5 Gbit/s、10 Gbit/s、40 Gbit/s、100 Gbit/s 业务的透明传送支持;另一方面,它解决了传统 WDM 网络的无波长及子波长业务调度能力、组网能力和保护能力弱等问题。因此,OTN 可在光层及电层实现波长及子波长业务的交叉调度,并实现业务的接入、封装、映射、复用、级联、保护和恢复、管理和维护,形成了一个以大颗粒宽带业务传送为特征的大容量传送网络。它集传送和交换能力于一体,是承载宽带 IP 业务的理想平台。

IP over OTN 是未来组网的主要形式,而 OTN 层提供的电信级和可管理的特性、组网和保护功能将是保证高层业务 QoS 的关键措施之一。

1.6 自动交换光网络

自动交换光网络(Automatic Switched Optical Network,ASON)在传统的静态光网络中引入动态交换和智能控制能力,从而使传送网实现从承载网向业务网的演进。

传统的光传送网仅提供原始的带宽,缺乏上层业务所要求的智能性,带宽的提供大部分采用静态配置的固定光链路连接模式,无法根据业务的波动和网络拓扑的实时变化进行动态的资源分配,并且这种静态配置方式必须通过手工操作完成,不仅速度慢、效率低,还缺乏相应的适应网络拓扑结构变化的可扩展性。因此,这样的组网结构远不能适应数据业务的发展及其所固有的随机突发性,需要从根本上对传送网的整体设计、网络的组网方式以及网络的控制和管理进行全面、彻底的调整和修改。

在这种情形下,光传送网向智能化方向发展可谓是大势所趋。智能光网络(ION)不仅能够对网络、资源、业务流量进行更加智能化的配置、管理,根据数据流量类型实现数据业务的分类,并且具有 SDH 网络一样的保护、倒换能力。为了有效地解决现有网络所遇到的问题和为网络增加智能,一种新型的网络体系应运而生,这就是自动交换传送网(ASTN),其中以 OTN 为基础的 ASTN 又称自动交换光网络(ASON)。

ASTN/ASON 的提出被誉为传送网技术的重大突破,其核心在于引入控制技术实现自动交换,将推动传输网络和交换网络的统一,实现基础网络的智能化。ASON 的重要标志是实现了网络的分布式智能,即网元的智能化,具体体现为依靠网元实现网络拓扑发现、路由计算、链路自动配置、路径的管理和控制、业务的保护和恢复等。通过引入分布式智能,一方面连接的建立采用分布式动态方式,各节点自主执行信令、路由和资源分配;另一方面 ASON 设备可自动发现物理上、逻辑上与之有关系的网元;此外,在网络出现故障时,ASON 还可利用分布式算法快速执行保护恢复等。

ASON 比 SDH 保护方式更强,SDH 是基于单个环进行保护,而 ASON 则是基于网络进行保护。例如,一个 4 点组成的网状网,每点到其他 3 点均有直接连接,用 SDH 实现保护很麻烦,必须建立若干个环网,而 ASON 则不用,断掉任意一条路由,都可以自动切换至其他路由。

思考与练习题

1. WDM 技术的优点有哪些?
2. 光网络与全光网的含义分别是什么?
3. 简述传送网的演变过程。

第2章

光开关技术

随着光纤通信技术的问世、Internet 的迅速普及以及宽带综合业务数字网(B-ISDN)体系的发展,全光网络应运而生,新型的光开关技术不断出现,原有的光开关技术性能不断地改进。随着光传送网向超高速、超大容量的方向发展,网络的生存能力、网络的保护倒换和恢复问题成为网络关键问题,而光开关在光层的保护倒换对业务的保护和恢复起到了更为重要的作用。未来的光传送网是能支持多业务的透明光传送平台,要求对各种速率业务能透明传送;同时,随着业务需求的急剧增长,骨干网业务交换容量也急剧增长。因此,光开关的交换矩阵的大小也要不断提高。同时由于 IP 业务的急剧增长,要求未来的光传送网能支持光分组交换业务,未来的核心路由器能在光层交换。这样,就对光开关的交换速度提出了更高的要求(纳秒数量级)。总之,大容量、高速交换、透明、低损耗的光开关将在光网络发展中起到更为重要的作用。

2.1 光开关的应用范围

光开关(Optical Switching,OS)是一种具有一个或多个可选择的传输窗口、可对光传输线路或集成光路中的光信号进行相互转换或逻辑操作的器件。光开关基本的形式是 2×2,即入端和出端各有两条光纤,可以完成两种连接状态:平行连接和交叉连接。如图 2-1 所示。

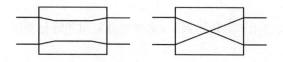

图 2-1 光开关的平行连接和交叉连接

较大型的空分光交换单元可以由基本的 2×2 光开关以及相应的 1×2 光开关级联、组合构成。

光开关在光网络中起到十分重要的作用,在光波分复用传输系统中,光开关可用于波长适配、再生和时钟提取;在光时分复用(Optical Time Division Multiplex,OTDM)系统中,光开关可用于解复用;在全光交换系统中,光开关是光交叉连接的关键器件,也是波长变换的重要器件。根据光开关的输入和输出端口数,可分为 1×1、1×2、1×N、2×2、2×N、M×N 等多种,它们在不同场合中有不同用途。

其应用范围主要有以下几方面。

（1）光网络的保护倒换系统

实际的光缆传输系统中都留有备用光纤，当工作通道传输中断或性能劣化到一定程度，光开关将主信号自动转至备用光纤系统传输，从而使接收端能接收到正常信号而感觉不到网路已出了故障，其会将网络节点连成环形以进一步改善网络的生存性。这种保护通常只需要最简单的 1×2 光开关。

（2）光纤测试中的光源控制

1×2 光开关在光纤测试技术中主要应用于控制光源的接通和切断。

（3）网络性能的实时监控系统

在远端光纤测试点，通过 $1 \times N$ 多路光开关把多根光纤接到光时域反射仪上，进行实时网络监控，通过计算机控制光开关倒换顺序和时间，实现对所有光纤的检测，并将检测结果传回网络控制中心，一旦发现某一路出现问题，可在网管中心直接进行处理。

（4）光器件的测试

利用 $1 \times N$ 光开关可以实现元器件的生产和检验测试。每一个通道对应一个特定的测试参数，这样不用把每个器件都单独与仪表连接，就可以测试多种光器件。从而测试得到简化，效率得到提高。

（5）构建 OXC 设备的交换核心

OXC 主要应用于骨干网，对不同子网的业务进行汇聚和交换。因此，需要对不同端口的业务进行交换，同时，光开关的使用使 OXC 具有动态配置交换业务和支持保护倒换功能，在光层支持波长路由的配置和动态选路。由于 OXC 主要用于高速大容量密集波分复用光骨干网上，因此要求光开关具有透明性、高速、大容量和多粒度交换的特点。例如，利用 2×2 光开关单元可以组成诸如 8×8、16×16、32×32、64×64、256×256 等 $N \times N$ 光开关矩阵，而这些光开关矩阵正是 OXC 的核心部件。OXC 主要实现动态的光路径管理、光网络的故障保护，并可灵活增加新业务。

（6）光分插复用

光分插复用（OADM）主要应用于环形的城域网中，实现单个波长和多个波长从光路自由上/下话路。光开关矩阵是 OADM 的关键部分，用光开关 OADM 可以通过软件控制动态上/下任意波长，这样将增加网络配置的灵活性。

（7）光传感系统

$1 \times N$ 光开关还可应用于点传感系统，实现空分复用和时分复用。

（8）光学测试

$1 \times N$ 和 $N \times 1$ 光开关还可组成光学扫描镜阵列。

2.2　光开关的分类和主要性能参数

目前，各种不同交换原理和实现技术的光开关被广泛地提出。不同原理和技术的光开关具有不同的特性，适用于不同的场合。如按其工作原理可分为机械式和非机械式两大类。机械型光开关依靠光纤或光学元件的移动，使光路断开或关闭。而非机械式光开关则是依靠电光效应、磁光效应、声光效应和热光效应来改变波导折射率使光路发生改变，完成开关功能。所以，非机械式光开关又称波导型光开关，依据光开关利用光自由度的方式，光开关可分为空分型、波分型、时分型、自由空间型。依据光开关的交换介质来分,光开关可分为自由空间交换光开关、波导光开关、全光开关和其他类型的开关。

目前常用的光开关有以下几种:MEMS 光开关、热光效应光开关、声光开关、液晶光开关、喷墨气泡光开关、全息光开关、液体光栅光开关、SOA 光开关等。随着新技术的发展,将有更多类型的光开关出现。

光开关的主要性能参数有以下几个。

(1) 交换矩阵的大小

光开关交换矩阵的大小反映了光开关的交换能力。光开关处于网络不同位置,对其交换矩阵大小要求也不同。随着通信业务需求的急剧增长,光开关的交换能力也需要大大提高,如在骨干网上要有超过 $1\,000 \times 1\,000$ 的交换容量。对于大交换容量的光开关,可以通过较多的小光开关叠加而成。

(2) 交换速度

交换速度是衡量光开关性能的重要指标。交换速度有两个重要的量级,当从一个端口到另一个端口的交换时间达到几毫秒时,对因故障而重新选择路由来说,时间已经够了。如对同步数字系列/同步光网络(SDH/SONET)来说,当因故障而重新选路时,50 ms 的交换时间几乎可以使上层感觉不到。当交换时间达到纳秒量级时,可以支持光互联网的分组交换。这对于实现光互联网是十分重要的。

(3) 损耗

当光信号通过光开关时,将伴随着能量损耗。依据功率预算设计网络时,光开关及其级联对网络性能的影响很大。损耗和干扰将影响到功率预算。光开关损耗产生的原因主要有两个:光纤,以及光开关端口耦合时的损耗,以及光开关自身材料对光信号产生的损耗。一般来说,自由空间交换的光开关的损耗低于波导交换的光开关的损耗。如液晶光开关和MEMS 光开关的损耗较低,大约为 $1 \sim 2$ dB。而铌酸锂和固体光开关的损耗较大,大约为 4 dB左右。损耗特性影响到了光开关的级联,限制了光开关的扩容能力。

(4) 交换粒度

不同的光网络业务,对交换的需求和光域内使用的交换粒度的需求也有所不同。交换粒度可分为 3 类:波长交换、波长组交换和光纤交换。交换粒度反映了光开关交换业务的灵活性。这对于考虑网络的各种业务需求、网络保护和恢复具有重要意义。

(5) 无阻塞特性

无阻塞特性是指光开关的任一输入端能在任意时刻将光波输出到任意输出端的特性。大型或级联光开关的阻塞特性更为明显。光开关要求具有严格无阻塞特性。

(6) 升级能力

基于不同原理和技术的光开关,其升级能力也不同。一些技术允许运营商根据需要随时增加光开关的容量。很多开关结构可容易地升级为 8×8 或 32×32,但却不能升级到成百或上千的端口,因此只能用于构建 OADM 或城域网的 OXC,而不适用于骨干网上。

(7) 可靠性

光开关要求具有良好的稳定性和可靠性。在某些极端情况下,光开关可能需要完成几千几万次的频繁动作。有些情况(如保护倒换),光开关倒换的次数可能很少,此时,维持光开关的状态是更主要的因素。如喷墨气泡光开关,如何保持其气泡的状态是需要考虑的问题。

很多因素会影响光开关的性能,如光开关之间的串扰、隔离度、消光比等都是影响网络性能的重要因素。当光开关进行级联时,这些参数将影响网络性能。光开关要求对速率和业务类型保持透明。

2.3 MEMS 光开关

2.3.1 传统的机械式光开关

传统的机械式光开关是依靠光纤或光学元件(透镜或反射镜)的移动使光路发生改变,将光直接送到或反射到输出端。机械式光开关虽然体积偏大,开关时间偏长,不适合用于大规模开关矩阵及 OXC 应用,但其插入损耗低、串扰小、重复性好、与使用的光波长和偏振态无关且价格便宜。低端口 1×2、2×2 机械式光开关是用户的最佳选择。即使是 $N \times N(N>2)$ 的阵列,光开关也可以由 1×2、2×2 开关组装而成。在全光网络的初级实验阶段,机械式光开关仍有不可替代的作用。

机械式光开关分为两大类产品:采用微精密电机控制的机械式多通道 $1 \times N$、$2 \times N$ 光开关;采用磁保持的 1×2、2×2 等机械式光开关。采用磁保持的机械式光开关主要有 3 种类型:一是采用棱镜切换光路,二是采用反射镜切换光路,三是通过移动光纤切换光路。棱镜式光开关的基本结构如图 2-2 所示。光纤与起准直作用的透镜(准直器)相连,并固定不动,通过移动棱镜改变输入/输出端口间的光路。反射镜型光开关工作原理如图 2-3 所示,当反射镜未进入光路时,光开关处于直通状态,从光纤 1 进入的光进入光纤 4,从光纤 2 进入的光进入光纤 3。当反射镜处于两光线的交点位置时,光开关处于交叉状态,从光纤 1 进入的光进入到光纤 3,从光纤 2 进入的光进入光纤 4,从而实现光路的切换。移动光纤型光开关如图 2-4 所示,是固定一端的光纤,移动另一端的光纤,与固定光纤的不同端口相耦合,实现光路的切换。这类光开关回波损耗低,且受外界环境温度影响大,并没有形成真正意义上的商用化产品。我国国内商用化光开关主要是棱镜式和反射镜型的。

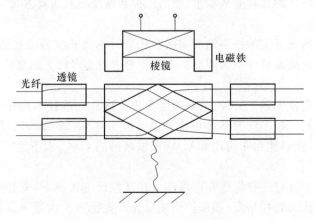

图 2-2 棱镜式光开关示意图

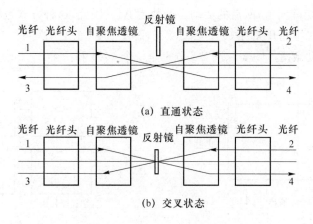

图 2-3 反射镜型光开关示意图

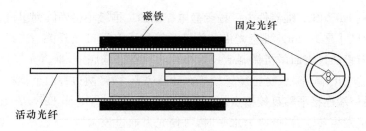

图 2-4 移动光纤型光开关示意图

2.3.2 微电子机械系统光开关

机械式光开关速度比较慢,一般为毫秒量级,体积大、不易规模集成的缺点限制了其在未来光通信领域的应用。在此基础上,近几年发展很快的是微电子机械系统(Micro Electro-Mechanical System,MEMS)光开关,它是半导体微细加工技术与微光学和微机械技术相结合产生的一个新型微机-电-光一体化的开关,它具有光信号的数据格式透明、与偏振无关、差损小、可靠性好、速度快、容易集成的优点,成为大容量交换光网络开关发展的主流方向。

MEMS 光开关是在硅晶上刻出若干微小的镜片,通过静电力或电磁力的作用,使可以活动的微镜产生升降、旋转或移动,从而改变输入光的传播方向以实现光路通断的功能。MEMS 光开关较其他光开关具有明显优势:开关时间一般在数毫秒量级;使用了 IC 制造技术,体积小、集成度高;工作方式与光信号的格式、协议、波长、传输方向、偏振方向、调制方式均无关,可以处理任意波长的光信号;同时具备了机械式光开关的低插损、低串扰、低偏振敏感性、高消光比和波导开关的高开关速度、小体积、易于大规模集成的优点。

按功能实现方法,可将 MEMS 光开关分为光路遮挡型、移动光纤对接型和微镜反射型。微镜反射型 MEMS 光开关方便集成和控制,易于组成光开关阵列,是 MEMS 光开关研究的重点,可分为二维 MEMS 光开关和三维 MEMS 光开关,并已提出一维 MEMS 光开关的概念。

所谓二维是指活动微镜和光纤位于同一平面上,且活动微镜在任一给定时刻要么处于开态,要么处于关态。在这种方式中,活动微镜阵列与 N 根输入光纤和 N 根输出光纤相连。对

一个 $N \times N$ 光开关矩阵而言,所需的活动微镜数为 N^2。因此,这种方式也称为 N^2 结构方案。例如,一个 4×4 的二维光开关有 16 个活动微镜,而 4 个 4×4 光开关可组成一个 8×8 的光开关,其中有 64 个活动微镜。图 2-5、图 2-6 分别是一个 4×4 和一个 8×8 的光开关的配置图。

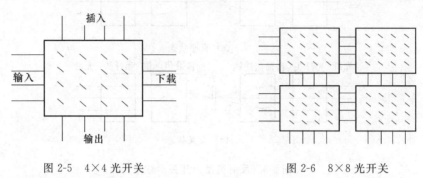

图 2-5　4×4 光开关　　　　　　　　图 2-6　8×8 光开关

基于镜面的 MEMS 二维器件由一种受静电控制的二维微小镜面阵列组成,并安装在机械底座上,典型的尺寸是 10 cm。准直光束和旋转微镜构成多端口光开关。二维 MEMS 光开关的空间微调旋转镜通过表面微机械制造技术单片集成在硅基底上,准直光通过微镜的适当旋转被接到适当的输出端。微铰链把微镜铰接在硅基底上,微镜两边有两个推杆,推杆一端连接微镜铰接点,另一端连接平移盘铰接点。转换状态通过 SDA(Scratch Drive Actuator)调节器调节平移盘使微镜发生转动,当微镜为水平时,可使光束通过该微镜,当微镜旋转到与硅基底垂直时,它将反射入射到它表面的光束,从而使该光束从该微镜对应的输出端口输出。

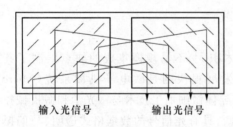

输入光信号　　　　　输出光信号

图 2-7　三维 MEMS 光开关

三维 MEMS 光开关工作原理如图 2-7 所示,是一个 4×4 光开关的光路图。这种构成方式最主要的优点是控制十分简单,组成控制系统的主要元件是双极晶体管逻辑(TTL)驱动器,辅以电平提升电路,它可给每个微(反射)镜提供所需的各种电平。

三维 MEMS 光开关的镜面能向任何方向偏转,这些阵列通常是成对出现,输入光线到达第一个阵列镜面上被反射到第二个阵列的镜面上,然后光线被反射到输出端口。镜面的位置要控制得非常精确,达到百万分之一度。三维 MEMS 阵列可能是大型交叉连接的正确选择,特别是当波长带同时从一根光纤交换到另一根光纤上。

三维 MEMS 光开关主要靠两个微镜阵列($N + N$ 个微镜)完成两个光纤阵列的光波空间连接,每个微镜都有多个可能的位置。由于 MEMS 光开关是靠镜面转动来实现交换,所以任何机械摩擦、磨损或震动都可能损坏光开关。

朗讯公司已研制了 1 296×1 296 端口的 MEMS。其单端口传送容量为 1.6 Tbit/s(单纤复用 40 个信道,每路信道传送 40 Gbit/s 信号),总传送容量达到 2.07 Pbit/s,具有严格无阻塞特性,介入损耗为 5.1 dB,串扰(最坏情况)为 -38 dB,使光开关的交换总容量达到新的数量级。OMM 公司提出的 4×4 和 8×8 光开关,其速率小于 10 ms。16×16 端口的交换时间增加到 20 ms。其 4×4 光开关的损耗为 3 dB,而 16×16 光开关的损耗为 7 dB,16×16 设备可重复性达到 3 dB,而更小的只有 0.5 dB。目前,OMM 正在积极开发三维光开关,实现更大的交叉连接。Iolon 利用 MEMS 实现光开关的大量自动化生产。该结构开关时间小于

5 ms。Xeros 基于 MEMS 微镜技术,设计了能升级到 1 152×1 152 的光交叉连接设备,对速率和协议透明,允许高带宽数据流透明交换,无须光电转换;交换时间小于 50 ms,其微镜的控制精度达到百万分之五度;使用三维的两个面对面微镜阵列,功率消耗小于 1 kW。

2.4　波导型光开关

波导型光开关通过改变波导折射率使光路发生改变,从而实现对光信号的开关控制。其中折射率的改变可基于不同原理,如磁光效应、声光效应、热光效应和电光效应等。

2.4.1　磁光开关

磁光开关是利用法拉第旋光效应,通过外加磁场的改变来改变磁光晶体对入射偏振光偏振面的作用,从而达到切换光路的效果。相对于传统的机械式光开关,它具有开关速度快、稳定性高等优势,而相对于其他的非机械式光开关,它又具有驱动电压低、串扰小等优势,可以预见在不久的将来,磁光开关将是一种极具竞争力的光开关。

所谓法拉第旋光效应是指线偏振光在磁性介质中传播时,因受外磁场的作用,其偏振面发生旋转的一种物理现象。实验证明,当在磁性材料上施加平行光传播方向的外磁场时,设偏振光振动面的旋转角度为 θ,磁感应强度为 B,光在材料中传播的长度为 L,则有

$$\theta = VBL$$

式中 V 称为费尔德常数,是表明物质磁光特性的物理量,它与光的波长有关。磁光物质旋光的方向与光的传播方向无关,只由外加磁场方向决定:当迎着磁场方向观察,偏振光总是按反时针方向旋转。旋光物质一般采用钇铁石榴石(YIG)晶体材料,它在长波段有较大的费尔德常数和较小的损耗。

2.4.2　声光开关

声光开关是利用介质的声光效应制作的光开关。声光效应是指声波通过材料产生机械应变,引起材料的折射率周期性变化,形成布拉格光栅,衍射一定波长的输入光的现象。声光开关即是利用声致光栅使光偏转做成光开关。在这种开关中,声波用来控制光线的偏转。如图 2-8 所示,其基本原理可描述如下:在 y 方向,控制电信号经换能器后产生一定频率的声表面波,声表面波在声光介质中传播,使介质折射率发生周期性变化,形成了一个运动的衍射光栅,在声波的作用下,晶体的折射率将沿声波的传输方向(y)呈周期性变化,在介质中形成一个相位光栅。当入射光束满足布拉格衍射条件时,就可引起光的偏转,偏转角由声波的频率和入射光波长决定。

声光开关的切换速度在毫秒量级,由于没有移动部分,可靠性较高。1×2 光开关损耗低于 2.5 dB。该技术可方便地用来制作端口数较少的光开关。但复杂而昂贵的控制电路限制了声光开关向大规模方向的发展。并且声光开关的波

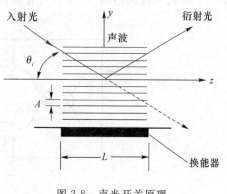

图 2-8　声光开关原理

长相关损耗(WDL)比较高。LMGR 公司声称其光纤线性声光开关没有机械部分,使用电和计算机控制声光偏转装置,能在几个微秒内将输入信号送到输出端,转向器可以任意转向。Brimrose 公司也开发了自己的声光开关,其 1×2 光开关的切换速度是 525 ns,相对损耗为 2.5 dB。

2.4.3 热光开关

热光开关和电光开关的结构可以是相同的,但是产生开关效应的机理不同。这里的热光效应是指通过电流加热的方法,使介质的温度变化,导致光在介质中传播的折射率和相位发生改变的物理效应。折射率随温度的变化可用以下关系式表示:

$$n(T) = n_0 + \Delta n(T) = n_0 + \frac{\partial n}{\partial T} \Delta T = n_0 + a\Delta T$$

式中,n_0 为温度变化之前的折射率;ΔT 为温度的变化;a 为热光系数,它与材料的种类有关。表 2-1 是几种材料的热光系数。

表 2-1　几种材料的热光系数

材料	LiNbO₃	Si	SiO₂	聚合物
热光系数	4.3×10^{-6}/K	2×10^{-4}/K	1.1×10^{-4}/K	1×10^{-4}/K

热光开关技术主要是用来制造小型的光开关。通过集成多个 1×2 光开关也可组成较大的阵列。目前主要有两种类型的热光开关:干涉式光开关(Interferometric Switches)和数字式光开关(Digital Optical Switches,DOS)。

干涉式光开关主要利用马赫-曾德尔(Mach-Zehnder)干涉原理制造,主导思想是利用光相位特性,光的相位与光的传输距离有关,输入光被分成两路,在两个分开的光波导里面进行传输,再合并。在两个波导臂上镀上金属薄膜加热器形成相位延时器,通过控制加热器实现干涉的相长或相消,以达到开关的目的。马赫-曾德尔干涉式光开关结构如图 2-9 所示。它包括一个马赫-曾德尔干涉仪(MZI)和两个 3 dB 定向耦合器,两个波导臂具有相同的长度,在 MZI 的干涉臂上,镀上金属薄膜加热器形成相位延时器,波导一般生成在硅基底上,硅基底还可看作一个散热器,波导上的热量通过它来散发出去。当加热器未加热时,输入信号经过两个 3 dB 定向耦合器在交叉输出端口发生相干相长而输出,在直通的输出端口发生相干相消,如果加热器开始工作而使光信号发生了大小为 π 的相移,则输入信号将在直通端口发生相干相长而输出,而在交叉端口发生干涉相消,从而通过控制加热器实现开关的动作。干涉式光开关结构紧凑,但对光波长敏感,需要进行精密温度控制。

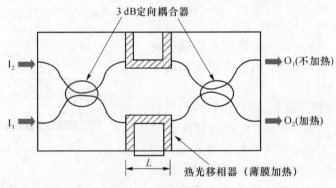

图 2-9　MZI 型热光开关

　　日本 NTT 公司近年来采用 SOI 材料作为光波导,用 Ti 金属膜作为相移区的加热膜,采用双马赫-曾德尔干涉仪结构,增加一个环形器,可构成 2×2 热光开关,如图 2-10 所示。光波从 1 和 2 入口,当不通电流加热时,光波通过交叉臂,分别从 1→2′ 和 2→1′ 出口;当两干涉仪同时通电流加热时,光波通过直通臂,分别改从 1→1′ 和 2→2′ 出口。这种开关有以下优点:①由于泄漏光被第二个干涉仪阻止,因此消光比是传统结构的两倍;②器件制作的容差能力加大;③相当于两个带通滤波器并联,有较大的带宽,有益于 DWDM 网络;④这种 2×2 开关做成阵列,大大减少单元开关数量,例如若 16×16 开关阵列由普通 1×2 开关组成,则需要 156 个器件,而用这种器件只需 64 个。双 MZI 型光开关的平均参数列于表 2-2。

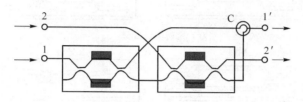

图 2-10　双 MZI 型热光开关

表 2-2　双 MZI 型热光开关特性参数

性能	插入损耗/dB	串音/dB	开关时间/ms	消光比/dB	功耗/mW
数值	6.6	−46	2	55	17

　　数字式光开关也叫 Y 分支器型热光开关,如图 2-11 所示。最基本的 1×2 热光开关由在硅基底上制作的 Y 形分支矩形波导构成,在波导分支表面沉积金属钛或铬形成微加热器。当对 Y 形的一个分支加热时,相应波导的折射率会发生改变(减小),从而阻止光沿该分支的传输。数字光开关的稳定性在于只要加热到一定温度,光开关就保持同样的状态。它通常用硅或高分子聚合物制备,聚合物的导热率较低而热光系数高,需要功耗 200 mW 左右,但插入损耗较大,一般为 4 dB,消光比约 20 dB。

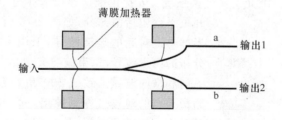

图 2-11　数字式光开关

2.4.4　电光开关

　　电光开关的原理一般是利用铁电体、化合物半导体、有机聚合物、光电晶体材料(如 $LiNbO_3$ 或其他半导体材料)的电光效应(Pockels 效应),或电吸收效应(Franz-Keldysh 效应),以及硅材料的等离子体色散效应,在电场的作用下改变材料的折射率和光的相位,再利用光的干涉或者偏振等方法使光强突变或光路转变。

　　电光开关有两种类型:直接电光效应型和间接电光效应型。直接电光效应型光开关利用了材料的电光效应或电吸收效应,通过电场来改变材料的折射率,即折射率 n 随光场 E 而变化。典型材料有铌酸锂 LiNbO$_3$、InGaAsP 等。而间接电光效应型光开关一般为半导体材料,利用半导体材料的等离子色散效应,通过注入电流来实现折射率调制,典型材料有 InP、GaAs 和 Si。

电光开关有多种结构类型,比较传统的开关结构有定向耦合器型、马赫-曾德尔干涉型、全内反射型和 Y 分支型等,如图 2-12 所示。

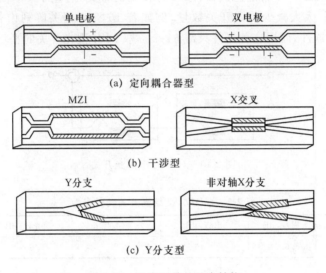

(a) 定向耦合器型

(b) 干涉型

(c) Y 分支型

图 2-12　电光开关的基本结构

2.5　喷墨气泡光开关

喷墨气泡光开关是安捷伦(Agilent)公司采用他们的热喷墨打印和硅平面光波电路两种技术开发出的一种二维光交叉连接系统。安捷伦把这种技术称为"光子交换平台"。其光

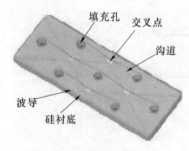

图 2-13　喷墨气泡光开关

开关平台包括两部分,如图 2-13 所示:上半部是硅片;下半部是硅衬底的玻璃波导,采用 PLC 工艺集成了纵、横分布的两束波导,每束波导又包括若干平行的波导线路。纵向和横向波导大致成 120°角交错排列,在经过每个线路交叉点的地方另外刻蚀出一系列沟槽,每一个小沟槽都对应一个微型电阻,从两侧的填充孔向槽内注入某种与 SiO$_2$ 材料折射率相匹配的液体。上下两部分之间抽真空密封,对通过的光产生全反射。电信号的加入在下半部引入。通过电阻加热匹配液形成气泡。在芯片与光纤的耦合上采用带状光缆通过硅 V 形槽"BUTT END"接触解决。当有入射光照入并需要交换时,一个热敏硅片会在液体中产生一个小泡,小泡将光从入射波导中的光信号全反射至输出波导。惠普的喷墨打印技术的引入主要反映在对气泡(微电阻)产生的精密控制上。喷墨打印要在指定的地方产生墨点,这里要在指定的地方产生气泡。但气泡光开关同喷墨技术又不相同,气泡也许要维持很长一段时间。安捷伦称气泡由封闭的系统控制,因此不会溢

出，通过控制蒸汽压，保持液、气体能共存的温度和压力。喷墨气泡光开关交换速度为 10 ms。由于没有可移动部分，可靠性较好，32×32 子系统损耗为 4.5 dB，由于使用已有的技术，故其成本不高，同时具有较好的扩展性。

安捷伦喷墨气泡光开关具有毫秒的交换速度，具有偏振不敏感性，因此具有小的极化损耗，能对速率和业务协议透明。具有低损耗、低串扰和小于 −50 dB 的高消光比。

喷墨气泡光开关有两个重要因素要考虑：①如何很好地控制光开关的状态，如光开关频繁动作或长期维持气泡状态；②喷墨气泡光开关封装后，其内部材料和液体的生存时间问题（如典型的工作 20 年）。

2.6　液晶光开关

液晶是介于液体与晶体之间的一种物质状态。它既有液体的流动性，又有晶体的取向特性。目前液晶材料都是长型分子或盘型分子的有机化合物，是一种非线性的光学材料。当液晶分子有序排列时表现出光学各向异性，光通过液晶时，会产生偏振面旋转、双折射等效应。液晶分子是含有极性基团的极性分子，在电场作用下，偶极子会按电场方向取向，导致分子原有的排列方式发生变化，从而液晶的光学性质也随之发生改变，这种因外电场引起的液晶光学性质的改变称为液晶的电光效应。

液晶光开关通过电场控制液晶分子的方向实现开关功能，其典型工作原理如图 2-14 所示。图 2-14 中在相距一定距离的两平板之间均匀排列着向列相液晶，当没有外加电压时〔如图 2-14(a)所示〕，向列相液晶的指向大致平行于平板表面，液晶分子与互相垂直的偏振片 A、P 的夹角均为 45°，此时光透过率最大，开关为通状态；当施加外场 E 时，液晶分子长轴最终平行于外场〔如图 2-14(b)所示〕，液晶将不影响入射光的偏振特性，此时光的透过率接近于零，开关为断状态；当撤掉外场时，由于表面作用和液晶的弹性作用，液晶分子的排列会恢复到平行于平板表面，从而最终实现开、关状态的相互转换。

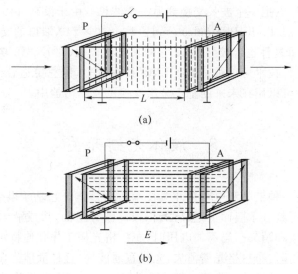

图 2-14　液晶光开关工作原理示意图

目前液晶光开关的最大端口数为 80,消光比为 40～50 dB,被认为更适合用于较小的交换系统中。由于在液晶中光被分成偏振方向不同的两束,最后再合起来,如果两束光的传播路径稍有不同,便会产生插入损耗(1×2 开关插入损耗为 1 dB,1×8 开关插入损耗为 2.5 dB)。在开关速度方面,通过加热液晶可以提高速度,但会使设备功耗增加。

液晶光开关的工作状态基于对偏振的控制:一路偏振光被反射,而另一路可以通过。典型的液晶器件将包括无源和有源两部分。无源部分(如分路器)将入射光分为两路偏振光;根据是否使用电压,有源部分改变或者不改变入射光的偏振态。由于电光效应,在液晶上施加电压将改变非常光的折射率,从而改变非常光的偏振状态,如原来的平行光经过在液晶中的传输会变成垂直光。液晶的电光系数很高,是铌酸锂的几百万倍,这使得液晶成为最有效的光电材料。电控液晶光开关的交换速度可达亚微秒级,未来将可以达到纳秒级。

2.7　全息光开关

全息光开关是利用激光的全息技术,将光纤光栅全息图写入 KLTN 晶体内部,利用光纤光栅选定波长的光开关。电激发的光纤布拉格光栅的全息图被写入到 KLTN 晶体内部后,当不加电压时,晶体是全透明的,此时光线直通晶体。当有电压时,光纤光栅的全息图产生,其对特定波长光反射,将光反射到输出端。晶体的行和列对光进行选路。KLTN 晶体尺寸大约为 2 mm×2 mm×1.5 mm,组成一个矩阵,构成光开关的核心。行对应于不同的光纤,列同交换的波长有关。全息图对照明不敏感,所以通常不会擦除存储的全息图。但光全息图能被擦除并重新写入。同时,多个全息光栅能高效地存储到同一晶体内部,它具有低损耗特性,交换速度达到纳秒量级。全息光开关可以在线动态监测每一路波长,因为当全息光栅被激活时,大约有 95% 被反射,剩余 5% 直通。这 5% 的信号可以用来监测,这对于网络管理具有很重要的意义。

利用这种技术可以很容易地组成拥有上千个端口的光交换系统,并且它的开关速度非常快,只需几纳秒就可以把一个波长交换到另一个波长。由于没有可移动部件,它的可靠性较高。掌握这种技术的 TrellisPhotonics 公司声称,240×240 端口的交换系统的介入损耗低于 4 dB,端到端的重复性也比较好,但是它的功耗比较大(240×240 功耗小于 300 W),并且需要高压供电。这种技术可以跟三维 MEMS 技术竞争,但它更适合于单个波长的交换。纳秒量级的交换速度可以用在未来的基于分组交换的光路由器中。

2.8　液体光栅开关

液体光栅开关是一种液晶和电全息开关技术的结合体。它基于电交换光栅(ESBG)技术,即把液晶微滴置于高分子层面上,然后沉积在硅波导上面,形成液体光栅。通过控制电压,使布拉格光栅产生和消失。当不加电压时,布拉格光栅工作并使特定的波长偏转从波导上端输出;当加上电压时,布拉格光栅消失,光线直通波导,这样液体光栅完成选出特定波长并交换的功能。液体光栅开关的交换时间大约为 100 μs,比热光开关的交换速度快 10 倍,比气泡光开关或 MEMS 光开关的交换速度快 100 倍。同样因没有移动部件,可靠性高、损耗低。DigiLens 公司声称液体光栅开关的光损耗小于 1 dB。其典型功耗大约 50 mW 左右，它对于波长交换具有灵活性，因为它能从波长群中选择需要的波长，可作为 OADM 的核心。但其对于多波长群交换或光纤级交换就远不如 MEMS 光开关了。它与全息光栅开关的区别就在于液体光栅开关可以通过施加电压来产生或者消除。

2.9 半导体光放大器开关

半导体光放大器开关利用半导体光放大器(Semiconductor Optical Amplifier，SOA)的放大特性，实现特定波长的交换。SOA 是采用与通信用激光器相类似的工艺制作而成的一种行波放大器，当偏置电流低于振荡阈值时，激光二极管就能对输入相干光实现光放大作用。由于 SOA 具有体积小、结构较为简单、功耗低、寿命长、易于同其他光器件和电路集成、适合批量生产、成本低、可实现增益兼开关功能等特性，其在全光波长变换、光交换、谱反转、时钟提取、解复用中的应用受到了广泛的重视。特别是随着目前应变量子阱材料的半导体光放大器的研制成功，引起了人们对 SOA 的广泛研究兴趣。武汉邮电科学研究院与华中科技大学合作，成功地研制开发了在光网络中的关键器件——半导体光放大器，并很快实现了产品化，成为继阿尔卡特(Alcatel)公司之后能够批量供应国际市场应用于光开关的半导体光放大器的供货商，这标志着我国自行研制的应变量子阱器件迈出了商品化生产的关键一步。但半导体光放大器与掺铒光纤放大器相比，存在着噪声大、功率较小、对串扰和偏振敏感、与光纤耦合时损耗大、工作稳定性较差等缺陷，迄今为止，其性能与掺铒光纤放大器仍有较大的差距。但由于 SOA 覆盖了 1 300～1 600 nm 波段，因此既可用于 1 300 nm 窗口的光放大器，也可以用于 1 550 nm 窗口的光放大器，且在 DWDM 多波长光纤通信系统中，无须增益锁定，那么它不仅可作为光放大器一种有益的选择方案，而且还可以促成 1 310 nm 窗口 DWDM 系统的实现。

半导体激光放大器的放大原理与半导体激光器的工作原理相同，也是利用能级间跃迁的受激现象进行光放大。为了提高增益，人们去掉了构成激光振荡的谐振腔，由电流直接激励，可获得 30 dB(1 000 倍)以上的光增益。

半导体激光放大器尺寸小，频带很宽，增益也很高，但最大的弱点是与光纤的耦合损耗太大，易受环境温度影响，因此，稳定性较差。半导体光放大器容易集成，适于与光集成和光电集成电路结合使用。

半导体激光放大器有两种。一种是将通常的半导体激光器当作光放大器使用，称为法布里-泊罗(F-P)半导体激光放大器(FPA)；另一种是在 F-P 半导体激光放大器的两个端面上涂有抗反射膜，以获得宽频带、高输出、低噪声，这种放大器是在光的行进过程中对光进行放大的，故称为行波式光放大器(TWLA)。

行波式光放大器的工作原理非常简单，利用对光的吸收和光的放大便可实现任意光路的切换。为了说明它的工作原理，这里给出一个 4×4 SOA 门控型光开关的结构示意，如图 2-15 所示。例如，为实现输入光纤 1 与输出光纤 2 之间的光连接，只要给第二个 SOA 注入一定电流，使之有光放大即可。其余不注入电流。凡是不注入电流的 SOA 对光产生吸收，使光路切断，而注入电流的光路直通。如果向所有的 SOA 都注入电流，可实现在 $1 \times N$ 发射模式的光连接。

半导体光放大器还可以和耦合器相结合组成各种各样的光开关。图 2-16 表示出一种 2×2 的有源光开关基本单元，其中矩形和三角形分别代表 Y 形光纤耦合器和 SOA。输入光纤信道的光信号经过输入 Y 形耦合器后,在其输出端口分别接入两个 SOA 作为光开关,将信号按指令要求经由两个输出 Y 形耦合器送往指定的输出信道,即完成了光纤信道之间的光交换。由于 SOA 在大电流注入时会引起较大噪声,通常应工作于较低注入电流水平。为保证足够大的信号增益,可采用两个 SOA 串接。图 2-17 表示出另一种 2×2 有源光开关基本单元,其中用一个 X 形光纤耦合器(椭圆形)连接 4 个 SOA,既可以使 SOA 工作于低增益状态,又使耦合器附加损耗降低 3 dB,是一种较理想的组合形式。利用图 2-17 的基本单元可以构成多路光开关矩阵。图 2-18 即为一个 4×4 有源光开关矩阵,它由 8 个 Y 形光纤耦合器与 4 个 2×2 基本单元构成。4 路输入信道光信号由 4 个 Y 形光纤耦合器分别送至 4 个 2×2 基本单元的 8 个输入端口,基本单元的输出光信号则经由另外 4 个 Y 形光纤耦合器分别送至指定的输出信道。这种有源光开关矩阵具有广播能力,能够将一个输入光纤信道的信息同时送至所有输出光纤信道。利用 2×2 基本单元还可以构成其他多种光开关矩阵,以完成规定的光交换功能。

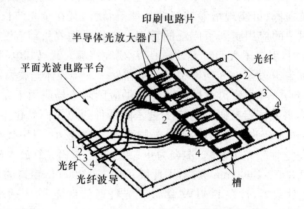

图 2-15　4×4 SOA 门控型光开关结构示意图

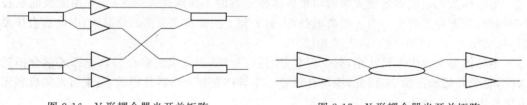

图 2-16　Y 形耦合器光开关矩阵　　　　　　　图 2-17　X 形耦合器光开关矩阵

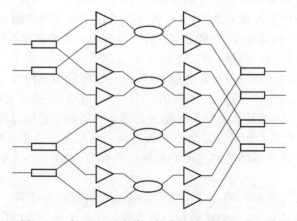

图 2-18　由 2×2 基本单元构成的 4×4 光开关矩阵

思考与练习题

1. 简述光开关的应用范围及主要性能参数。
2. 什么是 MEMS 光开关？简述其工作原理。
3. 什么是波导型光开关？热光开关主要有几种？画图说明热光开关的工作原理。
4. 画图说明液晶光开关的工作原理。
5. 简述气泡型光开关的工作原理，并画图说明。

第 3 章

光交换技术

随着通信网络逐渐向全光平台发展,以及光网络容量持续扩展,传统的交换技术已经成为整个网络发展的瓶颈,开发高速、高性能的光交换技术就成为必然的趋势。所谓光交换是指对光纤传送的光信号直接进行交换。与以往的程控交换相比,光交换不仅无须在光纤传输线路和交换机之间设置光端机进行光/电(O/E)、电/光(E/O)变换,而且在交换过程中还能充分发挥光信号的高速、宽带和无电磁感应的优点,可以保证网络的可靠性和提供灵活的信号路由平台。

3.1 光交换技术概述

3.1.1 光交换的必要性

随着人们对信息需求的与日俱增以及 IP 业务在全球范围突飞猛进的发展,给传统电信业务带来了巨大的冲击,同时也为电信网的发展提供了新的机遇。从当前信息技术的发展来看,建设高速大容量的宽带综合业务数字网已成为现代信息技术发展的必然趋势。为了适应这种需求,通信的两大组成部分——传输和交换,都在不断地发展和变革。

自从 20 世纪 70 年代后期光缆代替电缆进入通信网后,电通信网也随之成为新一代的通信网络——光电混合网。它的组成如图 3-1 所示,主要包括核心光网络和边缘电网络两大部分,其中核心光网络又包括光传输系统和光节点两部分,光传输系统实现大传输容量,而光节点在光域完成交换与路由,核心光网络由于对信息不进行电处理,只进行光处理,所以处理能力非常大,具有很大的吞吐量。边缘电网络的电子节点对信号进行电处理,并可利用光通道与光网络进行直接连接。然而,目前的光电混合网仅由光传输系统和电子节点组成。随着密集波分复用(DWDM)技术的出现,光传输系统充分利用光纤的巨大带宽资源来满足各种通信业务爆炸式增长的需要。而交换仍然采用电交换技术,不仅开销巨大,而且必须在中转节点经过光电转换,无法充分利用密集波分复用带宽资源和强大的波长路由能力。为了克服光网络中的电子瓶颈,具有高度生存性的全光网络(AON)成为宽带通信网未来发展目标。而光交换技术作为全光网络系统中的一个重要支撑技术,也在全光通信系统中发挥着重要的作用,可以说光交换技术的发展在某种程度上也决定了全光通信的发展。

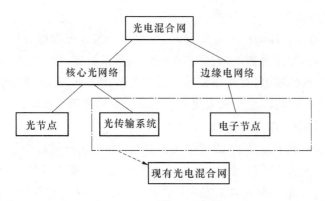

图 3-1　光电混合网的组成

3.1.2　光交换技术分类

近十年来通信行业中发展最快的是互联网及其应用。这些变化给包括光网络在内的通信网整体架构、组网形态、节点技术和传送承载能力等诸多方面带来了深刻影响。网络瓶颈已从传输环节转移到交换环节上。在下一代光网络以至未来光网络中,究竟采取哪种光交换方式是当前争论的热点所在。

光交换技术的研究始于 20 世纪 80 年代。随着通信技术的不断发展变化,光交换技术也在不断地更新和发展。从不同的角度可以对光交换技术做不同的划分。与电交换技术类似,光交换技术也有光路交换(Optical Circuit Switching,OCS)和光分组交换(Optical Packet Switching,OPS)两种交换方式。光路交换是根据电话交换的原理发展起来的。其交换的过程类似于打电话,当用户要求发送数据时,交换网应在主叫用户终端和被叫用户终端之间接通一条物理的数据传输通路。在一次接续中,光路交换是把电路资源预先分配给一对用户固定使用,不管电路上是否在传输数据,电路都一直被占用,直到通信双方要求拆除电路连接为止。目前光电路交换一般采用波长路由,这需要在传送数据之前建立好波长通道,因而不能高效传输突发性强的 IP 业务。光电路交换的优点是控制相对简单,不必为每个 IP 包寻找路由。而且光通路建立后,其业务的时延小,丢包率很低,能保证业务的 QoS 要求。

光分组交换在光域里采用了统计复用技术,能高效地传输 IP 业务。分组交换也称包交换,它将用户的一整份报文分割成若干定长的数据块,它的基本原理是"存储－转发",是以更短的、被规格化了的"分组"为单位进行交换、传输。分组交换最基本的思想就是实现通信资源的共享。但分组交换会造成较大的时延及抖动,不能满足实时通信的需要。

光分组交换系统根据对控制包头处理及交换粒度的不同,又可分为以下几种技术。

（1）光分组交换技术

分组包括定长度的光分组头、净荷和保护时间三部分。在交换系统的输入接口完成光分组读取和同步功能,同时用光纤分束器将一小部分光功率分出,送入控制单元,用于完成如光分组头识别、恢复和净荷定位等功能。光交换矩阵为经过同步的光分组选择路由,并解决输出端口竞争。最后输出接口通过输出同步和再生模块,降低光分组的相位抖动,同时完成光分组头的重写和光分组再生。

(2) 光突发交换技术

光突发交换(Optical Burst Switching,OBS)技术的特点是数据分组和控制分组独立传送,在时间上和信道上都是分离的,它采用单向资源预留机制,以光突发作为最小的交换单元。OBS克服了OPS的缺点,对光开关和光缓存的要求降低,并能够很好地支持突发性的分组业务,同时与OCS相比,它又大大提高了资源分配的灵活性和资源的利用率,被认为很有可能在未来互联网中扮演关键角色。

然而OBS技术也有不足,即缺乏光随机存储器,而且光纤延迟线只能提供有限固定的时延,不能有效地对光突发进行缓存,突发丢失率较高,从而导致IP包丢失率高。而且由于IP包在边缘节点首先汇聚成数据突发,并且汇聚完成后需要等待一段时间,所以时延较大。

(3) 光标签分组交换技术

光标签分组交换(Optical Multi Protocol Label Switching,OMPLS)技术也称为通用多协议标签交换(Generalized Multi Protocol Label Switching,GMPLS)或多协议波长交换(Multi Protocol Lamda Switching,MPλS)。它是多协议标签交换(Multi Protocol Label Switching,MPLS)技术与光网络技术的结合。MPLS是多层交换技术的最新进展,将MPLS控制平面贴到光波长路由交换设备的顶部就成为具有MPLS能力的光节点。由MPLS控制平面运行标签分发机制向下游各节点发送标签,标签对应相应的波长,由各节点的控制平面进行光开关的倒换控制,建立光通道。2001年5月日本NTT公司开发出了世界首台全光交换MPLS路由器,结合WDM技术和MPLS技术,实现全光状态下的IP数据包的转发。

根据光信号传输和交换时对通道或信道的复用方式,光交换技术又可分为以下几种。

(1) 空分光交换技术

空分光交换技术即根据需要在两个或多个点之间建立物理通道,这个通道可以是光波导也可以是自由空间的波束,信息交换通过改变传输路径来完成。

空分光交换是由开关矩阵实现的,开关矩阵节点可由机械、电或光进行控制,按要求建立物理通道,使输入端任一个信道与输出端任一个信道相连,完成信息的交换。

(2) 时分光交换技术

时分复用是通信网中普遍采用的一种复用方式,时分光交换就是在时间轴上将复用的光信号的时间位置 t_1 转换成另一个时间位置 t_2。时分光交换系统采用光器件或光电器件作为时隙交换器,通过光读写门对光存储器的控制完成交换动作。

(3) 波分光交换技术

波分光交换技术是指光信号在网络节点中不经过光/电转换,直接将所携带的信息从一个波长转移到另一个波长上,即信号通过不同的波长,选择不同的网络通路来实现,由波长开关进行交换。波分光交换网络由波长复用器/波长去复用器、波长选择空间开关和波长互换器(波长开关)组成。

(4) 码分光交换技术

光码分复用(OCDMA)是一种扩频通信技术,不同用户的信号用互成正交的不同码序列填充,接收时只要用与发送方相同的算法序列进行相关接收,即可恢复原用户信息。光码分交换的原理就是将某个正交码上的光信号交换到另一个正交码上,实现不同码字之间的交换。

（5）复合型光交换

复合型光交换（Composite Type Photonic Swithing，CTPS）技术是指将以上几种光交换技术有机地结合，根据各自特点合理使用，完成超大容量光交换的功能。例如，将空分和波分光交换技术结合起来，总的交换量等于它们各自交换量的乘积。常用的复合型光交换技术主要有以下几种：空分＋时分光交换、空分＋波分光交换、波分＋时分光交换、空分＋时分＋波分光交换。

图 3-2 给出一种基于波分复用的空分光交换模块。由于空间光开关对波长透明，即对所有波长的光信号交换状态相同，所以它们不能直接用于空分波分光交换。只能把输入信号波分解复用，再对每个波长的信号分别应用一个空分光交换块，完成空间交换后再把不同波长的信号波分复用起来。这种结构支持波长选路网络中以波长为单位进行交叉连接，也是光传送网中一种典型的光交叉连接节点结构。

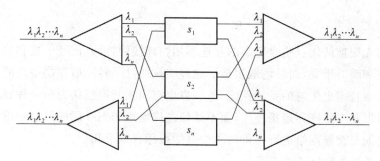

图 3-2 波分复用的空分光交换模块

3.2 空分光交换

空分光交换的功能是使光信号的传输通路在空间上发生改变，是 OCS 中最简单的一种。空分光交换的核心器件是光开关，其基本原理是用光开关组成门阵列开关，通过控制开关矩阵的状态使输入端的任一信道与输出端的任一信道接通或断开。按光矩阵开关所使用的技术，空分光交换可分成两类：一类是基于波导技术的波导空分；另一类是使用自由空间光传播技术的自由空分光交换。目前光开关有电光型、声光型和磁光型等多种类型，其中电光型光开关具有开关速度快、串扰小和结构紧凑等优点，有很好的应用前景。

典型光开关是用钛扩散在铌酸锂（Ti：LiNbO$_3$）晶片上形成两条相距很近的光波导构成的，并通过对电压的控制改变输出通路。图 3-3（a）是由 4 个 1×2 光开关器件组成的 2×2 光交换单元。1×2 光开关器件就是 Ti：LiNbO$_3$ 定向耦合器型光开关，只是少用了一个输入端而已。这种 2×2 光交换模块是最基本的光交换单元，它有两个输入端和两个输出端，通过电压控制，可以实现平行连接和交叉连接，如图 3-3（b）所示。图 3-3（c）是由 16 个 1×2 光开关器件或 4 个 2×2 光交换单元组成的 4×4 光交换单元。

自由空间光交换是指在自由空间无干涉地控制光波路径的一种技术。它采用阵列器件和自由空间光开关，因此必须对阵列器件进行精确的校服和准直。空间光调制器（SLM）是由排成方阵的许多个基本元件构成,每个元件的"透明"程度是靠外加电信号控制的,因此根据需要,适当设置不同的外加电信号即可使得入射光传输通过(0,不透明)或不通过(1,透明),实现 $N \times N$ 光开关阵列。

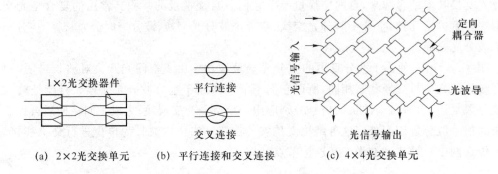

图 3-3 空分光交换

自由空间光交换的优点是对所需的互连不用物理接触,没有信号干扰和串音干扰,具有高的空间带宽和瞬时带宽,而且色散很低。这种交换通过平行反射提供很高的信号互连性,能够提供比波导技术更优越的系统性能,所以自由空间光交换被认为是一种新型交换技术,其构成器件可以是二维阵列连接芯片,而不是像连接电线和光纤那样只有一维接口。

对不同空间光交换网络进行评价的主要性能指标有以下几个。

(1)基本光开关数和可集成度

基本光开关数和可集成度大致反映了交换单元的成本。对给定的交换容量来说,当然是需要的基本光开关数越少越好,同时尽量采用集成光路技术,以降低成本。

(2)阻塞特性

交换网络的阻塞特性共分 4 种。

* 绝对无阻塞型:不需特殊的交换算法就能将任何入线连接至任何未占用的出线。
* 广义无阻塞型:利用特殊的交换算法能够将任何入线连接至任何未占用的出线。
* 可重排无阻塞型:将目前存在的连接重新调整后可以实现将任何入线连接至任何未占用的出线。
* 有阻塞型:虽然入线和出线都空闲,但是由于交换网络内部结构问题,在它们之间无法建立连接。

(3)光路损耗

光路损耗与所需的光放大器数量有关,直接影响交换单元的成本和复杂性。它大致与交换网络的级数成正比。提高工艺、增加光路的集成度以及完善与光纤的匹配技术是减少损耗的主要途径。

(4)信噪比

由于光开关的开关特性不完善,存在一定的消光比,当两路光信号经过一个光开关时,互相会有一部分能量耦合入另一信道中,造成串扰,引起信噪比下降。采用扩展(dilated)网络结构,使任一 2×2 光开关同时最多只有一路光信号经过,信号之间必须经过两次耦合才能发生串扰,可以得到较高的信噪比。

3.3 时分光交换

时分光交换是以时分复用为基础,用时隙互换原理实现交换功能的。

时分复用是把时间划分成帧,每帧划分成 N 个时隙,并分配给 N 路信号,再把 N 路信号复接到一条光纤上。在接收端用分接器恢复各路原始信号,如图 3-4(a)所示。

所谓时隙互换,就是把时分复用帧中各个时隙的信号互换位置。如图 3-4(b)所示,首先使时分复用信号经过分接器,在同一时间内,分接器每条出线上依次传输某一个时隙的信号;然后使这些信号分别经过不同的光延迟器件,获得不同的延迟时间;最后用复接器把这些信号重新组合起来。图 3-4(c)表示出了时分光交换的空分等效。

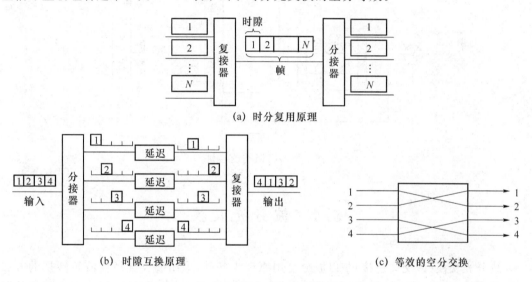

(a) 时分复用原理

(b) 时隙互换原理   (c) 等效的空分交换

图 3-4 时分光交换

要完成时分光交换,必须由时隙交换器完成将输入信号一帧中任一时隙交换到另一时隙输出的功能。完成时隙交换必须有光缓存器。双稳态激光器可用作光缓存器,但是它只能按位缓存,且还需要解决高速化和扩大容量等问题。光纤延时线是一种比较适用于时分光交换的光缓存器,它以光信号在其中传输一个时隙时间经历的长度为单位,光信号需要延时几个时隙,就让它经过几个单位长度的光纤延时线,所以目前的时隙交换器都是由空间光开关和一组光纤延时线构成的。空间光开关每个时隙改变一次状态,就把时分复用的时隙在空间上分割开,对每一时隙分别进行延时后,再复用到一起输出。而对交换系统来讲,希望在不同时刻,实现不同的入线与出线的相连,即在各个不同时刻,同一时隙的信号可能要经历不同的延迟,即要求具有可变延迟的光延迟器,这就变得较为复杂,另外时隙交换是通过延迟来实现的,这就会使信息的时延增加,使系统性能下降。

鉴于光时分系统与光传输系统很好配合构成全光网,所以光时分交换机技术研究开发进展很快,其交换速率几乎每年提高一倍。然而开发大容量的时分交换系统还有许多关键性的技术难点没有得到解决。与此同时,虽然光时分复用(OTDM)技术代表了光信号复用技术的一个方向,但目前在实验室实现的系统都采用比特复用的方式,对这种比特交织的光信号流无法直接进行交换。因此有人提出了按信元来组织复用,交换也以信元为单位进行。

ATM光交换机是典型的光时分交换机,其典型示范结构如图3-5所示。

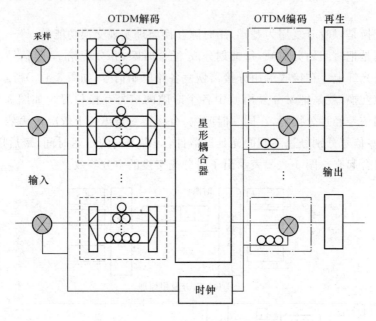

图 3-5   ATM光交换机

3.4   波分光交换

波分光交换(或交叉连接)是以波分复用原理为基础,采用波长选择或波长转换的方法实现交换功能的。因为在光纤通信系统中,波分复用或频分复用都是利用一根光纤来传输多个不同光波长或光频率的载波信号来携带信息。所以一般先用波分解复用器件将波分信道空间分割开,然后对每一波长信道分别进行波长变换,再把它们复用起来输出,从而实现波分光交换,如图3-6所示。

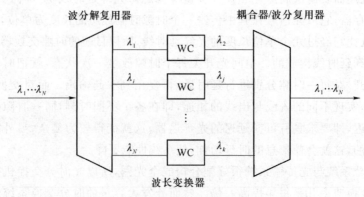

图 3-6   波分光交换原理

　　目前实现波长转换有 3 种主要方案。第一种是利用光/电/光波长变换器,即光信号首先被转换为电信号,再用电信号来调制可调谐激光器,调节可调谐激光器的输出波长,即可完成波长转换功能。这种方案技术最为成熟,容易实现,且光电变换后还可进行整形和放大处理。但是由于其间经过了光电和电光变换、整形和放大处理,失去了光域的透明性,带宽也受检测器和调制器的限制。第二种是利用行波半导体放大器的饱和吸收特性,利用半导体光放大器交叉增益调制效应或交叉相位调制效应实现波长变换。第三种是利用半导体光放大器中的四波混频效应,具有高速率、宽带宽和良好的光域透明性等优点。

　　由于受到波长变换器的影响,实际使用中一般采用复合光交换的方式。设波分交换机的输入和输出都与 N 条光纤相连接,这 N 条光纤可能组成一根光缆。每条光纤承载 W 个波长的光信号。从每条光纤输入的光信号首先通过分波器(解复用器)WDMX 分为 W 个波长不同的信号。所有 N 路输入的波长为 $\lambda_i(i=1,2,\cdots,W)$ 的信号都送到 λ_i 空分交换器,在那里进行同一波长 N 路(空分)信号的交叉连接,到底如何交叉连接,将由控制器决定。然后,以 W 个空分交换器输出的不同波长的信号再通过合波器(复用器)WMUX 复接到输出光纤上。这种交换机当前已经成熟,可应用于采用波长选路的全光网络中。但由于每个空分交换器可能提供的连接数为 $N \times N$,故整个交换机可能提供的连接数为 $N \times N \times W$,比下面介绍的波长变换法少。图 3-7(a)和图 3-7(b)分别表示出波长选择法交换和波长变换法交换的原理框图。

　　波长变换法与波长选择法的主要区别是用同一个 $NW \times NW$ 空分交换器处理 NW 路信号的交叉连接,在空分交换器的输出必须加上波长变换器,然后进行波分复接。这样,可能提供的连接数为 $N \times N \times W \times W$,即内部阻塞概率较小。

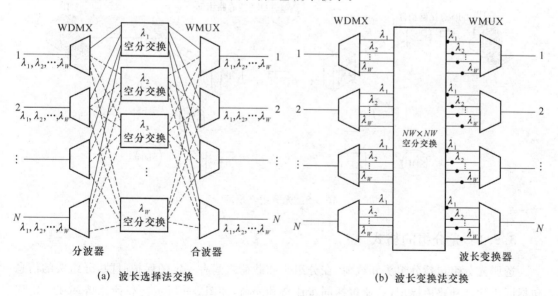

(a) 波长选择法交换　　　　　　　　　　　(b) 波长变换法交换

图 3-7　波分交换的原理框图

3.5 光分组交换技术

电信业务的发展是空前的,将来的业务对信道性能(如比特率等)、信道占用(连续还是突发的)、连接持续的时间、连接建立的时间等方面的要求将是多样的。这种趋势需要有高性能的节点和网络,不同类型的用户才能够用灵活和有效的方式来动态地分享带宽。基于波长路由的光传送网尽管很具优势,但交换的粒度较大,不能有效地使用 WDM 系统的传输能力,传送的效率较低。这就又激发了人们对光分组交换的研究兴趣。

光分组交换(OPS)是分组交换技术向光层的渗透和延伸,简单地说是以光分组的形式来承载业务数据,净荷的传输和交换在光域中进行,而信头处理和控制在光域或电域中完成。光分组交换网如图 3-8 所示,IP、SDH、ATM 等都可看作光分组网的业务层。业务层的数据在网络边缘处打包并装入净荷,然后加上光标签或信头构成光分组。OPS 即以光分组的形式来承载业务数据,净荷的传输和交换在光域中进行,而信头处理和控制在经光/电/光变换完成,或最终直接在光域中完成。

分组业务具有很大的突发性,如果用光路交换的方式处理将会造成资源的浪费。在这种情况下,采用光分组交换将是最为理想的选择,它将大大提高链路的利用率。在分组交换矩阵里,每个分组都必须包含自己的选路信息,通常是放在信头中。交换机根据信头信息发送信号,而其他信息(如净荷)则不需由交换机处理,只是透明地通过。

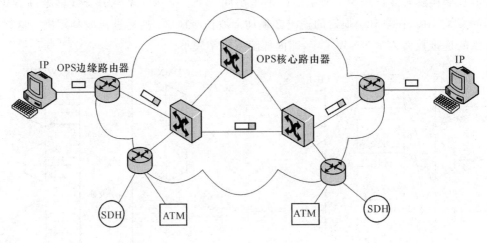

图 3-8 光分组交换网

3.5.1 光分组的格式

透明光分组包括分组头和载荷,在分组头和载荷之间有一定的保护时隙,分组头的信息包括同步比特和路由标记,载荷包括同步比特和净荷,如图 3-9 所示。载荷比特率在一定程度上是透明的,光分组具有固定的时隙长度,这是为了在交换节点和采用光纤延时线的分组缓存器中能简化同步的操作。

这些分组包括一个 622 Mbit/s 的分组头(这需要在电域内处理)以及一个具有固定时

隙和可变比特率(如可到 10 Gbit/s)的净荷。透明的光分组这个名词来源于后者,即对于比特率在一定程度上是透明的。此外要插入保护时隙以补偿光器件的交换时间、净荷在节点处可能的抖动以及在网络节点接口处同步单元的有限的冲突解决能力。

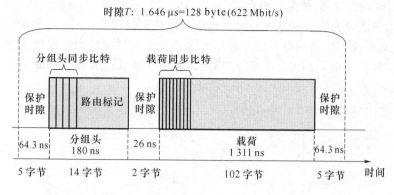

图 3-9　透明光分组

3.5.2　OPS 节点结构

OPS 节点继承了现有光网络中光交叉连接设备的基本功能,如合波/分波、波长转换、空分交换、上/下路和光监控等;此外,还具备一些能完成光同步、信头处理、冲突解决等特有功能实体。它大体上可分为 4 个子系统,即交换矩阵、控制模块(包括交换控制模块、同步控制模块、信头再生模块)、输入模块和输出模块,如图 3-10 所示。输入模块完成光分组的预放大和同步、净荷定位和缓存、信头提取等功能。输出模块负责冲突解决、信头插入、输出同步、信号放大等。交换矩阵和控制模块负责光分组路由、上/下路、解决冲突等。OPS 节点的核心是交换矩阵,它在很大程度上决定了节点的交换速率、吞吐量、可扩展性和可靠性等性能。根据交换矩阵的不同,具有代表性的 OPS 节点主要有以下几种。

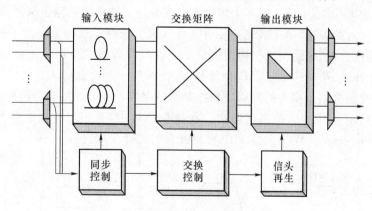

图 3-10　OPS 节点结构

1. 纯空分型 OPS 节点

像空分光交换节点那样,纯空分型 OPS 节点的交换速率和容量取决于组成光交换矩阵的核心器件——光开关。常用的光开关有 MEMS 光开关、SOA 光门等,MEMS 光开关可实现大容量光交换,但其开关速度为毫秒数量级。SOA 光门的开关速度快,可达到皮秒数量级,它还便于集成,有较好的应用前景。常用光线延迟线或光双稳器件对分组进行缓存,来解决分组竞争的问题。图 3-11 所示的就是利用光纤延迟线进行分组缓存的两级 $M \times N$ 空分光交换结构。这里输入分组在其报头信息被识别(图中省略了信头处理模块和控制回路)并给出控制信号后,由第一级 $M \times N$ 空分光交换矩阵选择不同的延迟线,然后到达第二级 $M \times N$ 空分矩阵,这样,使某些将在同一时刻到达同一输出口的分组经历不同的延时,然后由第二级空分光交换矩阵对这些分组的输出口进行交换选择。对于需要继续路由的光分组,由报头处理模块产生新的报头加在对应的净荷上。通过这整个过程就实现了光分组的无阻塞路由选择。在图 3-11 中,还可采用输入/输出共享缓存器代替光纤延迟线阵列和一级空分光交换矩阵,同样可完成上述 OPS 功能。

这种 OPS 节点具有结构简单、控制分布管理、易于实现等优势。

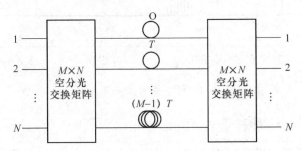

图 3-11　纯空分型 OPS 节点示例

2. 广播-选择型 OPS 节点

OPS 节点的广播-选择功能通常采用共享介质结构或树形结构来实现。图 3-12 示出一个由星形耦合器(Star Coupler,SC)提供的共享介质结构,它能够完成光分组的波长交换。来自输入链路的光分组首先由波长转换器(Wavelength Converter,WC)转换成不同的波长进入 $N \times K$ 星形耦合器中,然后被广播发送到 K 条光纤延迟线上,这就使所有波长的光分组都产生 K 种不同的延时量(这里 T 为一个分组的持续时间),这些被延时的光分组再被广播发送到各个输出端口,由两级光开关矩阵实现光分组对输出口的路由选择:第一级开关矩阵进行路由和延时的筛选,第二级光开关矩阵进行波长选择。这样就完成了光分组所需的时延、波长和路由选择,最后被送至输出链路上。这里光分组的缓存功能由 K 条光纤延迟线、$K \times N$ 个光开关、$K \times N$ 个星形耦合器和 N 个 $N \times 1$ 个合路器 OC 共同完成。报头的处理和光交换控制分别由报头处理模块和控制回路完成。光分组的竞争仍要通过光线延迟线的选择和输出端光开关的控制来解决。在这个结构中,采用可变波长转换器(Tunable Wavelength Converter,TWC)代替 WC,可使波长的选择更加灵活。

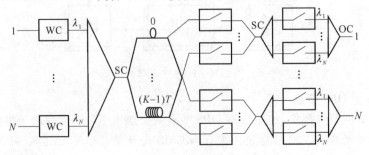

图 3-12　广播-选择型 OPS 节点示例

这个广播-选择型 OPS 节点显然具有光分组的无阻塞路由、选择灵活等特点。

3. 波长路由型 OPS 节点

选取不同的光器件、缓存器位置和节点内部结构可以形成多种形式的波长路由型 OPS 节点,它们有一个共同的特征,即均采用 TWC 来实现不同波长的路由选择。一个利用可变波长转换器、阵列波导光栅(AWG)和光纤延迟线(Fiber Delay Line,FDL)的波长路由型 OPS 结构如图 3-13 所示,它由两个子系统组成:一个是 TWC、AWG 和 FDL 组成的光分组缓存子系统,这里采用了并列行进的缓存方式;另一个是由 TWC 和 AWG 组成的空分交换子系统。来自输入链路的 WDM 分组信号一方面被报头处理器提取报头信息加以分析,并输出光分组的缓存、路由等信息至控制回路;另一方面各分组的净荷在控制回路的控制下确定其缓存要选取的延迟线,并由 TWC 将外部波长转换到这条延迟线所对应的内部波长上,由第一个 AWG 将这些光分组分配到各自选择的延迟线上,它们获得各自的延时量后再由第二个 AWG 从 M 条入线转换到 N 条出线,例如光分组来自第二条输入链路,它经过延时、排除竞争后仍从这个子系统的第二条出线输出。第二个子系统的 TWC 首先将这个分组的内部波长恢复为原输入时的外部波长,然后由 AWG 根据光分组的波长路由要求,将这些无冲突的光分组寻址、交换到目的地输出端,这样就实现了光分组的波长路由交换。

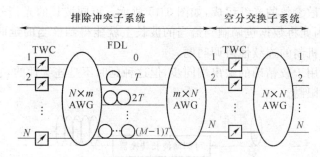

图 3-13　波长路由型 OPS 节点示例

3.5.3　光分组交换关键技术

光分组交换的关键技术有光分组的产生、光分组的同步、光分组的缓存、光分组的再生、光分组头重写及光分组交换网的管理等。

1. 光分组的产生

光分组的产生必须具有码速提升的功能,即分组压缩,才能在连接的用户信息(ATM 信元或 IP 分组)中加入必需的分组头部分和保护时间,这由光分组边缘交换机来完成。其中光分组头中包含路由信息和控制信息,分组中保护时间是指预留的交换节点的光器件调谐时间,保护时间设置值越长,则对分组对准要求越低。分组和分组头的大小需要优化,分组较小时,具有较高的灵活性,但信息传输效率低,影响网络吞吐量;当分组较大时,信息传输效率高,但需要大的光缓存并且灵活性变差,因此需要根据分组丢失率在载荷和分组头之间进行折中。

在光分组交换时,采用"高速净荷、低速分组头"的方式,即使传输高速载荷(达

2.5 Gbit/s以上)也仍然采用低速的分组头(622 Mbit/s以下),这样一方面便于电子电路处理,减小处理延时,另一方面由于路由和控制信息比特数较少,也不必用太高的速率传输。

2. 光分组的同步

因为在光域中缺少像电域里那样丰富多样的逻辑器件,所以信头识别和同步是一个难题。解决方案之一是在交换节点处装配光与门阵列,根据信头地址来路由多个分组。若已获得同步,则进入交换节点的分组被送入延时阵列,同时用固定的关键字与信头字节相比,从而识别信头信息,并根据信头信息选择路由,将分组送至相应的交换输出端口。同步装置由一系列串联的 2×2 光开关和 FDL 组成,如图 3-14 所示。

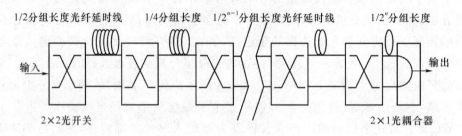

图 3-14 光分组同步方案一

解决方案之二是充分利用色散来控制光信号的传输时间。同步装置由一个可调谐波长转换器和一段高色散参数的光纤组成,如图 3-15 所示。不同波长的光信号在高色散光纤中的传输延时不同,因此将数据包调制到恰当的波长上就能得到恰当的延时。目前的研究致力于解决这种同步机制的连续性可调问题。

该同步方案常用于较精确的输出端同步,但这种延时不是连续性的,它的精度由波长转换器的调谐范围限制。

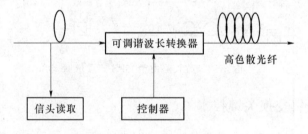

图 3-15 光分组同步方案二

这两种方案都已得到现场测试与检验。

3. 光分组的缓存

光缓存技术是光分组网中最重要的问题。在信头识别和处理过程中需要光缓存技术对分组进行延时,此外,在解决交换机输入/输出端口的分组竞争时也要使用光缓存技术。例如,在 OPS 节点处,有两个以上的同一波长的数据包同时去往同一个输出端时,就会发生对输出端资源的竞争,从而使竞争失败的数据包受阻,这时称输出端产生了冲突。冲突解决方案是影响光分组交换网络性能的重要因素,它在很大程度上决定着 OPS 网络的利用率、包丢失率、数据包平均跳转次数和平均延时等参数。

在实际应用中,光缓存是最常用的,如图 3-16 所示。但目前没有可用的光随机存储器(RAM)。当两个分组竞争一条输出链路时,一个分组被传输,另一个被送入一圈光纤,让它经过充分的延迟来解决竞争问题。

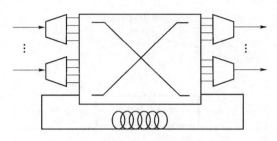

图 3-16　光缓存

下面对光存储器作简单介绍。

光存储器的思想源于传统分组网的存储-转发方案,即暂时缓存因竞争而受阻的数据包,在时间上缓解冲突。目前还未成功地开发出光的 RAM,缓存工作通过无源的光纤延时线(FDL)或有源的光纤环路来完成。其中 FDL 的应用更广泛些。数据包一旦进入了FDL,必然要在一定时间后从另一端走出,即数据包不能被静态存储,在缓存中形成动态的先进先出(FIFO)队列。

常见的光缓存结构有以下 3 种。

(1) 可编程的并行 FDL 阵列

可编程的并行 FDL 阵列由 2 个空分交换开关与一系列并行的延时不同的 FDL 组成,如图 3-17 所示,可以动态配置,但损耗大,不易升级。

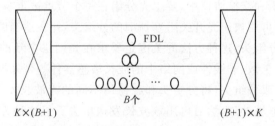

图 3-17　可编程的并行 FDL 阵列

(2) 串联的 FDL 阵列

串联的 FDL 阵列由 2×2 光开关与 FDL 串联而成,如图 3-18 所示,在同步机制中也常采用这种结构。

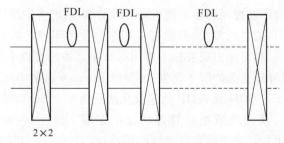

图 3-18　串联的 FDL 阵列

(3) 有源或无源的光纤环路

有源或无源的光纤环路是反馈式的缓存结构,如图 3-19 所示,环路上配有偏振控制器,还可能有光放大器,光信号可以在环路中多次环回。

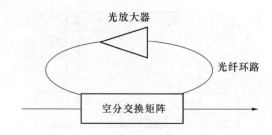

图 3-19　有源或无源的光纤环路

4. 光分组的再生

一般地,在光分组交换网中,源和目的之间全光通道不提供完全再生,由于光信号的传输距离正比于分组跳数,色散、非线性、串扰、光放大器 ASE 噪声的积累等因素的存在会造成信号的劣化,从而限制网络的规模,尤其在高比特率时信号的劣化会更加严重,因此需要对光分组信号进行再生。

光分组交换避免了 OTDM 网络要求的比特级同步,但仍要求对每个分组进行时钟恢复,实现起来较复杂。最近有文献提出了异步数字光再生器,它通过强迫本地时钟采用进来的数据的频率和相位,从而把再生进来的分组的比特率和相位转换成本地时钟的比特率和相位,这种方法应用于 10 Gbit/s 光分组再生的实验,取得了良好的效果。

5. 光分组头重写

在许多提出的路由和交换协议中,要求光分组在每个节点被重写,在采用相同波长串行传输分组头的方案中,可用快速光开关阻塞掉旧的分组头,并在适当的时间插入由本地另一个激光器产生的新的分组头,这种方法的关键是要求在光网络中新的分组头与载荷具有相同的波长,否则会由于色散、非线性或网络中的波长敏感器件等带来严重的问题。还有人提出,为了便于在节点修改分组头,将分组头和载荷用不同的光波长发送,对分组头的波长采用解复用、光电转换、电域处理,然后再用该波长发送出去。但这种方法使分开的分组头和载荷在网络中传输受到光纤色散的影响,使分组同步困难,另外也浪费波长资源,所以这种方案不太现实。

6. IP 层与光层的适配

当把 IP 分组与 DWDM 光层相连接时,如何解决帧结构、线路编码等是将光分组交换推向应用必须解决的问题,可基于以下几点来考虑:①DWDM 极大的带宽和现有 IP 路由器的有限处理能力之间的不匹配问题还不能得到有效的解决;②为了解决信息拥塞问题,可采用同时并行处理一群 IP 信包的方法,假定每一个信包使用不同的波长,则由于 DWDM 可以利用的波长数量有限,很可能出现波长不够用的情况。虽然可以采用路由重构和延时等方法加以解决,但势必降低业务的服务质量,甚至使 Internet 通信协议无法正常运行,另外,如果网络中没有 SONET/SDH 设备,IP 信包就无法从每一个 SONET/SDH 帧中所包含的信头中找出故障所在,从而造成相应管理功能的削弱。因此,一般认为,具有 ATM 和 SONET/SDH 的光网更加适合于强调可靠性的用户,而 IP over OTN 的网络结构更加适合于注重成本的用户。

3.5.4　OPS 网络结构

光分组网在近期、中期和远期的分层参考模型如图 3-20 所示。图 3-20(b)中最底层是物理层,也称为传输层,与光纤链路的物理特性直接相关。中间层是光层,即光透明分组(Optical Transparent Packet,OTP)层,由光传输层和光分组层组成。光传输层提供、配置并重构基于 WDM/DWDM 的波长通路,其功能主要由 OXC 和 OADM 设备来实现。光分组层作为光传输层的客户层,提供并配置端到端的光分组通道,保证信息在光网络中的完整性。最上层是业务层,由 ATM、SDH 和 IP 等构成。今后,随着光层功能的集成,光分组层与光传输层的功能将聚合在一起,如图 3-20(c)所示。

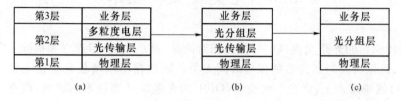

图 3-20　光分组网的分层参考模型

光透明分组的接入接口划分成 4 个子层,如图 3-21 所示。

图 3-21　光透明分组网络的参考模型

(1) 数据汇聚子层

数据汇聚子层(Data Convergence Sub Layer,DCSL)主要用于数据速率的适配,将 IP 数据包封装成光的分组。由于分组是变长的,假定在光透明分组层没有分段和重组功能,能在光透明分组网络中传送的最大 IP 数据包的长度是由光透明分组的长度和链路的比特率所设定的。更长的 IP 数据包将由路由器根据 IP 协议的规范进行分段(加上适当的 IP 头)。同时具有相同子网地址的较短的 IP 数据包可以复用到相同的光透明分组中,以得到最大的净荷使用效率。

(2) 网络子层

网络子层(Network Sub Layer,NSL)处于数据汇聚子层之下,作用是产生光透明分组的路由标签/地址,并将其插入到光透明分组头中。每个数据汇聚子层分配一个专用的光透明分组标签/地址。因此路由器的传统部分的作用是根据它们最终的子网目的端将 IP 包转发到适当的数据汇聚子层。

(3) 链路子层

链路子层(Link Sub Layer,LSL)的作用是利于简单的 FIFO 的规则对链路子层进行复用/解复用,然后将其作为一个独特的数据包流发送。

(4) 波长汇聚子层

波长汇聚子层(Wavelength Convergence Sub Layer,WCSL)的作用是提供适用于在光纤中传输的适当的波长编码。

从长远来看,OPS是光交换的发展方向,但OPS存在着两个近期内难以克服的障碍:一是光缓存器技术还不成熟,目前实验系统中采用的光纤延迟线(Fiber Delay Line,FDL)往往比较笨重、不灵活,存储深度有限;二是在OPS的节点处,多个输入分组的精确同步难以实现。因此,在短时期内光分组交换的商业应用前景还不被看好。

3.6 光突发交换技术

目前比较成熟的光路交换(OCS)虽然相对简单、易于实现,但建立和拆除一条通道需要一定的时间,且该时间与其连接的保持时间无关。因此在不断增长且变化无常的因特网流量中,OCS自然难服水土;而光分组交换(OPS)的光逻辑处理技术不成熟,没有可用的光随机存储器也阻碍了它的商用进程。针对目前OCS和OPS存在的一些问题,人们提出了一种新的光交换技术——光突发交换(OBS)技术,它兼有OCS和OPS的优点,又避免了二者的不足,引起了国内外学者们的广泛研究。

3.6.1 光突发交换的概念

突发(burst)的最初定义是指话音的一次迸发或者一段数据信息。突发数据就是一串突发性的语音流或数字化的消息。在电路交换中,每次呼叫由多个突发数据串组成;而在包交换中,一串突发数据要分在几个数据包中来传输。突发交换就是交换粒度介于电路交换和包交换之间的一种交换机制。它与已有交换机制的区别主要在于业务数据是否需要在节点存储、网络资源何时被预留、如何预留带宽、怎样释放带宽等几个方面。

突发交换在20世纪80年代初就已提出,在当时的电子突发交换网中,突发交换基本上是一种快速分组交换技术的推广,在这种网络中包长可变且可为任意长度,并采用分散式共享缓存交换结构。但突发交换概念当时并没有像电路交换与分组交换那样得到普及,原因是提出突发交换的时候,无论电话网还是数据网,技术已经成熟,没有必要以突发为单位来处理话音或数据从而改变整个网络。每次电路交换,交换粒度包含许多语音突发,为每个突发做一次呼叫申请显然太浪费资源。在早期数据网中,一个突发代表一大段数据,拆分成多个分组后再传输,占用的网络资源少,传送成功概率远大于直接传送一大段数据,因此也没有以突发为单位。20世纪90年代末期,这个概念被扩展到光交换中,并研究、形成了光突发交换技术。

1. 基本原理

光突发是OBS的交换单元,它包括突发数据分组(Burst Data Packet,BDP)和突发控制分组(Burst Control Packet,BCP)两部分。BDP由光数据分组(可以是IP光分组、ATM光信元、帧中继分组或比特流等)串组成。BCP包含了BDP的路由信息及其长度、偏置时间、优先级、服务质量等信息,它与对应的BDP分别在不同的光信道中传输,且比BDP提前一个偏置时延τ,如图3-22所示。这里τ足够大,它能够在没有光缓存或光同步的情况下预留BDP所需的资源,使BDP到达节点之时,相应的光交换路径已建立,从而保证BDP的交换和传输。来自接入层不同用户的数据分组根据其目的地址和属性(如 QoS 要求)被分类、封装成突发包,其长度不固定,它们在对应的 BCP 发送之后,不需要等待目的节点的应答(即收到确认信号)就能够在事先配置好的链路中传输,到达不同的中间节点,在必要的地方进行路由判决或波长变换,并在其持续的周期内,被传送至相应的端口或到达目的节点,这样就在光域中完成了 OBS。BCP 的控制信息一般在电域中进行处理,根据网络链路的实际状况,可通过 BCP 包含的可"重置"时延信息调整控制信息。当网络资源不充足时,被发送的 BDP 不会因此而停留下来,这样将引起 BDP 的拥塞、丢失。通常可利用偏折路由、光纤延迟线(FDL)波长变换等办法来解决 BDP 的丢失。

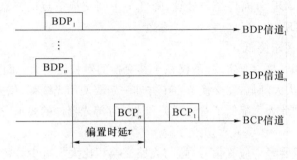

图 3-22　OBS 的 BCP 与 BDP 信道

如图 3-23 所示,在 OBS 中,突发数据从源节点到目的节点始终在光域内传输,而控制分组在每个节点都需要进行光/电/光的变换以及电处理。控制信道(波长)与突发数据信道(波长)的速率可以相同,也可以不同。

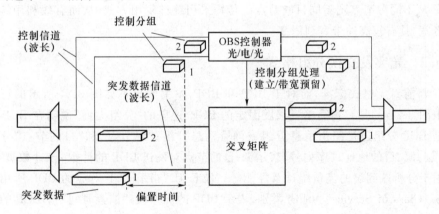

图 3-23　光突发交换原理

光突发交换结合了较粗粒度的波长(电路)交换和较细粒度的光分组交换的优点,并避免两者的不足,因此能有效地支持上层协议或高层用户产生的突发业务。

在 OBS 中,首先在控制波长上发送控制(连接建立)分组,然后在另一个不同的波长上发送突发数据。这种将控制分组数据信道与控制信道隔离的方法简化了突发数据交换的处理,且控制分组长度非常短,因此使高速处理实现更容易。OBS 技术在只需要很少的处理和比纯粹分组交换(由于是逐个分组进行交换,所以对同步要求非常严格)低得多的同步开销处理水平,就可以最充分地利用网络的带宽资源。

2. 光突发交换的优点

(1) 粒度适中

OBS 的粒度介于 OCS 和 OPS 之间,它比 OCS 粒度细,比 OPS 粒度粗。由于基于波长通道的线路交换颗粒度较大,不利于保证不同业务不同的 QoS,而光分组交换颗粒度较小,但要求光开关的时间达到纳秒级,甚至更短,技术上难以实现。OBS 可以看作光电路交换和光分组交换之间的一个折中,它将粒度较小的 IP 包组装成为一个大的突发组后再送到网络中传送,它的交换粒度(即突发长度)通常为毫秒量级,实现交换对光开关的要求易于满足。

(2) BCP 与 BDP 在信道上分离

OBS 的 BCP 与 BDP 分离传送与处理,降低了中间交换节点的复杂度及对光器件的要求,且便于 OBS 的实现。

(3) 对光器件的要求降低

OBS 之所以比 OPS 更易于实现,不仅在于其交换的颗粒度更大,而且在于光突发交换网对于分组同步的要求大大降低,在交换节点上并非一定要使用光缓存,免去了分组交换中逐一处理分组头的麻烦,因此大大降低了对光开关和光缓存等光器件的要求,技术上易于实现。

(4) 单向预留

BDP 的发送不需要等待应答信号,这与光路交换相比大大减少等待时延。

(5) 透明传输

BCP(通过配置、交换)为 BDP 在每个中间节点建立全光路径,即 BDP 是完全透明的,不经过任何光/电、电/光转换,避免了电子瓶颈。

(6)统计复用

BDP 从不同源节点到不同目的节点的传输采用统计复用方式,从而有效利用链路相同波长的带宽,具有较高的带宽利用率。

3.6.2　光突发交换分组格式

OBS 目前尚无格式标准,而对于 BCP 和 BDP,本书给出了如图 3-24 所示的可参考格式。其中图 3-24(a)是一种简单且长度固定的 BCP,这里的"分组类型"说明在 BCP 信道中传输的是 BCP 分组还是路由消息分组或网管消息分组;"源节点"和"目的节点"分别说明 OBS 节点的源、目的地址;"序列号"表示源-目的节点对发送 BDP 的计数,该计数被 OBS 目的节点用于分析端到端的流量统计及性能等;"波长 ID"指示 BCP 对应的 BDP 所用的波长号;"CoS"(Class of Service)为服务类别,表示 BDP 的优先级;"偏置时间"指 BCP 的第一个比特与 BDP 的第一个比特之间的时间差 τ。一般 $\tau=$ 基本偏置时间+额外偏置时间,它为 BDP 信道中每比特传输时间的整数倍;"突发大小"指突发分组持续时间,它与 τ 的单位一致;"当前跳数"和"TTL"(Time to Live)分别表示 BCP 已经跳过几次和剩余跳数,且前者作为资源预留的一个权值;"CRC"(Cyclic Redundancy Check)表示 BCP 的循环冗余检验,当 CRC 出错时,丢弃相应的分组,以减少来自 BCP 比特误码的更大差错。图 3-24(b)是统一编码的 BDP 帧格式,在净荷分组串的首、尾设置突发头、尾,以便于同步和纠错处理,且同步及帧间隔开销均为所有净荷分组共享,因此这种格式开销较小,带宽利用率高,但对统一编码这种格式的 BDP 进行纠错等处理相对困难。图 3-24(c)是单独编码的 BDP 格式,即每个 BDP 都有帧头、帧尾,并由帧间隔将各个 BDP 分开,多个这样的分组再组成突发。显然这种 BDP 格式开销较大,但它的优点是各个 BDP 不相关联。当某一分组中出现误码或因某种原因被损坏时,它不会影响其他 BDP,目前这种 BDP 单独编码方式通常被采用。

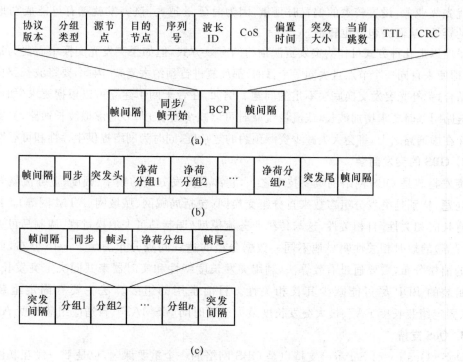

图 3-24　BCP 和 BDP 的可参考格式

3.6.3　光突发交换的关键技术

1. OBS 的资源预约协议

典型的 OBS 网资源预约方式有以下 3 种。

(1) 单向预约方式

单向预约方式是最常用的预约方式,称为 Tell-and-Go(TAG)方案,即数据比预约请求稍后发出,而无须等待资源成功预约的应答。一方面,在这种预约方式下,即便是网络没有足够的资源突发也会接入,从而可能在途经节点遭遇竞争引起突发的丢弃;另一方面,由于无须等待应答信号,这种信令方式能使网络时延大大降低。由于预约请求(即控制包)是在一独立的信道中传送,且比相应的突发提前一个偏置时延,这个偏置时延必须足够大,以使得中间节点能够及时地进行电子处理和为即将抵达的突发配置光开关矩阵。当一个突发抵达交换节点,相应的交换矩阵已经建立,所以光突发可以一直保持在光域内。

(2) 双向预约方式

双向预约方式称为 Tell-and-Wait(TAW)方案,在 TAW 协议下,当一个源节点想发送一个突发,它首先发送一个请求,途经所需经过的各个节点,只有当所有节点能满足这个请求时,源节点才能得到成功的应答信号并将突发接入,否则该突发被拒绝接入,源节点只有在以后再发送请求。

(3) JET 方式

JET 方式即采用 Just-Enough-Time(JET)协议,其网络时延介于前面二者之间,即在控制包和突发之间保留足够的时间,使得中间节点能够在突发抵达该节点前及时处理。对 JET 协议稍加改进,使不同业务的优先级和控制包与突发之间的偏置时延量联系起来,对于高优先级业务,设置较大的偏置时延量,因为时延量越大,该突发就越有可能成功地预约所需的资源,从而丢包率也较低。

虽然以上几种方式可作为突发资源预约的有效方式,但如果突发光交换中需要为每一个突发(即使来自同一个节点且去同一个目的)都反复进行预约太复杂,因此,要将波长路由和突发相结合,弥补光突发交换底层不足的问题。例如,在骨干网中建立可以根据要求(如流量大增或链路阻塞时要求增加波长,或流量锐减时可以减少波长)调节的虚拟波长通路,光突发交换操作在虚通路之上,将会大大减少资源预约的复杂度,同时为网络提供生存性和可靠性。

2. OBS 的突发封装

突发封装是 OBS 网络的重要技术之一,它涉及突发分组的频率、幅度、业务流量等多方面的问题,特别是突发分组多数来自分组交换网(包括局域网、城域网、ATM 网等),其信息流具有长时相关性/自相关性,这与传统业务流模型(调制马可夫泊松过程、调制马可夫贝努利过程等)的短时相关性明显地不同。数据分组的达到间隔分布满足 Pareto 分布,而不是传统的泊松分布,需要通过有效算法,利用突发长度特性和实时器来共同决定突发长度,从而使封装的 BDP 尽可能减少其长相关性。目前常用的组装算法主要有固定组装时间 FAT、固定组装长度 FAS、最大突发长度最大组装时间 MSMAT 、自适应组装长度 AAS。

3. QoS 支持

QoS (Quality of Service)支持也是 OBS 网络的一个重要课题,也是下一代互联网的重要特征,多种 QoS 需求的应用,如 Voice over IP 、VOD、视频会议等,都促使着互联网支持 QoS。为了在 IP 网中支持 QoS,IETF 提出了两种框架,即 IntServ 和 DiffServ。IntServ 结构是基于每个流的预约,缺点是不可升级。为了取得可升级能力,DiffServ 根据 IP 包头的码点将数据包分级。为了在 OBS 网络中支持 QoS,已经提出了几种方案。其中一种就是前面所述的 JET 协议中通过调节偏置时延来确定优先级。有两种方案是与突发封装联系在一起的:第一种方案是将 OBS 突发的优先级与 IP 包的优先级对应封装,并在 OBS 交换节点中,当有竞争发生时对高优先级的突发予以优先通过;第二种方案是所谓的混合封装方法,即在一个突发中可以封装多个不同优先级的 IP 包,但是次序是高优先级的包在前,低优先级的包在后,当有竞争发生时,突发的尾部可以被丢弃,而高优先级的突发头部则被保留。

4. 冲突处理

两个或多个 BDP 要求从某节点同一端口、同一波长、同时发送时就出现了竞争。常见的解决竞争的技术有光缓存(FDL 配置)、偏转路由、波长转换和突发数据分割等。采用 FDL 配置与其他光器件(如光开关等)结合实现光缓存,是将竞争的 BDP 存储于光缓存后再发送,此时缓存时间不连续,这是从时间域上解决竞争。从空间域考虑的偏转路由是,出现竞争时其中一个 BDP 利用所预留的资源发送,其他的则沿非最小路由发送,对每个源和目的对,BDP 的跳数不再固定,且受网络规模及其连通性限制。从波长域考虑的波长转换是,在出现竞争时仅一个 BDP 利用所预留的波长发送,其他则用不同的波长仍然交换到同一输出端口,此时数据延迟性能最佳,但其需要快速可调谐波长变换器来实现,增加了成本。从突发域考虑的突发分割是在出现竞争时,不是丢弃整个 BDP,而只丢弃冲突的数据段,即分段丢弃。

不同的竞争解决方法对网络性能有很大影响。光缓存能提供高吞吐量,但需要较多的硬件和复杂的控制;偏转路由容易实现,但不利提供理想的网络性能;波长转换和突发分割能降低平均时延和减少数据丢失率,但节点控制复杂。一般使用多种技术结合,实现优势互补,可以得到有效的竞争解决方案。

5. 波长分配

在 OBS 中,波长及带宽的资源是制约网络性能的一个重要问题。在 OBS 交换层的中间节点,通常为某个 BDP 预留资源(分配带宽),若该预留失败,这个 BDP 就被丢失或通过偏折路由到其他节点,因此带宽分配是否合适直接影响网络的性能和效率。

6. 偏置时间的选择

由于控制分组和数据分组通过控制分组中含有的可配置的偏置时间相联系,其大小设置与突发的统计概率有关,而互联网中的业务量特性又明显地具有突发性的特点,统计概率更难预测,因而需要考虑可能出现的因存在输出分组竞争而引起的突发丢失概率问题。其中作为偏置缓冲的光纤延迟线需要合理设置,偏置量过小,则缓冲容量不足,容易造成突发丢失;偏置量过大,会造成光信道资源的浪费。所以一般使用折中偏置量。

3.6.4 OBS 的体系结构

如图 3-25 所示为光突发交换系统的体系结构。OBS 体系结构包含 3 层:核心光突发交换层(核心光层)、光突发聚集层(边缘分配光层)、接入层。核心光层由全光核心路由器(Centre Router, CR)构成,完成光分组数据的传送、路由和 OBS 网络管理,核心网络的核心 OBS 节点对突发数据无须任何处理,进行透明交换。边缘分配光层由光/电的边缘路由器(Edge Router, ER)构成,负责发送接入层业务数据的分发服务,它们之间由 WDM 链路相连;在边缘节点收集来自接入网的流量,并会聚成较大的数据单元(即突发包),通过控制信令预留资源,并配置交换矩阵。控制分组与突发数据完全分离,通过不同波长传输。在核心节点处,控制波长需经过光/电/光处理,而突发数据在光域进行交换,实现透明传输。接入层是 OBS 层的用户层,可以为目前存在的各种网络,如 IP、ATM、SDH 等,也可以是终端用户。

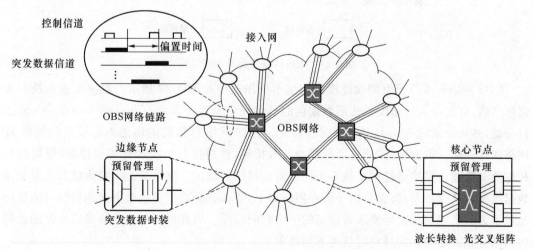

图 3-25 光突发交换网络结构和各节点单元的功能

OBS 网核心路由器的结构如图 3-26 所示。与光分组交换不同的是,OBS 网核心路由器只需对光纤中传输控制分组的波长进行光/电/光变换,而传输突发数据的波长不需要光/电/光变换;图 3-26 中的入口 FDL 和交换机构中的 FDL 都是可选项。入口 FDL 的作用是缓存突发数据,等待控制分组进行光/电变换以及转发表查找、建立交换连接等处理过程。入口 FDL 在光突发交换中可以省掉,但在光分组交换方式中是必需的。交换机构中的 FDL 主要是为了解决多输入端口对资源的竞争(或冲突)问题而使用的。由于突发分组长度较长,为其建立的交换通道的保持时间与分组交换相比也较长,所以中间节点的任何拥塞都会造成对带宽的巨大浪费,为了消除这种带宽浪费的可能性,中间节点也可以将拥塞的分组经过光/电变换后存储在电域的缓存器中,然后在经过电/光变换后,再转发到其目的端。在中间节点使用 FDL 能提供有限的延时,这将减少在 OBS 中带宽的浪费以及提高 OBS 的网络性能。但是,当 OBS 中使用 JET 协议时,FDL 并不是必须要使用的。当使用基于 TAG 的 OBS 资源预约协议时,需要在处理控制分组时使用 FDL(或光缓存器)来延时光突发分组,但是无助于提高性能。

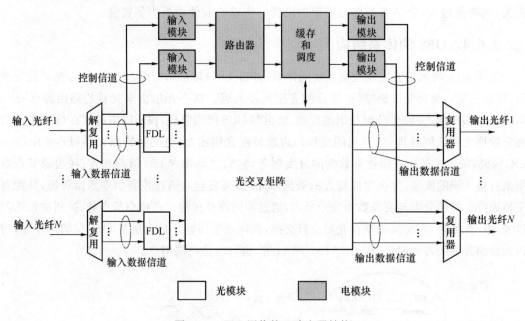

图 3-26 OBS 网络核心路由器结构

OBS 网络的入口节点的功能模块和基本操作过程如图 3-27 所示。数据在进入核心光网络之前,首先在入口路由器按照数据包的目的地址和服务类型(Class of Service,CoS)进行分类,然后分别输入到大型电子缓存器中。OBS 网络对数据的传送不是按照传统的 IP 网络那样一跳一跳地转发,而是装配成突发数据流,然后进行分类和优先级排队,最后按照相应的交换通道直接通过整个核心光网络到达目的边缘出口路由器。入口边缘节点对突发数据流开始执行转发,要么是由于缓存器已满了,要么就是装配突发数据流的持续时间已经超过了为满足端到端时延要求而设定的一个时间门限。因此可通过调节边缘路由器的处理时间来分别满足输入信号对时延的不同要求。

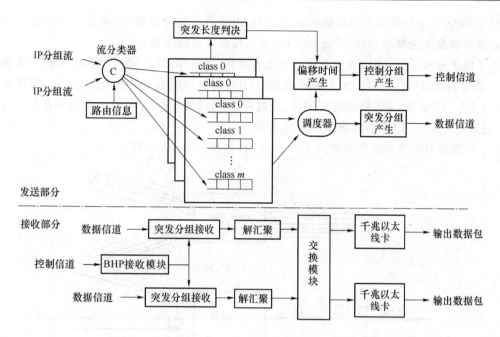

图 3-27　OBS 网络的入口节点的功能模块和基本操作过程

3.6.5　OBS 与 OCS 及 OPS 技术的比较

OBS 既综合了 OCS 和 OPS 的优点,又避免了它们的缺点,是一种很有前途的光交换技术。传统电路交换的要点是面向连接,优点是实时性高、时延和时延抖动小,缺点是线路利用率低、灵活性差。OCS 继承了传统电路交换的面向连接的特点,优点也是实时性好,而且由于电路交换应用经验的积累,OCS 还有简单、易于实现、技术成熟的优点;缺点是带宽利用率低,灵活性差,不适合数据业务网络,不能处理突发性强和业务变化频繁的 IP 业务,不能适应数据业务高速增长的需要。

传统分组交换的要点是信息分组、存储-转发和共享信道,优点是传输灵活、信道利用率高,缺点是实时性差、协议和设备复杂。OPS 继承了传统分组交换的信息分组、存储-转发和共享信道的特点,优点也是资源利用率高和突发数据适应能力强,缺点是由于光缓存器等技术还不够成熟,目前缺乏相关的支撑技术,暂时无法实用化。

OBS 的要点是单向资源预留,交换粒度适中,控制分组与数据信道分离,不需要存储-转发。

对于 OCS 而言,OBS 采用单向资源预留,控制分组先于数据分组在控制信道上传送,为数据分组预留资源(建立连接),而且在发出预留资源的信令后,不需要得到确认信息就可以在数据信道上发送突发数据,与 OCS 相比节约了信令开销时间,提高了带宽利用率,能够实现带宽的灵活管理。同时,OBS 吸取了 OCS 不需要缓冲区的特点,易于与光技术融合。另外 OBS 享用了 OCS 积累的应用经验,实现简单且价格低廉,易于用硬件高速实现,技术相对成熟。

对于 OPS 而言,OBS 吸取了 OPS 的传输灵活、信道利用率高的优点,它将多个具有相同目的地址和相同特性的分组集合在一起组成突发,提高了节点对数据的处理能力。突发数据通过相应的控制分组预留资源进行直通传输,无须光/电/光处理,不需要进行光存储,克服了 OPS 光缓存器技术不成熟的缺点。且 OBS 的控制分组很小,需要光/电/光变换和电处理的数据大为减小,缩短了处理时延,大大提高了交换速度。

从以上分析可见,OBS 交换粒度界于大粒度的 OCS 和细粒度的 OPS 之间,技术实现较 OPS 简单,但组网能力又比 OCS 灵活高效。OBS 支持分组业务性能比 OCS 好,实现难度低于 OPS。OBS 比 OPS 更贴近实用化,通过 OBS 可以使现有的 IP 骨干网的协议层次扁平化,更加充分地利用 DWDM 技术的带宽潜力。

3 种类型的光交换示意图如图 3-28 所示,技术比较如表 3-1 所示。

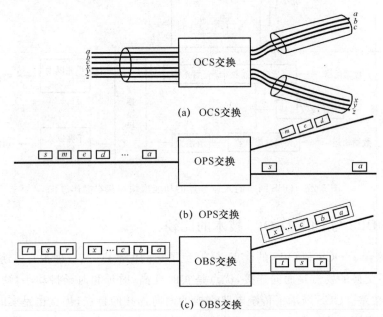

(a) OCS交换

(b) OPS交换

(c) OBS交换

图 3-28 3 种光交换方式示意图

表 3-1 几种交换方式的性能比较

序号	比较内容	OCS	OPS	OBS
1	交换粒度	波长/波带/光纤(大粒度)	10 ns～10 μs 光分组(小粒度)	1～100 μs 突发包(中粒度)
2	交换方式	直通	存储-转发	直通
3	控制方式	带外控制	带内控制	带外控制
4	信息长度	可变	固定	可变
5	建立链接时延	高	低	低
6	建立链接占用信道	占用	不占用	占用
7	带宽利用率	低	高	较高
8	复杂性	低	高	中
9	灵活性	低	高	较高
10	光缓存器	不需要	需要	不需要
11	开销	低	高	低
12	特点	静态配置或端到端信令	存储转发交换	预留带宽交换,无须缓存

3.7　光标签交换技术

3.7.1　光标签交换的产生

1. MPLS 技术概述

近几年来随着 Internet 爆炸性的快速增长,IP 业务量正在超越话音业务量,一场 ATM 与 IP 谁为主的争论也已平息,"everything on IP,IP over everything"的提法已越来越趋于现实。由于未来的网络将以传送 IP 业务为主,而 IP 业务是突发性的,同时 IP 业务是不平衡的,即流入与流出同一端口的业务量相差悬殊。IP 业务的这些特性要求未来的网络必须具有能够根据业务量的变化灵活快速地调整网络拓扑,实时按需分配带宽的能力。同时,IP 业务量与接入用户数的高速增长以及未来业务种类的不可预测和各种新技术的不断涌现都要求网络能方便地升级和扩充。

在 20 世纪末,出现了多种在 ATM 上支持 IP 协议的技术,多协议标签交换(MPLS)是集合 IP 路由器与 ATM 交换机的优点而产生的技术,具体来说,它同时提供了第三层的路由控制和第二层的交换转发能力,为解决 IP 网络发展中的诸多问题提供了有效的解决方案。其主要特点包括:①由于采用标签交换技术,从而简化了转发过程,提高了效率;②通过支持流量工程,从而可选择路径以平衡网络上各个链路、路由器和交换机的负载;③通过对 QoS 路由选择方法的提供,使得为某个特殊的流选择的路由能满足其 QoS 要求;④MPLS 既能够提供与面向连接的网络类似的优点,又能保留底层的效率和数据报网络的操作,从而被用来模拟面向连接的服务等。

MPLS 涉及的关键技术包括以下几方面。

(1) 标签分发

因为 MPLS 的基本功能需求是将一个带有标签的数据流从一个标签交换路由器(Label Switch Router,LSR)转发到另一个标签交换路由器,该 LSR 根据标签的不同执行相应的处理,因此 LSR 必须以某种方式学习标签的含义,这个过程统称为标签分发。MPLS 的标签发布方式有两种:用控制信息(如某种路由协议-边界网关协议)携带或使用专用标签分发协议(Label Distribution Potocol,LDP)。

(2) 流的合并

为了减少标签的数目和处理的复杂度,MPLS 可以利用流合并机制,将多个流标识合成一个流标识。

(3) 组播

在 IP 网络中已经提出和发展了一系列的组播协议,它们在各个方面都具有不同的特性,如扩展性、计算复杂度、时延、控制消息的开销、树的类型等。这些组播协议在 MPLS 环境中需要得到支持。

(4) 显式路由

MPLS 除了支持基于目的地的路由,也支持显式路由,即明确指定路由而不是像数据报转发那样听任路由器逐跳选择。

（5）资源预留

在高速传送时,由路由器进行资源预留协议流的识别是相当困难的,MPLS 允许用直接转发的方式简化资源预留协议的转化。

（6）环回检测与防止

环回处理对于 MPLS 来说是非常重要的,MPLS 的架构协议将回处理分为 3 个部分：检测环回、减轻环回和防止环回。

（7）控制驱动和数据驱动

采用控制驱动方式时,交换路径的建立是由第三层控制协议激励的,如路由更新和资源预留请求;采用数据驱动方式时,交换路径的建立是由数据分组触发的,即业务流到时分配标签和建立路径。

2. 光标签交换的技术原理

光标签交换技术是 IP 寻址、控制技术与光交叉连接、波长交换等技术的结合,它不像空分、时分、波分光交换那样,对承载用户数据(光负载)的子信道进行交换,而是通过提取、更换光包头标签来实现用户光信息的路由选择或交换,即在 IP 数据包上再加入光标签包头构成光包,通过标准信令和标签分配协议转发和控制光包,通过各种路由协议建立和保持路由表;当光包到达节点时,通过识别、分析其包头标签信息,查询路由表,确定其交换路由,并通过交换路由器将光包传送到需要到达的输出端口。光标签交换的网络结构如图 3-29 所示。这个结构主要由边缘路由器、核心路由器组成。来自电 IP 路由器的数据包在光端机中转换为光 IP 数据包,在进入光核心网之前,由光边缘路由器为它分配光标签,并封装成光 IP 包,如图 3-30 所示。其中光包头是由光技术产生的光标签,表示光 IP 包的路由信息(包括路由的节点、端口、波长信道等信息);光负载是 IP 数据包(光分组)本身这样的光包被发送到核心网中传输。光核心路由器主要由光标签包头的识别与再生。光 IP 包路由与传输控制、路由竞争解决等光信息处理功能模块组成,并在路由协议、网络流量控制协议、QoS 协议等支持下完成这些功能。通常光 IP 包进入光核心路由器后,其包头标签信息被检测,并按检测结果更新路由表,获得下一跳的路由信息,再写入新标签信息,执行标签绑定操作,完整地转发光 IP 包至下一个节点。当光 IP 包竞争同一输出端口时,由路由协议发现邻接关系、链路状态、网络资源等,寻找新的路由通路或迂回路由。当光 IP 包没有下一级的光标签可交换时,说明它到达了光边缘路由器,由边缘路由器撤销它的光标签,输出光负载(IP 数据包),这样就完成光 IP 包的路由与交换。可以看到这种光 IP 包交换实质上基于光标签的转发与交换,由光标签来确定光 IP 包通过网络的路径,而光数据包本身不进行交换,只是在建立的光路径上传输,因此这种技术被称为光标签交换技术。

这种光交换技术的特点是将 MPLS 技术引入光域中,将路由计算和光负载传输分开;不需要对光负载进行电处理,避免电子瓶颈限制,提高数据交换速率;能够提供不同通信业务的服务,具有大容量、可配置性、对不同业务的格式和速率透明等优点;能够提供端到端的光通道或无连接网络中的虚通道;实现交换容量与 WDM 传输容量的匹配,简化了网络设备和网络管理的复杂性,因此它成为光分组交换的一种实现形式。近年来,国内外对这种光标签交换技术提出了不少新思路和新方案,涉及高速光开关、超高速电路、光电集成器件等多项高新技术,成为通信交换领域的研究热点,在盛大的 OFC 国际会议上,每年均报道了不少研究进展,它正在以惊人的速度向前发展。

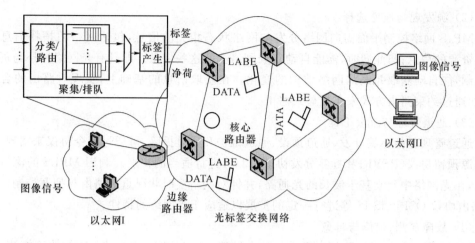

图 3-29　光标签交换网络

图 3-30　光 IP 包组成

3.7.2　MPλS 技术

1. MPλS 的技术原理

MPλS 把 MPLS 标签交换的基本概念应用到了光域,采用光波长作为交换的标签,将第三层路由转发与第一层(光层)的光交换进行了无缝融合,利用波长来寻找路由,并标识所建立的光通路,为上层业务提供快速的波长交换通道。光网络节点被看作是 MPLS 设备,MPλS 光网络的边缘采用标签栈,它将更小的电 MPLS 设备节点的标签交换路径(Label Switched Path,LSP)整合进更大的波长 LSP 中。MPλS 域的中间节点在数据传输过程中不再运行任何电的标签处理,并且只有有限个标签处理操作在光域上实现。利用这些功能,波长标签方案将 MPLS 的控制平面粘贴到光波长路由交换机/光交叉连接设备的上层,并将它看成是具有 MPLS 能力的节点,即光波长交换路由器(O-LSR)节点。实际上最初的 MPLS 标签交换的目的是运行第二层的快速转发来处理第三层的数据流,人们延伸了这种想法,波长标签在本质上是运行第一层(如光层)转发来处理第三层的数据流。尤其是在 MPλS 标签和 DWDM 波长通道之间,允许使用 MPλS 信令来建立光路径通道。

2. MPλS 的关键技术

要实现 MPλS 网络的智能化,以实现快速建立光信道路径、支持流量工程和具有强大的生存能力等功能,需要解决以下关键问题。

(1) 光标签的定义与分配算法

光标签的定义需考虑尽量最短又能有不同粒度的兼容性,同时由于光网络波长通道资源的有限性,需合理设计 MPλS 标签分配算法以提高资源利用率。

(2) 源发现与通道选择

MPλS 网络控制平面需向网络分发与网络状态相关的信息,包括网络的拓扑信息和可利用资源的信息;与此同时,需能自动获取网络上的这些信息。即具有光网络拓扑与资源发现机制,能自动获取并跟踪网络结构的变化。在获取信息的基础上,实现对路由的合理选择,如通过约束路由方式来实现显式路由。

(3) 通道管理与流量工程

通道管理包括标签分发、通道预设、通道维护和通道拆除,可通过信令协议来实现,要求对资源预留协议(RSVP)和标签分发协议(LDP)进行适当的扩展。利用 MPLS 的流量工程概念,在光网络中建立基于波长的光通路,并针对网络实时状况重选路由与拥塞控制。需对 IP 路由协议 OSPF、IS-IS 等进行一定的扩展以适应于光网络的特性。

(4) 故障探测、定位与自愈

MPλS 网络的生存性除依靠提供的冗余链路、良好的网络结构外,还与故障探测、定位能力有关。光网络的一个关键问题是目前基于电的监测机制的故障探测方法并不能用于纯光的核心光网络来进行故障探测与定位,因此,需找到一种合适的故障探测与定位的方法。传统光网络的光复用段保护倒换与光通道保护倒换技术为光网络提供快速、高效的自愈能力,IP 网络的 MPLS 自愈的特点则是带宽利用率高、抗多重故障能力强、设备成本低,采用 MPλS 技术后可以综合两者优点,但在具体实现上还有待进一步落实。

思考与练习题

1. 什么是光交换技术? 目前常用的光交换技术有哪些?
2. 名词解释:空分光交换、时分光交换、波分光交换。
3. 简要说明光突发交换系统的体系结构。
4. 画图说明 OPS 中光分组的格式。
5. 简要说明 OPS 的关键技术及几种主要的节点结构。
6. 简述光突发交换的工作原理及分组格式。
7. 试比较 OCS、OBS 和 OPS 三种光交换技术。
8. 典型的 OBS 网资源预约方式主要有哪些?

第4章

光传送网技术

光传送网(OTN)是继 PDH、SDH 之后的新一代数字光传送技术体制,它能解决传统 WDM 网络无波长/子波长业务调度能力、组网能力弱、保护能力弱等问题。OTN 以多波长传送、大颗粒调度为基础,综合了 SDH 的优点及 WDM 的优点,可在光层及电层实现波长及子波长业务的交叉调度,并实现业务的接入、封装、映射、复用、级联、保护/恢复、管理及维护,形成一个以大颗粒宽带业务传送为特征的大容量传送网络。本章将介绍光传送网的特点与分层结构,重点讲述光传送网的接口结构、复用映射原则、光传送模块及其帧结构、信息结构的比特速率。

4.1 光传送网的特点

传送网是整个电信网的基础,它为所有电信业务提供传输平台和管道。1998 年,针对 DWDM 系统的不足,以及全光网实现的难点,国际电信联盟电信标准化部门(ITU-T)正式提出了 OTN 的概念。从其功能上看,OTN 在子网内可以以全光形式传输,而在子网的边界处采用光/电/光转换。这样,各个子网可以通过 3R 再生器连接,从而构成一个大的光网络。OTN 系统可以说是 DWDM 的发展与面向全光网技术的过渡技术,它以 DWDM 为基础平台,引入了 OCh 层,其核心技术则包括了 OTN 交换技术和 G.709 的接口技术。

OTN 技术作为一种新型组网技术,其主要特点有以下几个。

(1) 多种客户信号封装和透明传输

基于 ITU-T G.709 的 OTN 帧结构可以支持多种客户信号的映射和透明传输,如 SDH、GE 和 10GE 等。目前对于 SDH 和 ATM 可实现标准封装和透明传送,但对于不同速率以太网的支持有所差异。

(2) 大颗粒的带宽复用、交叉和配置

OTN 目前定义的电层带宽颗粒为光通道数据单元(ODUk,$k=0,1,2,2e,3,4,$flex),其中最常用的有 ODU1 (2.5 Gbit/s)、ODU2(10 Gbit/s)和 ODU3(40 Gbit/s),光层的带宽颗粒为波长,相对于 SDH 的 VC-12/VC-4 的调度颗粒,OTN 复用、交叉和配置的颗粒明显要大很多,对高带宽数据客户业务的适配和传送效率显著提升。在 OTN 大容量交叉的基础上,通过引入 ASON 智能控制平面,可以提高光传送网的保护恢复能力,改善网络调度能力。

(3) 强大的开销和维护管理能力

OTN 提供了和 SDH 类似的开销管理能力,OTN 光通路(OCh)层的 OTN 帧结构大大增强了该层的数字监视能力。另外 OTN 还提供 6 层嵌套串联连接监视(TCM)功能,使得OTN 组网时,采取端到端和多个分段同时进行性能监视的方式成为可能。OTUk 层的段监测字节(SM)可以对电再生段进行性能和故障监测;ODUk 层的通道监测字节(PM)可以对端到端的波长通道进行性能和故障监测。

(4) 增强了组网和保护能力

通过 OTN 帧结构、ODUk 交叉和多维度可重构光分插复用器(ROADM)的引入,大大增强了光传送网的组网能力,改变了基于 SDH VC-12/VC-4 调度带宽和 WDM 点到点提供大容量传送带宽的现状。前向纠错(FEC)技术的采用,显著增加了光层传输的距离。另外,OTN 将提供更为灵活的基于电层和光层的业务保护功能,如基于 ODUk 层的光子网连接保护(SNCP)和共享环网保护、基于光层的光通道或复用段保护等,但目前共享环网技术尚未标准化。

ITU-T 制定了一系列的建议来规范和促进 OTN 的发展,图 4-1 给出了 ITU-T 关于OTN 的相关标准现状。

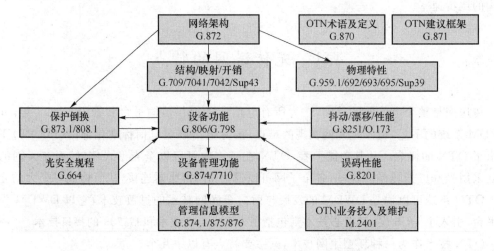

图 4-1　ITU-T　关于 OTN 的相关标准现状

4.2　光传送网的分层结构

OTN 处理的基本对象是波长级业务,将传送网推进到真正的多波长光网络阶段。OTN 结合了光域和电域处理的优势,提供巨大的传送容量、完全透明的端到端波长/子波长连接以及电信级的保护,是传送宽带大颗粒业务最优的技术,受到业界青睐。OTN 是指为客户层信号提供光域处理的传送网络,可以实现业务信号的传递、复用、路由选择、监控,并保证其性能要求和生存性。OTN 处理的最基本的对象是光波长,客户层业务以光波长形式在光网络上复用、传输、放大,在光域上分插复用和交叉连接,为客户信号提供有效和可靠的传输。OTN 的主要特点是引入了"光层"概念,定义为一种三层网络结构,可分为光通道层(OCh)、光复用段层(OMSn)和光传输段层(OTSn),如图 4-2 所示。

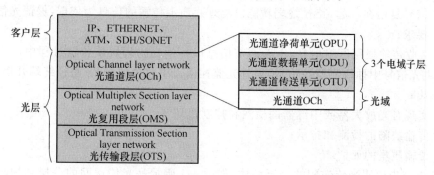

图 4-2 光传送网分层结构

数字客户信号层是业务层面,不是光网络的组成部分,但光传送网作为多协议业务的综合传送平台,应能支持多种客户层网络。光传送网络的主要客户类型包括 SDH /SONET、ATM、IP、Ethernet、OTN ODUk 等,它们可以归纳为面向连接和无连接两种业务类型。根据使用的适配方法,它们可以用电路交换式网络传输,也可以使用包交换式网络传输。

1. 光通道层

光通道层(Optical Channel Layer,OCh)为数字客户层信号提供端到端的透明光传输。

根据 G.709 的建议,OCh 层又可以进一步分为 3 个子层,分别是光通道的净荷单元(OPUk)、光通道的数据单元(ODUk)和光通道的传输单元(OTUk)。这种子层的划分方案既是多协议业务适配到光网络传输的需要,也是网络管理和维护的需要。

光通道层上应实现的功能如下:

(1)封装客户层信号,建立光通道;

(2)处理光通道开销,为数字客户层信号提供端到端的透明光传输;

(3)提供用于光通道的连续性监视和连通性监视,以保证创建预期的光通道,并且监视创建光通道的工作状态和传输特性;

(4)在网络故障情况下,通过重新选路或者直接把工作业务切换到预定的保护路由来实现网络业务的保护/恢复。

一条从一个节点起源,穿过光传送网络而终结于另一个节点,由一个或若干个波长组成的连接通道称为光通道(lightpath)。如果该通道中间可以使用不同的波长来完成接续操作,则称为虚波长通道(VWP),否则为波长通道(WP)。

2. 光复用段层

光复用段层(Optical Multiplexing Section Layer,OMSn)为多波长信号提供网络连接功能,保证多波长光信号的完整传输。该层网络的功能包括:

(1)光复用段层开销处理,保证多波长光复用段适配信息的完整性;

(2)实施光复用段监控功能,解决复用段生存性问题;

(3)实现光复用段层的操作和管理。

3. 光传输段层

光传输段层(Optical Transmission Section Layer,OTSn)为光复用段的信号在不同类型的光媒质(如 G.652,G.653,G.655 光纤等)上提供传输功能。光传输段开销 OTS 的特征信息包括两个独立的逻辑信息:OMS 层的适配信息和 OTS 路径终端专用的管理、维护。

OTS 层应具备的功能如下：

（1）接收 OMS 层的适配信息，加入 OTS 路径终端开销，产生光监控信道，并把光监控信号与主信号复用在一起，路径终端功能以物理媒质上传输的信息为依据，保证光信号符合物理接口要求；

（2）接收传输段层网络信息，重新调节信息以补偿在物理媒质传输过程中产生的信号劣化，从主光信号中抽取光监控信道，处理光监控信道中包含的 OTS 路径终端开销，并把适配信息输出；

（3）实现对光放大器或中继器的检测和控制；

（4）传输缺陷的检测和指示；

（5）传输质量的评估。

为了进一步说明光传送网的分层结构，如图 4-3 所示是光传送网的分层结构与实际设备连接关系示意图。由图中可以看出整个光传送网的 OCh 层、OMS 层、OTS 层形成客户与服务者的关系。OCh 层提供光的端到端服务，是由一个或多个 OMS 层组成。OMS 层是由多个 OTS 段层组成。

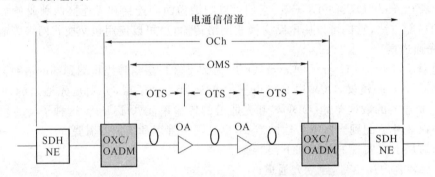

NE：网元终端 OXC：光交叉连接器 OADM：光分插复用器
OA：光放大器 OCh：光通道 OMS：光复用段 OTS：光传输段

图 4-3 光传送网的分层结构示意图

光传送网的每个层网络可以进一步分割成子网和子网间链路，以反映该层网络的内部结构。对传送网进行分层和分割，可以使复杂的网络变得简单，便于进行管理、规划和维护；当网络发生故障时，可以快速压缩故障范围，将影响限制在最小的范围内，同时也便于故障快速修复。

4.3 光传送网的接口结构

ITU-T G.872 规范的光传送网定义了两种接口：域间接口（IrDI）和域内接口（IaDI）。OTN IrDI 接口在每个接口终端应具有 3R 再生功能。

光传送模块 n（OTM-n）是支持 OTN 接口的信息结构。OTM-n 的两种结构定义如下：

① 全功能的 OTM 接口（OTM-n.m）；

② 简化功能的 OTM 接口（OTM-nr.m，OTM-0.m，OTM-0.mvn）。

简化功能的 OTM 接口在每个接口终端应具有 3R 处理功能，以支持 OTN IrDI 接口。

4.3.1　基本信号结构

基本信号结构如图 4-4 所示。

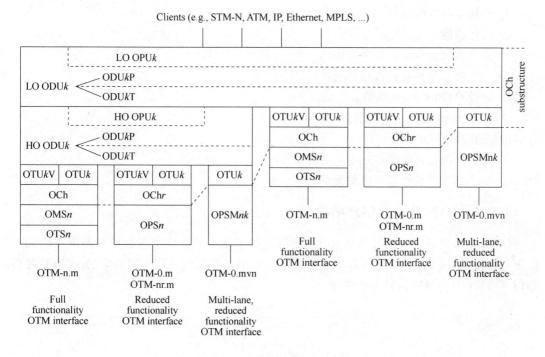

图 4-4　OTN 接口结构

1. OCh 结构

ITU-T G.872 规范的光通道层结构需要进一步分层以支持 ITU-T G.872 定义的网络管理和监控功能。

（1）全功能（OCh）或简化功能（OChr）的光通道,在 OTN 的 3R 再生点之间应提供透明网络连接。

（2）完全或功能标准化的光通道传送单元（OTUk/OTUkV）,在 OTN 的 3R 再生点之间应为信号提供监控功能,使信号适应 3R 再生点直接的传送。

（3）光通道数据单元（ODUk）应当提供以下功能:

① 串联连接监测（ODUkT）;

② 端到端通道监控（ODUkP）;

③ 经由光通道净荷单元（OPUk）适配用户信号;

④ 经由光通道净荷单元适配 OTN ODUk 信号。

2. 全功能 OTM-n. m($n \geqslant 1$)结构

OTM-n. m($n \geqslant 1$)由以下层组成:

① 光传送段（OTSn）;

② 光复用段（OMSn）;

③ 全功能光通道（OCh）;

④ 完全或功能标准化的光通道传送单元（OTUk/OTUkV）;

⑤ 一个或多个光通道数据单元(ODUk)。

3. 简化功能 OTM-nr. m 或 OTM-0. m 结构

OTM-nr. m 和 OTM-0. m 由以下层组成:

① 光物理段(OPSn);

② 简化功能光通道(OChr);

③ 完全或功能标准化光通道传送单元(OTUk/OTUkV);

④ 一个或多个光通道数据单元(ODUk)。

4. 并行 OTM-0. mvn 结构

OTM-0. mvn 由以下层组成:

① 光物理段(OPSMnk);

② 完全标准化光通道传送单元(OTUk);

③ 一个或多个光通道数据单元(ODUk)。

4.3.2　OTN 接口的信息结构

OTN 接口信息结构通过信息包含关系和流来表示。基本信息包含关系如图 4-5、图 4-6、图 4-7 和图 4-8 所示,信息流如图 4-9 所示。出于监控目的,OTN 网络中的 OCh 信号终结时,OTUk/OTUkV 信号也要终结。

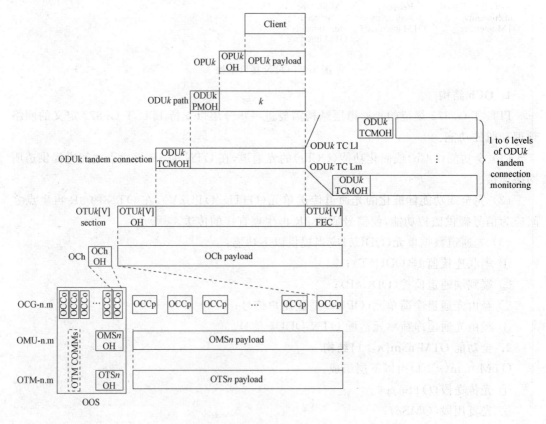

图 4-5　OTM-n. m 基本信息包含关系

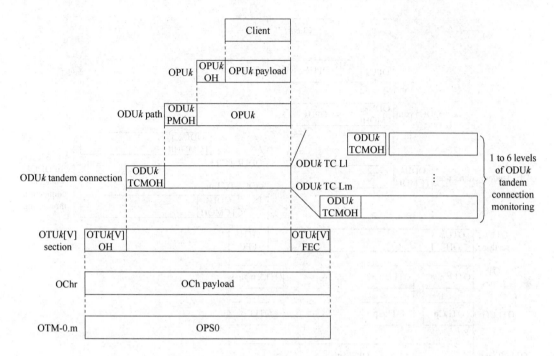

图 4-6　OTM-0.m 基本信息包含关系

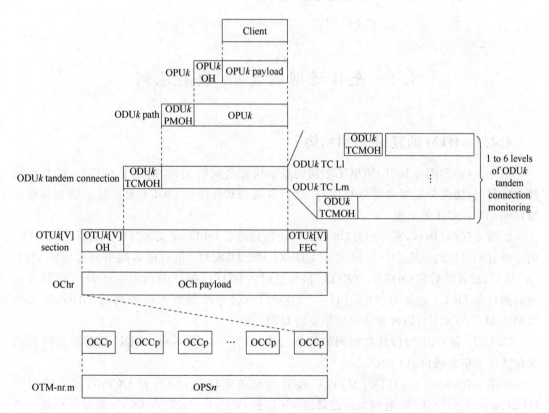

图 4-7　OTM-nr.m 基本信息包含关系

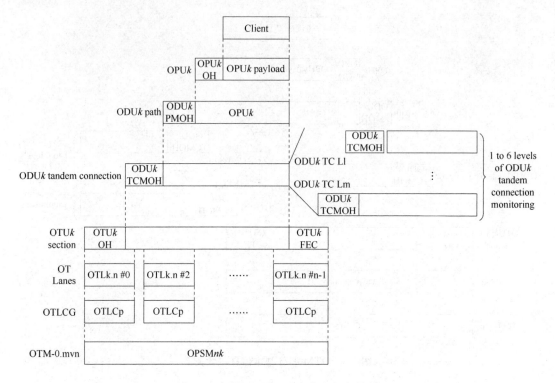

图 4-8　OTM-0.mvn 基本信息包含关系

4.4　光传送网的复用/映射原则

4.4.1　OTM 的复用/映射结构

图 4-10(a)和图 4-10(b)给出了不同信息结构元之间的关系,描述了 OTM-n 的复用结构和映射(包括波分复用和时分复用)。对于多域 OTN,任何 ODU_k 复用层的组合都能在给定的 OTN NNI 上呈现。

如图 4-10(a)所示,客户信号(非 OTN)映射到低阶 OPU,定义为"OPU(L)"。OPU(L)信号映射到对应的低阶 ODU,定义为"ODU(L)"。ODU(L)信号或者映射到对应的 OTU [V]信号,或者映射到 ODTU。ODTU 信号复用到 ODTU 组(ODTUG)。ODTUG 信号再映射到高阶 OPU,定义为"OPU(H)"。OPU(H)信号映射到相应的高阶 ODU,定义为"ODU(H)"。ODU(H)再被映射到相应的 OTU[V]。

OPU(L)和 OPU(H)具有相同的信息结构,但客户信号不同。ODU 低阶和高阶的概念仅适用于单个域内的 ODU。

如图 4-10(b)所示,OTU[V]可以映射到光通道信号(OCh 和 OChr),或者映射到 $OTL_{k.n}$。OCh/OChr 映射到光通道载波(OCC 和 OCCr)。OCC 和 OCCr 信号复用到一个 OCC 组(OCG-n.m 和 OCG-nr.m)。OCG-n.m 映射到 OMSn,OMSn 信号再映射到 OTSn。OTSn 信号在 OTM-n.m 接口呈现。OCG-nr.m 信号映射到 OPSn,OPSn 信号在 OTM-nr.

m 接口呈现。单个 OCCr 信号映射到 OPS0，OPS0 信号在 OTM-0.m 接口呈现。OTLK.n 信号映射到光传送通道载波，定义为 OTLC。OTLC 信号复用到 OTLC 组（OTLCG），OTLCG 信号映射到 OPSMnk。OPSMnk 信号在 OTM-0.mvn 接口呈现。

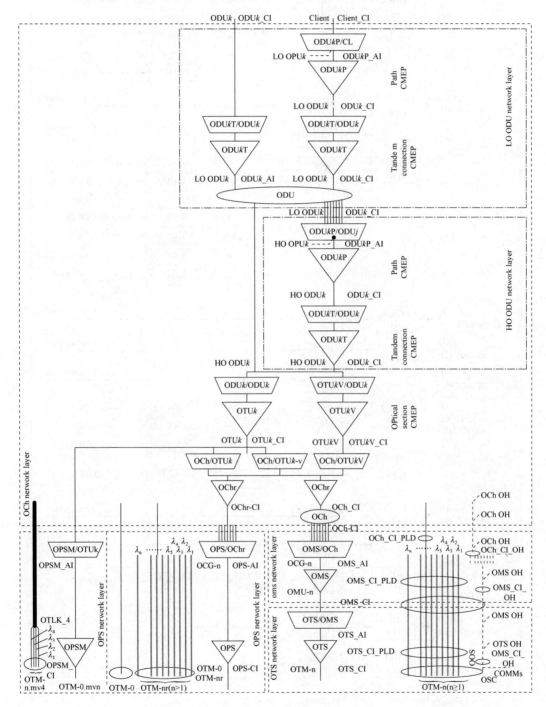

图 4-9 信息流关系范例

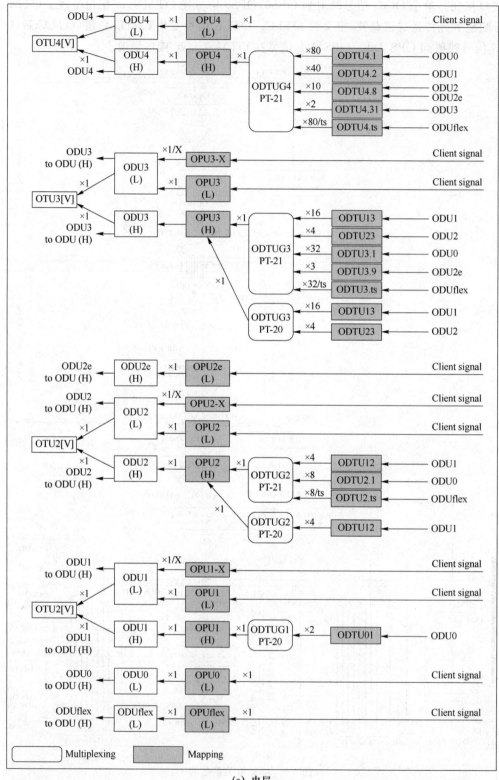

(a) 电层

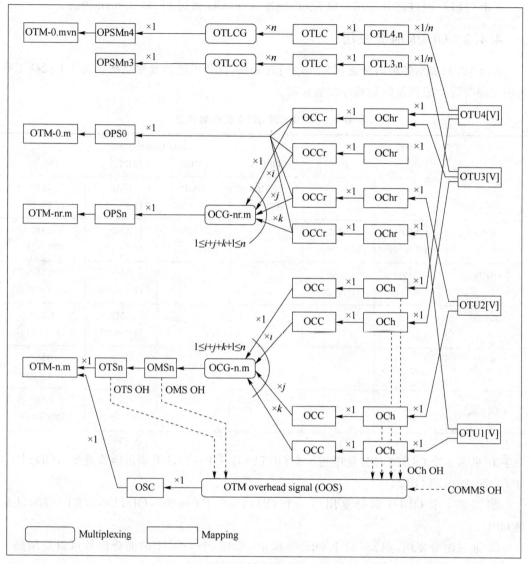

(b) 光层

图 4-10 OTM 复用和映射结构

1. 映射

用户信号或光通道数据支路单元组（OTUGk）被映射到 OPUk，OPUk 被映射到 ODUk，ODUk 映射到 OTUk[V]，OTUk[V] 映射到 OCh[r]，然后 OCh[r] 被调制到 OCC[r]。OTUk 也可以被映射到 OTLk.n，然后 OTLk.n 被调制到 OTLC。

2. 波分复用

通过波分复用最多将 $n(n \geqslant 1)$ 个 OCC[r] 复用到一个 OCG-n[r].m，OCG-n[r].m 的 OCG-[r]支路时隙可以是各种大小。

通过 OTM-n[r].m 传送 OCG-n[r].m，在全功能 OTM-n.m 接口上，通过波分复用，光监控通道 OSC 被复用到 OTM-n.m 上。

n 个 OTLC 通过波分复用汇聚为 OTLCG,OTLCG 通过 OTM-0. mvn 传送。

4.4.2 ODUk 时分复用

图 4-10(a)表示各种时分复用单元之间的关系,以及可能的复用结构。表 4-1 概括了有效的支路时隙类型以及映射程序配置选项。

表 4-1　ODUj 到 OPUk 的映射类型

	2.5G tributary slots		1.25G tributary slots			
	OPU2	OPU3	OPU 1	OPU2	OPU3	OPU4
ODU0	—	—	AMP (PT=20)	GMP (PT=21)	GMP (PT=21)	GMP (PT=21)
ODU1	AMP (PT=20)	AMP (PT=20)	—	AMP (PT=21)	AMP (PT=21)	GMP (PT=21)
ODU2	—	AMP (PT=20)	—	—	AMP (PT=21)	GMP (PT=21)
ODU2e					GMP (PT=21)	GMP (PT=21)
ODU3						GMP (PT=21)
ODUflex	—	—	—	GMP (PT=21)	GMP (PT=21)	GMP (PT=21)

① 最多 2 个 ODU0 时分复用到一个 ODTUG1(PT=20,PT 表示净荷类型),ODTUG1(PT=20)映射到 OPU1。

② 最多 4 个 ODU1 时分复用到一个 ODTUG2(PT=20),ODTUG2(PT=20)映射到 OPU2。

③ 通过时分复用,$p(p \leqslant 4)$ 个 ODU2 和 $q(q \leqslant 16)$ 个 ODU1 的混合信号可以复用到一个 ODTUG3(PT=20),ODTUG3(PT=20)映射到 OPU3。

④ 通过时分复用,$p(p \leqslant 8)$ 个 ODU0、$q(q \leqslant 4)$ 个 ODU1 和 $r(r \leqslant 8)$ 个 ODUflex 的混合信号可以复用到一个 ODTUG2(PT=21),ODTUG2(PT=21)映射到 OPU2。

⑤ 通过时分复用,$p(p \leqslant 32)$ 个 ODU0、$q(q \leqslant 16)$ 个 ODU1、$r(r \leqslant 4)$ 个 ODU2、$s(s \leqslant 3)$ 个 ODU2e 和 $t(t \leqslant 32)$ 个 ODUflex 的混合信号可以复用到一个 ODTUG3(PT=21),ODTUG3(PT=21)映射到 OPU3。

⑥ 通过时分复用,$p(p \leqslant 80)$ 个 ODU0、$q(q \leqslant 40)$ 个 ODU1、$r(r \leqslant 10)$ 个 ODU2、$s(s \leqslant 10)$ 个 ODU2e、$t(t \leqslant 2)$ 个 ODU3 和 $u(u \leqslant 80)$ 个 ODUflex 的混合信号可以复用到一个 ODTUG4(PT=21),ODTUG4(PT=21)映射到 OPU4。

注:ODTUGk 信号是一种逻辑结构,没有进一步定义。ODTUjk 和 ODTUk. ts 信号直接时分复用到 HO OPUk 的支路时隙。

图 4-11、图 4-12 和图 4-13 表示不同的信号如何通过 ODTUG1/2/3(PT=20)复用。图

4-11 表示 4 个 ODU1 通过 ODTUG2(PT20)复用到 OPU2。1 个 ODU1 信号使用帧定位开销进行扩展,并且通过 AMP 判决开销(JOH)异步映射到光通道数据支路单元 1～2 (ODTU12)。4 个 ODTU12 信号时分复用到光通道数据支路单元组 2(ODTUG2(PT= 20)),然后该信号再映射到 OPU2。

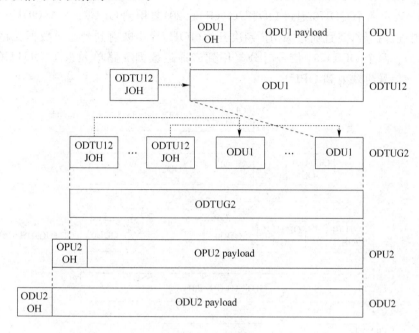

图 4-11　ODU1 通过 ODTUG2(PT=20)复用到 ODU2

图 4-12 表示最多 16 个 ODU1 和/或最多 4 个 ODU2 通过 ODTUG3(PT=20)复用到 OPU3。1 个 ODU1 信号使用帧定位开销进行扩展,并且通过 AMP 判决开销(JOH)异步映

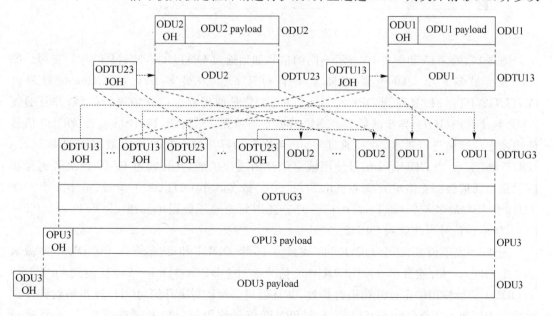

图 4-12　ODU1 与 ODU2 通过 ODTUG3(PT=20)复用到 ODU3

射到光通道数据支路单元1~3(ODTU13)。1个ODU2信号使用帧定位开销进行扩展,并且通过AMP判决开销(JOH)异步映射到光通道数据支路单元2~3(ODTU23)。x个OD-TU23($0 \leqslant x \leqslant 4$)信号与16-4$x$个ODTU13时分复用到光通道数据支路单元组3[ODTUG3(PT=20)],然后该信号再映射到OPU3。

图4-13表示两个ODU0通过ODTUG1(PT=20)复用到OPU1。1个ODU0信号使用帧定位开销进行扩展,并且通过AMP判决开销(JOH)异步映射到光通道数据支路单元0~1(ODTU01)。两个ODTU01信号时分复用到光通道数据支路单元组1[ODTUG1(PT=20)],然后该信号再映射到OPU1。

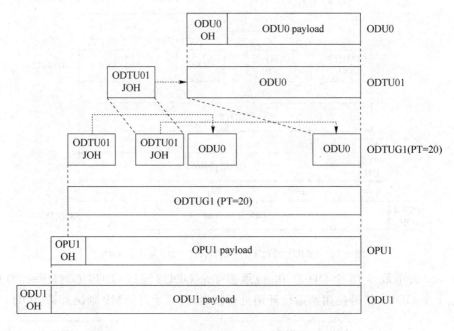

图4-13　ODU0通过ODTUG1(PT=20)复用到ODU1

图4-14、图4-15和图4-16表示不同的信号如何通过ODTUG2/3/4(PT=21)复用。图4-14表示最多8个ODU0和/或最多4个ODU1和/或最多8个ODUflex信号通过ODTUG2(PT=21)复用到OPU2。1个ODU1信号使用帧定位开销进行扩展,并且通过AMP判决开销(JOH)异步映射到光通道数据支路单元1~2(ODTU12)。1个ODU0信号使用帧定位开销进行扩展,并且通过GMP判决开销异步映射到光通道数据支路单元2.1(ODTU2.1)。1个ODUflex信号使用帧定位开销进行扩展,并且通过GMP判决开销异步映射到光通道数据支路单元2.ts(ODTU2.ts)。最多8个ODTU2.1信号、最多4个OD-TU12信号与最多8个ODTU2.ts信号时分复用到光通道数据单元组2[ODTUG2(PT=21)],然后该信号再映射到OPU2。

图4-15表示最多32个ODU0和/或最多16个ODU1和/或最多4个ODU2和/或最多3个ODU2e和/或最多32个ODUflex信号通过ODTUG3(PT=21)复用到OPU3。1个ODU1信号使用帧定位开销进行扩展,并且通过AMP判决开销(JOH)异步映射到光通道数据支路单元1~3(ODTU13)。1个ODU2信号使用帧定位开销进行扩展,并且通过AMP判决开销异步映射到光通道数据支路单元2~3(ODTU23)。1个ODU0信号使用帧

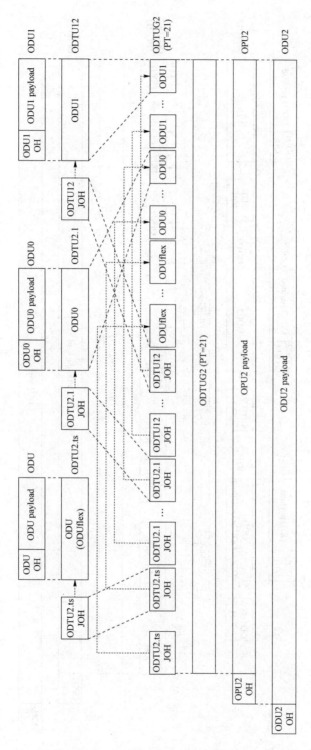

图 4-14　ODU0、ODU1 与 ODUflex 通过 ODTUG2(PT＝21)复用到 ODU2

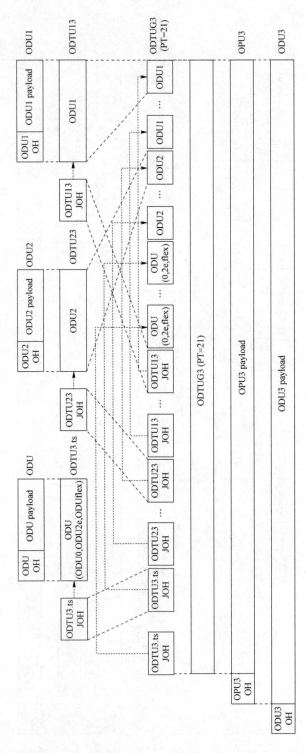

图 4-15　ODU0、ODU1、ODU2 与 ODUflex 通过 ODTUG3(PT＝21)复用到 ODU3

定位开销进行扩展,并且通过 AMP 判决开销异步映射到光通道数据支路单元 2～3
(ODTU23)。1 个 ODU0 信号使用帧定位开销进行扩展,并且通过 GMP 判决开销异步映
射到光通道数据支路单元 3.1(ODTU3.1)。1 个 ODU2e 信号使用帧定位开销进行扩展,
并且通过 GMP 判决开销异步映射到光通道数据支路单元 3.9(ODTU3.9)。最多 32 个
ODTU3.1 信号、最多 16 个 ODTU13 信号、最多 4 个 ODTU23 信号、最多 3 个 ODTU3.9
信号与最多 32 个 ODTU3.ts 信号时分复用到光通道数据单元组 3 [ODTUG3(PT=21)],
然后该信号再映射到 OPU3。

图 4-16 表示最多 80 个 ODU0 和/或最多 40 个 ODU1 和/或最多 10 个 ODU2 和/或最
多 10 个 ODU2e 和/或最多 2 个 ODU3 和/或最多 80 个 ODUflex 信号通过 ODTUG4(PT
=21)复用到 OPU4。1 个 ODU0 信号使用帧定位开销进行扩展,并且通过 GMP 判决开销
(JOH)异步映射到光通道数据支路单元 4.1(ODTU4.1)。1 个 ODU1 信号使用帧定位开
销进行扩展,并且通过 GMP 判决开销异步映射到光通道数据支路单元 4.2(ODTU4.2)。1
个 ODU2 信号使用帧定位开销进行扩展,并且通过 GMP 判决开销(JOH)异步映射到光通
道数据支路单元 4.8(ODTU4.8)。1 个 ODU2e 信号使用帧定位开销进行扩展,并且通过
GMP 判决开销异步映射到光通道数据支路单元 4.8(ODTU4.8)。1 个 ODU3 信号使用帧
定位开销进行扩展,并且通过 GMP 判决开销异步映射到光通道数据支路单元 4.31(OD-
TU4.31)。1 个 ODUflex 信号使用帧定位开销进行扩展,并且通过 GMP 判决开销异步映
射到光通道数据支路单元 4.ts(ODTU4.ts)。最多 80 个 ODTU4.1 信号、最多 40 个 OD-
TU4.2 信号、最多 10 个 ODTU4.8 信号、最多 2 个 ODTU4.31 信号与最多 80 个 ODTU4.
ts 信号时分复用到光通道数据单元组 4 [ODTUG4(PT=21)],然后该信号再映射
到 OPU4。

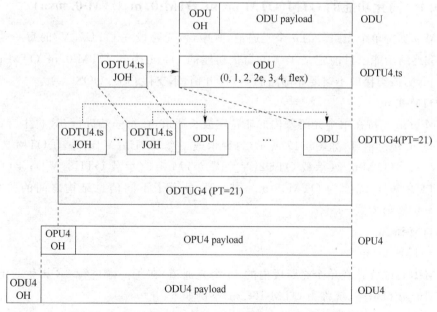

图 4-16　ODU0、ODU1、ODU2、ODU2e、ODU3 与 ODUflex
通过 ODTUG4(PT=21)复用到 ODU4

4.5 光传送模块及其帧结构

定义了两种 OTM 结构,全功能和简化功能。对于 IrDI 只定义了简化功能的 OTM 接口。表 4-2 给出了 2012 年 2 月通过的 G.709 第四版规范中 OTM 结构下的 OTU、OTU FEC、OCh/OChr、OPS、OPSM 和 OMS/OTS。

表 4-2 OTM 结构概况

	OTUk frame	OTUkV frame	OTUk FEC	OTUkV FEC	OChr	OCh	OPS	OPSM	OMS OTS	IaDI	IrDI
OTM-n.m	支持		支持			支持			支持	支持	
OTM-n.m	支持			支持		支持			支持	支持	
OTM-n.m		支持		支持		支持			支持	支持	
OTM-16/32r.m	支持		支持		支持		支持			支持	支持
OTM-16/32r.m	支持			支持	支持		支持			支持	
OTM-16/32r.m		支持		支持	支持		支持			支持	
OTM-0.m	支持		支持		支持		支持			支持	支持
OTM-0.m	支持			支持	支持		支持			支持	
OTM-0.mvn	支持		支持					支持		支持	支持

4.5.1 简化功能的 OTM(OTM-nr.m,OTM-0.m,OTM-0.mvn)

OTM-n 支持单个光跨段的 n 个光通道,其中,该光跨段在 OTUk[V]的每一端上具有 3R 再生和终结功能。目前定义了 3 类简化功能的 OTM 接口:OTM-0.m、OTM-nr.m 和 OTM-0.mvn,该类接口不需要非随路的 OTN 开销,不支持 OSC/OOS。

1. OTM-0.m

OTM-0.m 支持在单个光跨段内的非特定波长通道,在每一端进行 3R 再生。定义了 4 种 OTM-0.m 接口信号,如图 4-17 所示,每种承载一个 OTUk[V]信号:①OTM-0.1(承载 OTU1[V]);②OTM-0.2(承载 OTU2[V]);③OTM-0.3(承载 OTU3[V]);④OTM-0.4(承载 OTU4[V]),统称为 OTM-0.m。图 4-17 显示了不同信息结构之间的关系,以及 OTm-0.m 的映射方式。

2. OTM-nr.m

(1) OTM-16r.m

OTM-16r.m 支持在单个光跨段内的 16 个光通道,在每一端进行 3R 再生。定义了几种 OTM-16r 接口信号,统称为 OTM-16r.m,举例如下:

① OTM-16r.1(承载 $i(i \leqslant 16)$ OTU1[V]信号);

② OTM-16r.2(承载 $j(j \leqslant 16)$ OTU2[V] 信号);

③ OTM-16r.3(承载 $k(k \leqslant 16)$ OTU3[V] 信号);

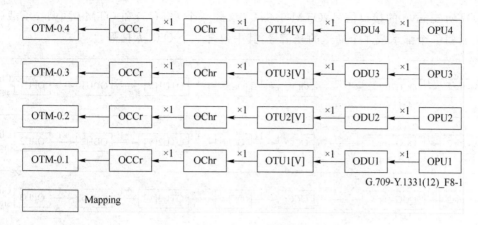

G.709-Y.1331(12)_F8-1

图 4-17 OTM-0. m 结构

④ OTM-16r. 4（承载 $l(l \leqslant 16)$ OTU4[V] 信号）；

⑤ OTM-16r. 1234（承载 $i(i \leqslant 16)$ OTU1[V]，$j(j \leqslant 16)$ OTU2[V]，$k(k \leqslant 16)$ OTU3[V] and $l(l \leqslant 16)$ OTU4[V]信号，其中 $i+j+k+l \leqslant 16$）；

⑥ OTM-16r. 123（承载 $i(i \leqslant 16)$ OTU1[V]，$j(j \leqslant 16)$ OTU2[V] and $k(k \leqslant 16)$ OTU3[V]信号，其中 $i+j+k \leqslant 16$）；

⑦ OTM-16r. 12（承载 $i(i \leqslant 16)$ OTU1[V] and $j(j \leqslant 16)$ OTU2[V] 信号，其中 $i+j \leqslant 16$）；

⑧ OTM-16r. 23（承载 $j(j \leqslant 16)$ OTU2[V] and $k(k \leqslant 16)$ OTU3[V] 信号，其中 $j+k \leqslant 16$）；

⑨ OTM-16r. 34（承载 $k(k \leqslant 16)$ OTU3[V] and $l(l \leqslant 16)$ OTU4[V] 信号，其中 $k+l \leqslant 16$）。

OTM-16r. m 信号是具有 16 个光通道载波（OCCr）的 OTM-nr. m 信号，编号从 OCCr ♯0 到 OCCr♯15。OTM-16r. m 信号结构中不需要 OSC 和 OOS。

在正常操作和传送 OTUk[V]期间，至少有一个 OCCr 启用。在 OCCr 启用时，不预先定义顺序。图 4-18 显示了几种定义的 OTM-16r. m 接口信号和 OTM-16r. m 复用结构示例。

注：未定义 OTM-16r. m OPS 开销。在多波长接口位置 OTM-16r. m 使用 OTUk[V] SMOH 进行监控和管理。通过故障管理中故障关联的方法，OTM-16r. m 连接（TIM）的故障由单个 OTUk[V] 的报告计算得到。

（2）OTM-32r. m

OTM-32r. m 信号是具有 32 个光通道载波（OCCr）的 OTM-nr. m 信号，编号从 OCCr ♯0 到 OCCr♯31，支持在单个光跨段内的 32 个光通道，在每一端进行 3R 再生，其复用结构可参照图 4-18。目前已定义的几种 OTM-32r 接口信号包括 OTM-32r. 1、OTM-32r. 2、OTM-32r. 3、OTM-32r. 4、OTM-32r. 1234、OTM-32r. 123、OTM-32r. 12、OTM-16r. 23、OTM-16r. 34 等。

3. OTM-0. mvn

OTM-0. mvn 支持在单个光跨段内的多个光通道，在每一端进行 3R 再生。目前定义了两种 OTM-0.mvn 的接口信号:OTM-0.3v4(承载一个 OTU3)和 OTM-0.4v4(承载一个 OTU4),每一个都承载 4 个通道的光信号,其中包含一个 OTUk 信号。

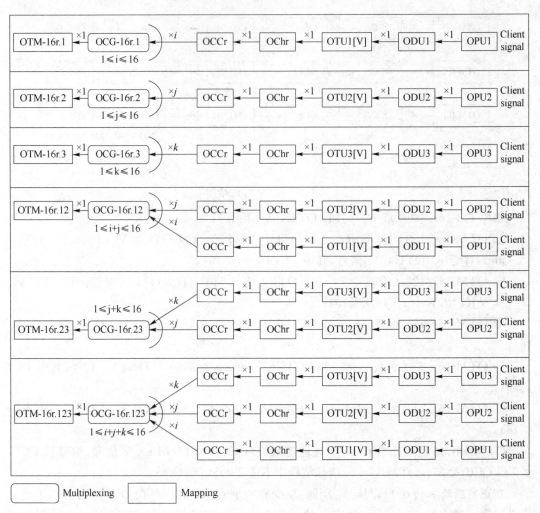

图 4-18　OTM-16r.m 复用结构示例

光通道由 OTLCx 来编号($x=0\sim n-1$),其中 x 代表了多通道应用场合下,与 G.959.1 或者 G.695 中应用代码对应的光通道数量。图 4-19 显示了 OTM-0.3v4 和 OTM-0.4v4 不同信息结构之间的关系。

4.5.2　全功能的 OTM(OTM-n.m)

OTM-n.m 接口支持单个或多个光跨段内的 n 个光通道,接口不要求 3R 再生。定义以下几种 OTM-n 接口信号:

① OTM-n.1(承载 $i(i\leqslant n)$ OTU1[V]信号);

② OTM-n.2(承载 $j(j\leqslant n)$ OTU2[V]信号);

③ OTM-n.3(承载 $k(k\leqslant n)$ OTU3[V]信号);

④ OTM-n.4(承载 $l(l\leqslant n)$ OTU4[V]信号);

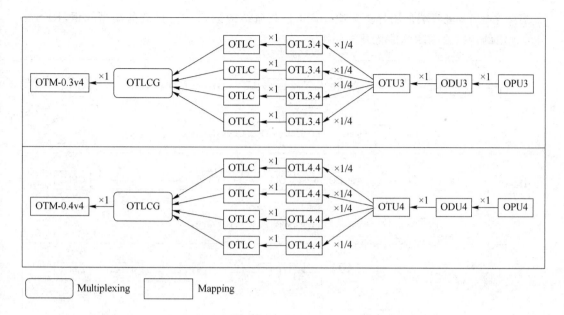

图 4-19　OTM-0.3v4 和 OTM-0.4v4 的结构

⑤ OTM-n.1234（承载 $i(i\leqslant n)$ OTU1[V]，$j(j\leqslant n)$ OTU2[V]，$k(k\leqslant n)$ OTU3[V] and $l(l\leqslant n)$ OTU4[V]信号，其中 $i+j+k+l\leqslant n$）；

⑥ OTM-n.123（承载 $i(i\leqslant n)$ OTU1[V]，$j(j\leqslant n)$ OTU2[V]and $k(k\leqslant n)$ OTU3[V]信号，其中 $i+j+k\leqslant n$）；

⑦ OTM-n.12（承载 $i(i\leqslant n)$ OTU1[V]和 $j(j\leqslant n)$ OTU2[V]信号，其中 $i+j\leqslant n$）；

⑧ OTM-n.23（承载 $j(j\leqslant n)$ OTU2[V]和 $k(k\leqslant n)$ OTU3[V]信号，其中 $j+k\leqslant n$）；

⑨ OTM-n.34（承载 $k(k\leqslant n)$ OTU3[V]和 $l(l\leqslant n)$ OTU4[V]信号，其中 $k+l\leqslant n$）。

OTM-n.m 接口信号包含 n 个 OCC，其中有 m 个低速率信号和 1 个 OSC，如图 4-20 所示，也可能会是少于 m 个的高速率 OCC。

4.5.3　光传送模块的帧结构

在前边光传送模块的信息包容关系的基础上，本节介绍光传送模块各种信息单元的帧结构。

1. 光通道净荷单元(OPUk)的帧结构及其开销

光通道净荷单元 OPUk（$k = 0$，1，2，2e，3，4，flex）的帧结构如图 4-21 所示，包括 4 行 3 810 列，共 4×3810 个字节，主要包括光通道净荷单元 OPUk 的开销和净荷。OPUk 的 15～16 列用来承载 OPUk 开销，17～3 824 列用来承载 OPUk 净负荷。OPUk 的列编号来自于其在 ODUk 帧中的位置。OPUk 的净荷用于承载客户业务，当客户业务速率与系统不同步或有相位差时需进行码速调整以完成速率适配，为此，OPUk 的开销 JC 字节用于码速调整控制，NJO 字节为负码速调整机会字节，PJO 字节为正码速调整机会字节。JC 字节的前 6 位未用，用后 2 位表示是否有调整，例如：JC 后 2 位为 00 表示无调整，这时正码速调整机会字节 PJO 字节装净荷数据；为 01 表示信号速率快需负码速调整，该帧要多装信息，这时 NJO 和 PJO 字节均装载净荷数据；为 10 表示信号速率慢需正码速调整要少装信息等。

JC有3个字节,接收端采用择多判决。PSI是载荷结构标识,PT是载荷类型标识,RES字节为预留的待以后国际标准化开发使用。

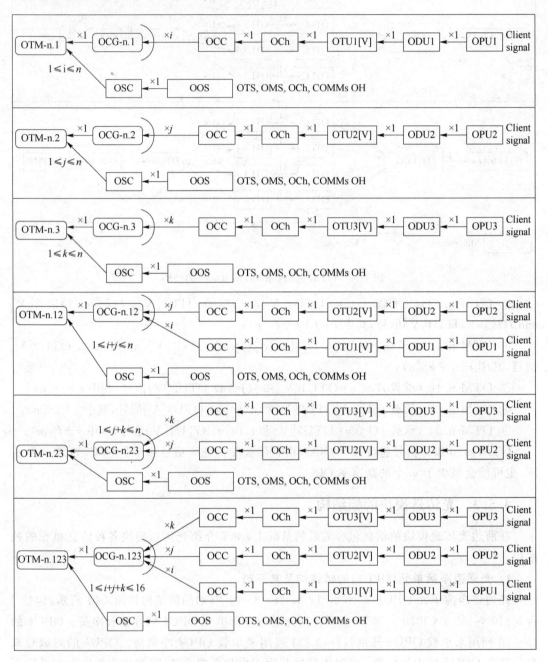

图 4-20　OTM-n.m复用结构示例

2. 光通道数据单元(ODUk)的帧结构及其开销

光通道数据单元ODUk(k = 0,1,2,2e,3,4,flex)的帧结构如图4-22所示,包括4行3 824列,主要包括光通道数据单元ODUk的开销、ODUk净荷和OPUk的开销。块状帧结构中前14列,除第一行的第1~7列是与OTUk共享的帧定位字节、8~14列用于承载

OTUk 的专用开销外,其他都用来传送光通道数据单元 ODUk 的开销。15～3 824 列用来承载 OPUk。

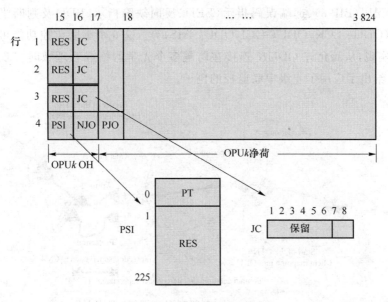

图 4-21　光信道净荷单元的帧结构

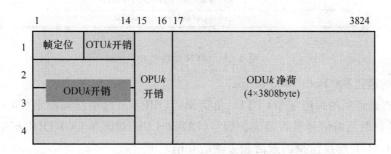

图 4-22　光通道数据单元的帧结构

光通道数据单元的开销如图 4-23 所示,帧定位信号是与光通道传送单元共享的,第 2～4 行的第 1～14 列字节是 ODUk 的专用开销。这些开销包括如下几种。

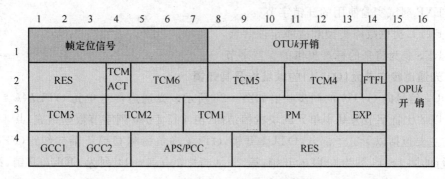

图 4-23　光通道数据单元的开销

· TCM1-TCM6 串连监控(Tandem Connection Monitoring)

为了便于监测 OTN 信号跨越多个光学网络时的传输性能,ODUk 的开销提供了多达 6 级的串联监控 TCM1-6。TCM1-6 字节类似于 PM 开销字节,用来监测每一级的踪迹字节(TTI)、负荷误码(BIP-8)、远端误码指示(BEI)、反向缺陷指示(BDI)及判断当前信号是否是维护信号(ODUk-LCK,ODUk-OCI,ODUk-AIS)等。这 6 个串联监控功能可以以堆叠或嵌套的方式实现,从而允许 ODUK 连接在跨越多个光学网络或管理域时实现任意段的监控。图 4-24 给出了应用了 4 级串联监控的例子。

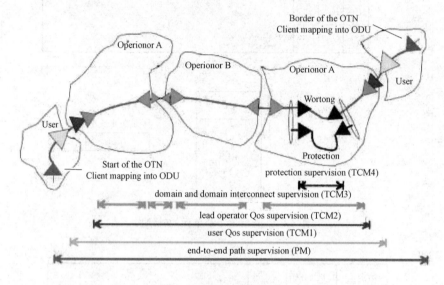

图 4-24　OTN 串联监控

- PM 通道监视(Path Monitoring)

用来监测通道层的踪迹字节(TTI)、负荷误码(BIP-8)、远端误码指示(BEI)、反向缺陷指示(BDI)及判断当前信号是否是维护信号(ODUk-LCK,ODUk-OCI,ODUk-AIS)等。

- TCM ACT 连接监视的激活和去激活开销
- APS/PCC 自动保护倒换和保护通信信道字节

可以动态地创建与去除通道的通用通信通道字节(GCC 1 和 GCC2)

- GCC 1 和 GCC2 提供任何两个接受 ODUk 帧结构的网络单元之间的通信信道
- EXP 测试实验使用的开销字节
- FTFL 提供故障类型和故障定位信息
- RES 是为将来的标准提供的保留字节

3. 光通道传送单元(OTUk)的帧结构及其开销

ODUk 信号向 OTUk 的同步映射如图 4-25 所示。光通道传送单元 OTUk(k = 1,2,3,4)是以 8 比特字节为基本单元的块状帧结构,由 4 行 4 080 列字节数据组成,共 4×4 080 个字节,主要包括以下三个部分:OTUk 开销,OTUk 净负荷和 OTUk 前向纠错(FEC)。图中第 1 行的第 1~14 列为 OTUk 开销,第 2~4 行中的第 1~14 列为 ODUk 开销,第 1~4 行的 15~3 824 列为 OTUk 净负荷,第 1~4 行中的 3 825~4 080 列为 OTUk 前向纠错码。

OTUk 与 ODUk 相比,增加了 256 列 FEC 字节,另外第 1 行的(1~8)列的字节被 OTUk 用作 FAS 帧定位。OTUk 信号包括 RS(255,239)编码,如果 FEC 不使用,填充全

"0"码。当支持 FEC 功能与不支持 FEC 功能的设备互通时（在 FEC 区域全部填充"0"），FEC 功能的设备应具备关掉此功能的能力，即对 FEC 区域的字节不作处理。OTU4 必须支持 FEC。

注：G.709 第 4 版（2012.02 通过）未对 OTUk 中的 k＝0，k＝2e 或 k＝flex 的帧结构做相应的规范。

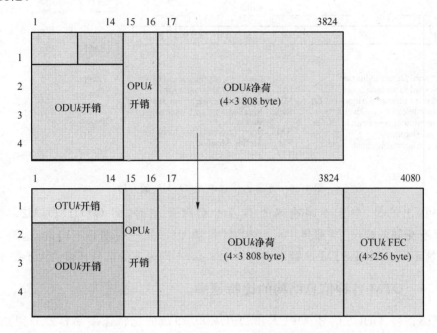

图 4-25　ODUk 向 OTUk 的帧同步映射

光通道传送单元的开销与光通道数据单元有部分是共享的，Frame Alignment（FAS，MFAS），帧及复帧定位开销字节，如图 4-26 所示，OTUk 的专用开销包括：

- SM（段监视），OTUk Section Monitoring，用来监测段层的踪迹字节（TTI）、误码（BIP-8）、远端误码指示（BEI）及反向缺陷指示（BDI）等。
- GCC0 通用通信通道。
- RES 是为将来的标准提供的保留字节。
- FEC 光通道传送单元的前向纠错编码，采用 16 字节比特间插 RS(255,239)码，它是一种线性循环码，如果不使用 FEC，则填充全零。FEC 处理使线路速率增加了 7.14%，可纠正的突发误码为 8 字节，检测能力为 16 字节。在 OTUk 帧的 FEC 处理过程中，它将 OTUk 的每一行用比特间插的方法分割成 16 个 FEC 子行，每个 FEC 编码/解码器处理其中一个子行，FEC 奇偶校验针对每个子行的 239 字节信息位进行，16 个校验位置于其后。

为了使得具有 FEC 和不具有 FEC 的设备（在 OTUk FEC 中填充全零）能够互连，具有 FEC 的设备有使 FEC 解码过程无效的功能，即忽略 OTUk FEC 的内容。

在纯粹的波分复用传送系统中，客户业务的封装及 G.709 OTN 开销插入一般都是在波长转换盘上（Optical Translation Unit）完成的，这些过程包含从 Client 层到 OCh(r)层的处理。输入信号是以电接口或光接口接入的客户业务,输出是具有 G.709 OTUk[V]帧格式的 WDM 波长。OTUk 称为完全标准化的光通道传送单元,而 OTUk[V]则是功能标准化的光通道传送单元。

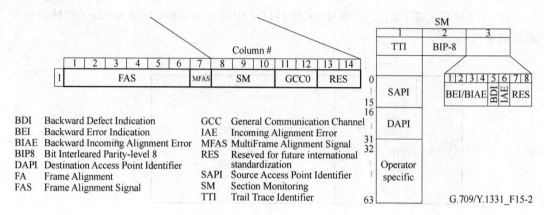

BDI　Backward Defect Indication
BEI　Backward Error Indication
BIAE　Backward Incoming Alignment Error
BIP8　Bit Interleared Parity-level 8
DAPI　Destination Access Point Identifier
FA　Frame Alignment
FAS　Frame Alignment Signal

GCC　General Communication Channel
IAE　Incoming Alignment Error
MFAS　MultiFrame Alignment Signal
RES　Reseved for future international standardization
SAPI　Source Access Point Identifier
SM　Section Monitoring
TTI　Trail Trace Identifier

图 4-26　光通道传送单元(OTUk)的开销

需要指出的是,对于不同速率的 G.709 OTUk 信号,即 OTU1、OTU2、OTU3 和 OTU4 具有相同的帧尺寸,都是 4×4 080 个字节,但每帧的周期是不同的,这跟 SDH 的 STM-N 帧不同。SDH STM-N 帧周期均为 125 μs,不同速率的信号其帧的大小是不同的。

4.5.4　OTM 各种信息结构的比特速率

OTUk 信号、ODUk 信号、OPUk 和 OPUk-Xv 净荷的比特速率和容差分别如表 4-3、表 4-4、表 4-5 所示。OTUk/ODUk/OPUk/OPUk-Xv 帧结构的周期如表 4-6 所示。OTLk.n 信号的类型和比特速率如表 4-7 所示。2.5G 和 1.25G 支路时隙相关的 HO OPUk 的复帧周期如表 4-8 所示,ODUflex(GFP)的比特速率和容差如表 4-9 所示。

表 4-3　OTU 信号类型和比特速率

OTU type	OTU nominal bit rate	OTU bit-rate tolerance
OTU1	255/238×2 488 320 kbit/s	
OTU2	255/237×9 953 280 kbit/s	
OTU3	255/236×39 813 120 kbit/s	±20 ppm
OTU4	255/227×99 532 800 kbit/s	

NOTE 1-The nominal OTUk rates are approximately: 2 666 057. 143 kbit/s(OTU1),10 709 225. 316 kbit/s(OTU2), 43 018 413. 559 kbit/s(OTU3)and 111 809 973. 568 kbit/s(OTU4).

NOTE 2-OTU0, OTU2e and OTUflex are not specified in this Recommendation. ODU0 signals are to be transported over ODU1, ODU2, ODU3 or ODU4 signals, ODU2e signals are to be transported over ODU3 and ODU4 signals and ODUflex signals are transported over ODU2, ODU3 and ODU4 signals.

表 4-4　ODU 信号类型和比特速率

ODU type	ODU nominal bit rate	ODU bit-rate tolerance
ODU0	1 244 160 kbit/s	±20 ppm
ODU1	239/238×2 488 320 kbit/s	
ODU2	239/237×9 953 280 kbit/s	
ODU3	239/236×39 813 120 kbit/s	
ODU4	239/227×99 532 800 kbit/s	
ODU2e	239/237×10 312 500 kbit/s	±100 ppm
ODUflex for CBR client signals	239/238×client signal bit rate	±100 ppm(Notes 2,3)
ODUflex for GFP-F mapped client signals	configured bit rate(see Table 7-8)	±100 ppm

NOTE 1-The nominal OTUk rates are approximately: 2 498 775. 126 kbit/s(ODU1), 10 037 273. 924 kbit/s(ODU2), 40 319 218. 983 kbit/s(ODU3),104 794 445. 815 kbit/s(ODU4) and 10 399 525. 316 kbit/s(ODU2e).

NOTE 2-The bit-rate tolerance for ODUflex(CBR) signals is specified as ±100 ppm. This value may be larger than the tolerance for the client signal itself (e. g., ±20 ppm). For such case, the tolerance is determined by the ODUflex (CBR) maintenance signals, which have a tolerance of ±100 ppm.

NOTE 3-For ODUflex(CBR) signals with nominal bit rates close to the maximum ODTUk. ts payload bit rate and client rate tolerances less than ±100 ppm (e. g., ±10 ppm), the ODUflex(CBR) maintenance signal bit rates may exceed the ODTUk. ts pay load bit rate. For such cases either an additional tributary slot may be used (i. e., ODTUk. (ts+1)), or the nominal bit rate of the ODUflex(CBR) signal may be artificially reduced to a value of 100 ppm below the maximum ODUflex(CBR) signal bit rate.

表 4-5　OPU 信号类型和比特速率

OPU type	OPU payload nominal bit rate	OPU payload bit-rate tolerance
OPU0	238 239×1 244 160 kbit/s	±20 ppm
OPU1	2 488 320 kbit/s	
OPU2	238/237×9 953 280 kbit/s	
OPU3	239/236×39 813 120 kbit/s	
OPU4	239/227×99 532 800 kbit/s	
OPU2e	238/237×10 312 500 kbit/s	±100 ppm
OPUflex for CBR client signals	client signal bit rate	client signal bit-rate tolerance, with a maximum of±100 ppm
OPUflex for GFP-Fmapped client signals	238/239×ODUflex signal rate	±100 ppm
OPU1-Xv	X×2 488 320 kbit/s	±20 ppm
OPU2-Xv	X×238/237×9 953 280 kbit/s	
OPU3-Xv	X×238/236×39 813 120 kbit/s	

NOTE -The nominal OTUk payload rates are approximately: 1 238 954. 310 kbit/s(OPU0 Payload), 2 488 320. 000 kbit/s(OPU1 Payload), 9 995 276. 962 kbit/s(OPU2 Payload), 40 150 519. 322 kbit/s (OPU3 Payload), 104 355 975. 330(OPU4 Payload) and 10 356 012. 658 kbit/s(OPU2e Payload). The nominal OPUk-Xv payload rates are approximately: X×2 488 320. 000 kbit/s(OPU1-Xv Payload), X×9 995 276. 962 kbit/s(OPU2-Xv Payload) and X×40 150 519. 322 kbit/s(OPU3-Xv Payload).

表 4-6　OTU*k*/ODU*k*/OPU*k* 帧周期

OTU/ODU/OPU type	Period(Note)
ODU0/OPU0	98. 354 μs
OTU1/ODU1/OPU1/OPU1-Xv	48. 971 μs
OTU2/ODU2/OPU2/OPU2-Xv	12. 191 μs
OTU3/ODU3/OPU3/OPU3-Xv	3. 035 μs
OTU4/ODU4/OPU4	1. 168 μs
ODU2e/OPU2e	11. 767 μs
ODUflex/OPUflex	CBR client signals：121856/client_signal_bit_rate
	GFP-F mapped client signals：122368/ODUflex_bit_rate

NOTE-The period is an approximated value，rounded to 3 decimal places.

表 4-7　OTL 类型和比特速率

OTL type	OTL nominal bit rate	OTL bit-rate tolerance
OTL 3. 4	255/236×9 953 280 kbit/s	±20 ppm
OTL 4. 4	255/227×24 883 200 kbit/s	

NOTE-The nominal OTL rates are approximately：10 754 603. 390 kbit/s(OTL3. 4) and 27 952 493. 392 kbit/s(OTL4. 4).

表 4-8　2.5G 和 1.25G 支路时隙 HO OPU*k* 的复帧周期

OPU type	1. 25G tributary slot multiframe period(Note)	2. 5G tributary slot multiframe period(Note)
OPU1	97. 942 μs	—
OPU2	97. 531 μs	48. 765 μs
OPU3	97. 119 μs	48. 560 μs
OPU4	97. 416 μs	—

NOTE-The period is an approximated value，rounded to 3 decimal places.

表 4-9　ODUflex(GFP)比特速率和容差

ODU type	Nominal bit-rate	Tolerance
ODU2. ts(Note)	1′249′177. 230 kbit/s	
ODU3. ts(Note)	1′254′470. 354 kbit/s	
ODU4. ts(Note)	1′301′467. 133 kbit/s	
ODUflex(GFP) of n tributary slots，1≤n≤8	n×ODU2. ts	±100 ppm
ODUflex(GFP) of n tributary slots，9≤n≤32	n×ODU3. ts	±100 ppm
ODUflex(GFP) of n tributary slots，33≤n≤80	n×ODU4. ts	±100 ppm

NOTE-The values of ODU*k*. ts are chosen to permit a variety of methods to be used to generate an ODUflex(GFP) clock. See Appendix XI for the derivation of these values and example ODUflex(GFP) clock generation methods.

　　G.709 是 ITU-T 为了满足 OTN 设备基于波长的业务调度和端到端管理而定义的波长业务封装格式。相比于 SDH 帧结构,G.709 的帧结构要更为简单,同时开销更少。由于不需要解析到净荷单元,所以 OTN 系统可以较容易地实现基于 ODUk 的交叉。同时我们看到,OTUk 的开销中有一大部分是 FEC 部分,通过引入 FEC,OTN 系统可以支持更长的距离和更低的 OSNR 的应用,从而进一步提升网络生存能力和数据业务的 QoS。

思考与练习题

1. 说明光传送网的复用/映射原则。
2. OPU1、OPU2、OPU3、OPU4 分别装载的信息速率是多少?
3. 说明 ODU 信号的类型及其对应的比特速率。
4. ODU1 是如何复用到 ODU3 的,有几种方式? 请具体说明。
5. 光通道净荷单元的帧结构中为什么设置三个 JC?
6. 光通道层(OCH 层)含有哪三个子层?
7. OTUk 与 OTUk[V]有何区别?
8. OTUk 的专用开销包括哪些?
9. 试说明光传送网的复用映射原则。
10. OTN 网中的光传送模块有哪些?

第5章

光交叉连接设备

光交叉连接(Optical Corss Connect,OXC)设备是光传送网的核心节点设备,是一种兼有复用、光交叉连接、保护/恢复、监控和网管的多功能 OTN 传输设备。本章将介绍 OXC 的主要功能,讲述 OXC 的基本结构、工作原理和几种主要的 OXC 结构。

5.1 OXC 的主要功能

目前 OXC 在光网络中依据它所放位置的不同(如网络的边缘节点或网络的核心节点),应用的功能会有所差异,其主要功能有以下几个。

1. 光交叉连接

OXC 具有强大的网络重组和业务疏导交换能力。它具有多个标准的光纤接口,它可以把输入端的来自任一光纤信号(或其各波长信号)可控地连接到输出端的任一光纤(或其各波长)中去,并且这一过程是完全在光域中进行的。通过使用光交叉连接设备,可以有效地解决现有的数字交叉连接(DXC)设备的电子瓶颈问题。

随着光网络的发展,实现多粒度的交叉连接的需求日渐迫切。OXC 目前的发展趋势是向多粒度、多层次交叉连接的方向发展,实现光纤级、波长级和子波级的交叉连接。

2. 分插复用和带宽管理

一方面,OXC 处于干线的交汇点或网络的汇聚点,会有相当量的业务在本地需要上/下路;另一方面,在未来的光网络中,信令和路由信息要使用控制通道来传送,这些控制通道可以用专门的波长来实现,它们在节点处必须上/下路,才能完成对本地节点的控制和信息的交互。因此 OXC 节点需要提供本地上/下路的功能,支持一定数量波长的上/下路。

光交叉连接节点可以响应各种形式的带宽请求,寻找合适的波长通道,为到来的业务量建立连接。对于未来的光网络,光交叉连接节点应能根据连接请求的动态变化,实时地进行带宽管理。

3. 保护和恢复

目前 OXC 主要有基于链路的保护和恢复以及基于光通道的保护和恢复两种方式。当某一条链路或一个波长性能出现劣化或发生故障时,OXC 可以为其重新选路,通过迂回路由实现故障的恢复。恢复功能主要是由 OXC 的波长路由功能提供的,通过优化的路由和波长分配协议(RWA)算法来实施。算法与 OXC 节点结构有关,如是否全交叉、是否波长交换、是否波长可调谐等。其主要目的是为了提高网络容量的利用率和网络的生存性。

OXC 恢复算法要完成的主要任务有以下几个:

- 做到路径最短(节点数最少);
- 使波长资源分配优化;
- 使各链路、节点业务量平衡,负荷量最佳或路由最安全;
- 提供优先级选择,按优先级顺序恢复。

4. 波长变换

OXC 带有光波长转换器,可以用来增加网络的传输带宽和传输距离,可以使网络容量在不影响原有业务的情况下迅速地增加,同时大大提高网络的灵活性、安全性。

根据 OXC 能否提供波长转换功能,光通道可以分为波长通道(Wavelength Path,WP)和虚波长通道(Virtual Wavelength Path,VWP)。波长通道是指 OXC 没有波长转换功能,光通道在不同的波长复用段中必须使用相同波长实现。这样,为了建立一条波长通道,光通道层必须找到一条链路,在构成这条链路的所有波长复用段中,存在一个共同的空闲波长。如果找不到这样一条链路,该传送请求失败。

虚波长通道是指利用 OXC 的波长转换功能,使光通道在不同的波长复用段可以占用不同的波长,从而可以有效地利用各波长复用段的空闲波长来建立传送请求,提高波长的利用率。

建立虚波长通道时,光通道层只需找到一条链路,其中每个波长复用段都有空闲波长即可。波长通道方式要求光通道层在选路和分配波长时必须采用集中控制方式,因为只有在掌握了整个网络所有波长复用段的波长占用情况后,才可能为一个新传送请求选一条合适的路由。在虚波长通道运作方式下,确定通道的传送链路后,各波长复用段的波长可以逐个分配,因此可以进行分布式控制,从而大大降低光通道层选路的复杂性。

5. 网元管理

OXC 应具有完善的管理功能,包括系统管理、配置管理、性能管理、故障管理、安全管理等。网元管理具有对网元设备各工作板的工作状况实施控制的功能,具备业务的端到端指配和恢复功能、业务上/下波长的配置管理功能、光交叉连接功能,具备性能出现劣化或发生故障时的告警、链路或通路的保护和恢复功能,具备故障的诊断与测试功能,另外还需要有完善的通信和控制接口,用于传递信令和进行网元管理单元和网络管理单元之间的通信,还必须具备子网级甚至网络级网管的能力。

5.2　OXC 的基本结构和工作原理

OXC 主要由输入部分(光放大器 EDFA,解复用器 DMUX)、光交叉连接部分(光交叉连接矩阵)、输出部分(光接口单元 OTU、均功器、复用器、EDFA)、控制和管理部分及本地上下业务接口这五大部分组成,如图 5-1 所示。

设图 5-1 中输入/输出 OXC 设备的光纤数为 M,每条光纤复用 N 个波长。这些经光纤长距离传输的波分复用光信号首先进入光放大器 EDFA 放大,然后经解复用器 DMUX 把每一条光纤中的复用光信号分解为单波长信号($\lambda_1 \sim \lambda_N$),M 条光纤就分解为 $M \times N$ 个单波长光信号。信号通过 $(M \times N) \times (M \times N)$ 的光交叉连接矩阵在控制和管理单元的操作下进行波长交叉连接、上下业务配置。由于每条光纤不能同时传输两个相同波长的信号(即波长争用),所以为了防止出现这种情况,实现无阻塞交叉连接,在连接矩阵的输出端每波长通道光信号还需要在波长变换器 OTU 中进行波长变换,然后再进入均功器把各波长通道的光信号功率控制在可允许的范围内,防止非均衡增益经 EDFA 放大导致比较严重的非线性效应。最后光信号经复用器 MUX 把相应的波长复用到同一光纤中,经 EDFA 放大到线路所需的功率完成信号的汇接。上下业务经光接口单元 OTU 完成本地业务(如 IP、SDH、GFP 等)的分插。

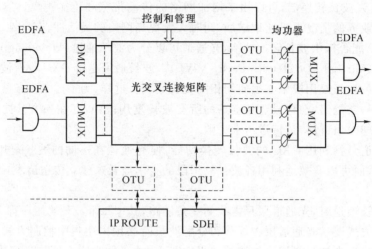

图 5-1　OXC 的基本结构

5.3　OXC 的主要性能

光交叉连接设备是光传送网的核心节点设备,应具有以下主要性能。

1. 交叉连接容量

交叉连接容量的大小取决于 OXC 的端口数。OXC 具有透明的传输代码格式和比特率,可以对不同传输代码格式和不同比特速率等级的信号进行交叉连接,所以 OXC 的端口数是衡量 OXC 的交换能力的重要标志。不同网络对 OXC 交换能力的要求不同。OXC 的端口数量少的可有 2×2、4×4;多的可达 1 024×1 024。在 2001 年的 OFC 会议上,Lucent 公司宣布已实现 1 296×1 296 个端口的 MEMS,每个端口上输入 40×40 Gbit/s = 1.6 Tbit/s 的 WDM 信号,总的交叉能力达到 2.07 Pbit/s。

2. 通道特性

通道特性是指 OXC 只支持波长通道还是也可以支持虚波长通道,这反映出 OXC 的连接能力。根据 OXC 能否提供波长转换功能,光通道可以分为波长通道和虚波长通道两种。波长通道是指 OXC 没有波长转换功能,光通道在不同的光纤段中必须使用同一波长,即满足波长连续性条件。这样,为了建立一条波长通道,光网络必须找到一条路由,在这条路由的所有光纤段中,有一个共同的波长是空闲的。如果找不到这样一条路由,就会发生波长阻塞。虚波长通道是指 OXC 具有波长转换功能,光通道在不同的光纤段中可以占用不同的波长,从而提高了波长的利用率,降低了阻塞概率。

3. 阻塞性

交叉连接结构的构成有严格无阻塞、可重构无阻塞和有阻塞 3 种。在严格无阻塞的情况下,从一个可以使用的输入端口到任一可用的输出端口可以建立连接,而不用中断、重新安排其他端口的现有连接。在可重构无阻塞情况下,可以建立从任意输入端口到输出端口的任意波长之间的连接,但是要中断现有的某些连接,对整个结构进行重新配置,这也就影响了已建立连接的信号。在有阻塞的情况下,结构本身就是具有一定的阻塞性。在某些情况下,即使对节点进行重新配置,从一个输入端口来的波长也不能交换到一个输出端口,而造成阻塞。由于每个波长所携带的信息量都比较大,因此节点一般不采用有阻塞的连接结构,最好是采用严格无阻塞的体系结构,有时候为了简化结构、降低成本,也采用可重构无阻塞的结构。

4．模块性

因通信业务量的不断增长,考虑到建设 OXC 的成本,人们希望 OXC 结构应该具有模块性(包括波长模块性和链路模块性),以便于将来的升级和扩容。模块性是指:当建网初期业务量比较小时,需要 OXC 的交叉连接容量不大,只需小容量的 OXC,而当几年后业务量增加时,在不改动现有 OXC 结构连接的情况下,只需增加模块就可实现节点吞吐量的扩容。如果除了增加新模块外,不需改动现有 OXC 结构,就能增加节点的输入/输出链路数,则称这种结构具有链路模块性。这种节点可以很方便地通过增加节点的链路数来进行网络扩容。这样既可以减少建网初期费用,又不会造成以后业务量增加时更换 OXC 所造成的浪费。

5．连接时间

OXC 处理信息的颗粒度比较大,因此交叉连接、保护和恢复操作都需要尽量提高速度,尽量减少交叉连接矩阵的开关时间,减少保护倒换/恢复时间,这样才能尽量减小对业务的影响。

5.4　几种主要的 OXC 结构

根据 OXC 应用场合的差异,节点需要具有不同的功能,而不同的功能又会拥有不同的体系结构。未来的光传送网需要支持不同层次、不同粒度的信号的交叉连接或交换。

5.4.1　具有多层多粒度的 OXC 结构

就目前 OTN 应用情况看,OXC 应能支持不同层次、不同粒度的信号的交叉连接或交换,实现多种选路功能。具有的交换层次应包括光纤级、波长级以及子波级,如图 5-2 所示。

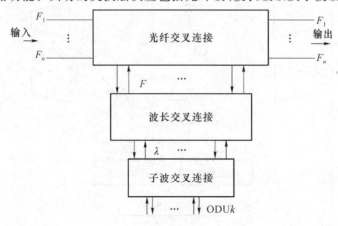

图 5-2　多层多粒度的 OXC 结构

光纤级的交叉连接就是将一根光纤中的业务作为整体一起进行交换,交换粒度最大。光纤级的交叉连接可以减小交叉连接矩阵的规模,满足大业务量的需要,如图5-3(a)所示。

波长级的交叉连接就是将光纤中的波长进行交换,交换粒度较大是当前主要的交叉连接形式,是OXC的核心模块,如图5-3(b)所示。

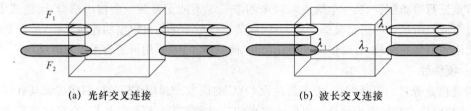

(a) 光纤交叉连接　　　　　　　　　　　　　(b) 波长交叉连接

图5-3　OXC交叉粒度

子波交叉连接是将光通道层(OCh)中的基于ODUk(ODU1-2.5 Gbit/s,ODU2-10 Gbit/s,ODU3-40 Gbit/s)的子波长进行交叉连接,信号的处理都是在电域内进行,子波交叉连接用于多种业务信号的接入,如对GE、2.5G POS等子波长业务直接进行分插复用,具备完善的业务汇聚、调度能力,交叉调度模块完成子波长业务的灵活上下和直通,从而达到子波长业务颗粒的透明调度,极大地提高了波长利用率,使各站点可共享一个波长,使传送距离和容量利用达到最佳。子波交叉功能将成为未来电域交叉连接设备的主要形态。

在不同层上信息处理的颗粒不同,从上往下颗粒度依次变小。

5.4.2　基于空间光交换型的OXC结构

实现空间交换的器件有各种类型的光开关矩阵,它们在空间域上完成入端到出端的交叉连接功能。基于空间光交换型的OXC结构可分为两种。一种类型是无波长变换功能的OXC,如图5-4所示;另一种是有波长变换功能的OXC,如图5-5所示。

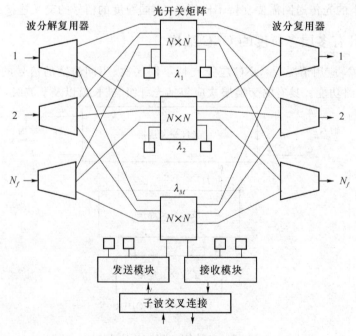

图5-4　空间光交换型的OXC

1. 无波长变换功能的 OXC

无波长变换功能的光交叉连接是利用波分解复用器将 N 个链路中的 M 个 WDM 信号在空间域上分开,然后利用空间光开关矩阵在空间上实现交换,再重新按波长复用到相应的链路。这种类型的光交叉连接含有空间光开关矩阵、光波分复用器、解复用器,完成不同波长信号的分出和插入。由于这种 OXC 没有光波长变换的功能,所以只能支持波长通道的交叉连接,而不支持虚波长通道。

2. 具有波长变换功能的 OXC

具有波长变换功能的 OXC 如图 5-5 所示。这是一种空间光开关矩阵加上波长变换器,可以进行光波长变换的 OXC,它支持虚波长通道的交叉连接,提高了波长的利用率,降低了阻塞概率。其缺点是波长变换器成本较高,对于大容量系统耗资巨大,用户很难接受。

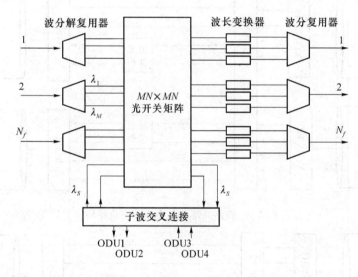

图 5-5　具有波长变换功能的 OXC

3. 共享波长变换器的 OXC 结构

由于波长变换器的成本昂贵,每个波长信道都加有波长变换器的话,成本太高,并且已有文献论述表明,完全波长变换对网络性能的改善与部分波长变换没有明显的差别,因此在光交叉连接节点上采用一定数量的、可以多信道共享的波长变换器,有选择地只对需要的信道进行波长变换是一种较好的解决方案。它既能降低成本,又能满足需要。共享波长变换器的 OXC 结构可分为 3 类:节点共享型、链路共享型、本地共享型。

节点共享型是指节点中所有的波长都能够寻路到波长变换器进行处理,只是每一次处理的波长是受限的。图 5-6 所示为节点共享波长变换的交换结构。

链路共享型是指波长变换器模块只是由一条链路中所有波长共享,这条链路中所有波长都有机会根据需要进行波长变换,只是每次处理的波长数是有限的。图 5-7 所示为链路共享波长变换的交换结构。

本地共享型是将波长变换功能加到电交换的上/下路模块中,如图 5-8 所示。

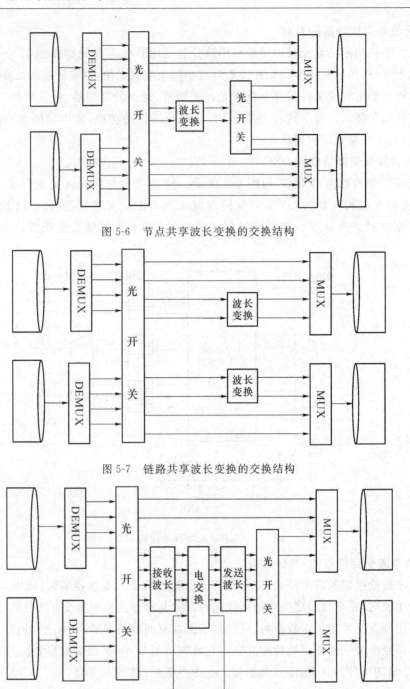

图 5-6　节点共享波长变换的交换结构

图 5-7　链路共享波长变换的交换结构

图 5-8　本地共享波长变换的交换结构

5.4.3　基于可调谐滤波器的 OXC 结构

图 5-9 所示为基于可调谐滤波器的 OXC 结构。首先利用耦合器加可调谐滤波器完成将输入的 N 个链路、M 个波长的 WDM 信号在空间上进行分开,经过空间光开关矩阵后,再

用耦合器将相应的波长复用起来进入对应的光链路。这种结构无波长变换器,只能支持波长通道。它需要的器件有 M 个 $N \times N$ 光开关矩阵和 $M \times N$ 个可调谐滤波器。

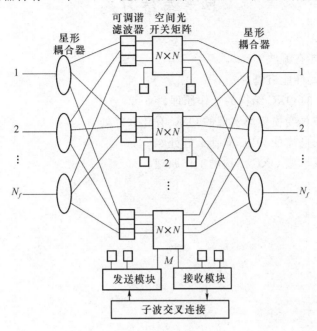

图 5-9　基于可调谐滤波器的 OXC 结构

图 5-10 所示为基于可调谐滤波器含波长转换器的 OXC 结构。它具有波长模块性,从而可支持虚波长通道。由于它使用可调谐滤波器来选出某一波长的信号,只要将一条链路对应的多个可调谐滤波器调谐到同一波长上,即可将这一信号广播发送到多条输出链路中,因此它具有广播发送或组播能力。

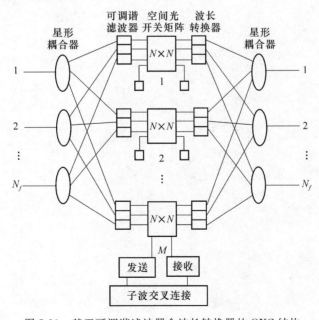

图 5-10　基于可调谐滤波器含波长转换器的 OXC 结构

思考与练习题

1. OXC 的功能有哪些？
2. OXC 的主要性能有哪些？
3. 简述图 5-1 的 OXC 结构的工作原理。
4. 采用共享波长变换模块实现的 OXC 有什么好处？
5. 支持虚波长通道的 OXC 有什么好处？
6. 简述节点共享型 OXC 结构的工作原理。

第6章

光分插复用器

普通的点到点波分复用通信系统尽管有巨大的传输容量,但只提供了原始的传输带宽,需要有灵活的节点才能实现高效的灵活组网能力。这促使一种能够在线路的中间节点,完成以波长为单元的上/下路功能,实现以波长为基本单元的大颗粒的调度、管理。为此,光分插复用器(Optical Add-Drop Multiplexer,OADM)应运而生。光分插复用器是在光域实现支路信号的分插和复用的一种设备。本章讨论基于 WDM 技术的 OADM 系统的功能、典型结构及其产品和应用。

6.1   OADM

6.1.1   OADM 的基本功能和主要性能

1. OADM 的基本功能

OADM 是波分复用光传送网的主要节点设备,其主要功能是能从线路传输光信号中将某些波长通道分出和插入(波长交叉连接、复用),并具有操作、管理与维护(OAM)功能,如图 6-1 所示。也就是说,OADM 在光域内实现了传统的 SDH 设备中的 ADM 功能,相比较而言,它具有透明性,它可以处理任何格式和速率的信号,这一点比电的 ADM 更优越,其高度的透明性、兼容性、可重构性和可扩展性,使整个光网络系统的灵活性大大提高,满足了当今信息通信容量急剧增长的需要。

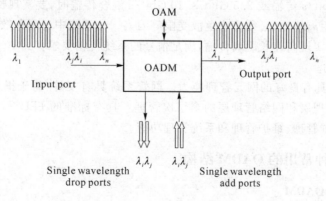

图 6-1   OADM 的基本功能图

2. OADM 的主要性能

衡量 OADM 的性能主要有以下几个方面。

(1) 容量大小

OADM 的端口数量(即支持的链路数)、每端口可容纳的波长数量和可以上下路的波长数量。这些参数反映出 OADM 节点的容量。

(2) 业务接入及汇聚能力

OADM 应能开放式地支持多业务,对任何厂家的 SDH 设备 STM-N 信号进行透明接入,包括 STM-1/-4/-16/-64/-256;还可承载其他格式的光信号,如 ATM 业务或 POS,包括 STM-1c/4c/16c/64c;以太网业务,支持 100 M/GbE/10 GbE 业务的接入;企业互联业务 (ESCON);光纤通道(FC)。其他业务方面,提供灵活得多速率接口,可以承载 45 Mbit/s～ 2.5 Gbit/s 之间的任意速率业务,汇聚多个低速率信号为高速率信号,如 4×155 Mbit/s、 4×622 Mbit/s、4×2.5 Gbit/s 等。

(3) 多种粒度的业务调度能力

OADM 应能实现波长级和子波级的调度管理,灵活地对上/下路的通道进行动态配置。根据此功能,OADM 可分成两种:一种是固定上/下路的 OADM,即只能上/下一个或几个固定波长的 OADM;另一种是可动态重构的光分插复用设备(ROADM),它可以通过网管软件远程控制网元中的 ROADM 子系统实现上/下路波长的配置和动态调整。早期的 ROADM 只有波长级的调度管理,新的高端 ROADM 设备可实现波长级和子波级的调度管理。

(4) 模块性

光网络应有良好的扩展性,因此节点的模块性是衡量 OADM 升级能力的一个重要标准。波长数在 X(如 32)波内可任意增加和配置,没有限制。今后随着网络业务的发展,可根据需要,在不影响现有业务的情况下进行波长的在线升级,以充分满足未来业务发展的需要。

(5) 支持保护倒换的能力

应支持 OSC 通道。应支持光通道 1+1 保护、通道共享保护和环网的复用段保护倒换等。另外,保护倒换时间也是重要指标,网络运行出现故障时,环形网应能在 50 ms 之内快速恢复所承载的业务。

(6) 色散管理能力

在进行 40 Gbit/s 传输或 2.5 Gbit/s、10 Gbit/s 混合传输时,要实现长距离传输或者考虑保护时的较长距离传输,必须考虑色散受限等因素。在系统中运用色散管理技术,进行宽带色散补偿,可以实现高速长距离传输,满足信号的系统传输要求。

(7) 网管能力

OADM 应该具有良好的网元管理能力。网管系统具有友好、易于操作的用户界面,支持网元层、网元管理层和网络管理层的多层次管理。具有标准的 ITU-T 告警管理、性能管理、安全管理、配置管理、维护管理和系统管理功能。

6.1.2 几种常用的 OADM 结构

1. 光开关型 OADM

光开关型 OADM 的基本结构如图 6-2 所示。输入的 WDM 光信号首先由解复用器把各个波长分开,利用光开关可动态地选择上/下路波长,最后由复用器将多波长信号复用到同一链路中输出。这种方案的优点在于结构简单、可动态重构、上/下路的控制比较方便,是应用较多的一种结构。

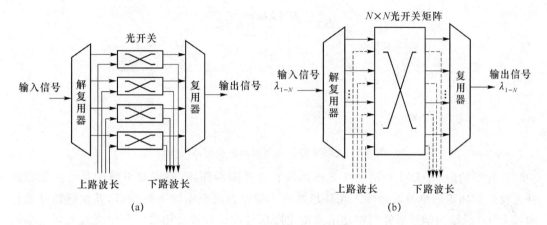

图 6-2　光开关型 OADM 的基本结构图

图 6-2(a)是由多个 $2×2$ 光开关组成。图 6-2(b)是由光开关矩阵组成,$N×N$ 光开关价格昂贵,首次投资大,该方案的主要优势在于:上/下路波长数目很多时,成本相对较低,方便未来过渡到 OXC。劣势在于:上/下波长数较少时,成本仍然高;模块化程度较差,高成本部分在初期就必须部署,否则会成为升级的瓶颈。

2. 阵列波导光栅型 OADM

阵列波导光栅(AWG)型 OADM 的基本结构如图 6-3 所示。图示为 4 波长可上/下两个固定波长的固定路由 OADM 结构。信号从 AWG 左端第一端口输入,经过 AWG 解复用,需要下路的波长在输出端直接到下路端口,不需要下路的波长环回到 AWG 对应的输入端,和上路波长一起经 AWG 复用,从端口输出,完成分插复用功能。

图 6-4 所示是适合动态路由,可以任意选择一个或几个波长上/下路的阵列波导光栅(AWG)型 OADM。这种结构的最大优点在于 AWG 既起到了波分解复用的功能,又起到波分复用的功能,使结构紧凑、成本下降。提高 AWG 的隔离度、降低串扰是这种结构应解决的问题。

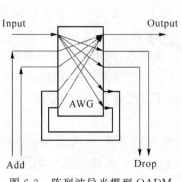

图 6-3　阵列波导光栅型 OADM

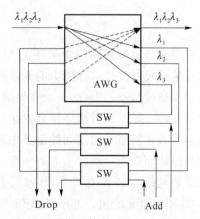

图 6-4　动态重构的 AWG 型 OADM

3. 光纤光栅和光环形器的 OADM

光纤光栅和光环形器的 OADM 结构如图 6-5 所示。由光环行器、光纤布拉格光栅（FBG）和光开关构成。

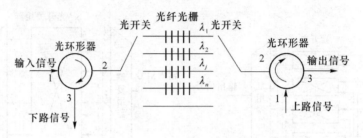

图 6-5 光纤光栅和光环形器的 OADM 结构

这种结构的 OADM 利用光纤光栅的波长选择阻断作用,将需要下路的某个波长经光纤光栅反射回来的信号通过输入端环形器的 3 端口引出至本地下路端口,其他的信号波长通过 FBG,经输出端环形器与本地节点的上路信号波长合波后输出。每个光纤光栅对准波分复用的一个波长,n 个波长需要 n 个光纤光栅,通过光开关的控制来进行选择,若本节点不需要上下路,则两个光开关置在最下端,让信号直通。这个方案只能任意选择一个波长上/下路。这种 OADM 结构简单,价格便宜。

要想上/下多个波长可通过级联方法实现,如图 6-6 所示。多个光纤光栅和光环形器串联构成的 OADM 结构可同时上/下路多个波长。这种结构通过微调光纤光栅的折射率来达到调谐反射波长的目的,这样串联 m 个光纤光栅,就可实现上下 m 个波长的能力,且波长任意。

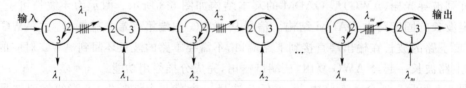

图 6-6 光纤光栅和光环形器的 OADM

6.2 ROADM

在密集波分复用光网络中采用的 OADM 大多是静态、非重构的。光波长通道的下路或上路是通过具有波长选择能力的光器件(如滤波器)来实现的,而其余信道则可不受任何影响地直接通过节点。因此,一旦在城域网中采用了这些节点,网络中的光通道配置关系就是固定不变的。如果以后网络稍微发生变化,就需要手工去添加或移除相应的在线滤波器,这必然会导致在网络重构期间的服务中断。况且,采用手工配置方式,不仅速度慢、成本高,而且容易出错而造成一次次的业务中断。

为了使网络支持新业务和削减运营成本,运营商常希望采用可重构的 OADM,即 ROADM(Reconfigurable Optical Add/Drop Multiplexer)来实现高度灵活的网络,从而保证在线配置单个波长通道时也不中断业务。

ROADM 的应用,特别是在本地/城域网络中的应用,主要是出于以下理由。

(1) 支持波长级业务开展的需要

面对大客户提供波长级业务〔如支持存储局域网(Storage Area Network,SAN)等〕,只能依托 DWDM 网络,而传统的 DWDM 设备配置主要通过人工进行,费时费力,直接影响业务的开通及对客户新需求的反应速度。而如果网络中主要的节点设备是 ROADM,则在硬件具备的条件下,仅需通过网管系统进行远端配置即可,极大地方便了这种新类型业务的开展。

(2) 便于进行网络规划,降低运营费用的需要

在正确预测业务分布及其发展的基础上,进行合理的网络规划,对于降低网络建设成本、提升网络利用效率和延长升级扩容的间隔有重要影响。但由于对业务分布及其发展进行预测的难度,特别是由于某些特殊事件所引起突发业务的情况的大量存在,网络规划是很困难的,甚至在很多情况下,网络如果不具备灵活重构的能力,则很难高效运行。而 ROADM 正解决了这些问题,它通过提供节点的重构能力,使得 DWDM 网络也可以方便地重构,因此对网络规划的要求就可以大大降低,而且应付突发情况的能力也大大增强,使整个网络的效率有很大的提升。

(3) 便于维护,降低维护成本的需要

在对网络进行日常维护的过程中,增开业务及进行线路调整,如果采用人工手段(目前就是如此),不但费时费力,而且容易出错。而采用 ROADM,绝大多数操作(除必要的插拔单板)通过网管进行,可极大提高工作效率,从而降低维护成本。

6.2.1　第一代 ROADM

第一代 ROADM 的商业部署在 21 世纪初,其典型结构如图 6-7 所示。从一个方向光纤来的多波长信号首先通过分光器分成直通和下路两部分,直通部分经解波去掉下路波长后与上路多波长合波后输出,本地可方便地重构上/下路波长,从而避免 O/ E / O 的转换,节省相关费用。这也有助于减少延迟,提供透明的比特率,有利于网络的规划、管理和维护。

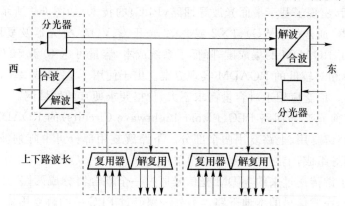

图 6-7　第一代 ROADM 提供 2 自由度的互连结构

2001 年首次实现商业化的是波长阻断器(Wavelength Blocker ,WB)的 ROADM 结构,如图 6-8 所示。它由分光器、WB、光耦合器、接收/发送光转发单元、网元管理等部分组成。基本原理是:利用 WB 模块阻断下路波长的通过,可以实现对任意波长路由的重构。首先

WDM 信号从输入端进入,经 3 dB 分光器分为两路(两等份);向下的一路主要完成下路功能,经接收光转发单元(如可调谐滤波器)或器件组选择,将选定的信号在本地下路,实现任意波长选收。直通的信号经 WB 模块控制通过,WB 模块的作用是将需要下行的波长阻断。WB 模块最常见的结构是使用解复用器-可调光衰减器(VOA)阵列-复用器结构。直通的信号经 WB 模块控制通过,WB 选择过滤通过可程控的 VOA,根据需要将已下行的波长衰减掉(通常将已下路信号滤除,但已下路的广播类业务可能仍让通过),与上路信号经耦合后输出。本地上路信号经由光耦合器把本地发送的波长信号和直通信号复用成 WDM 信号,输出到传输线路上往下游站点传送。光性能监控(OPM)用来保证输出不同波长功率的均衡性。

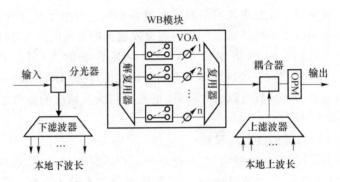

图 6-8 WB-ROADM 结构示意图

WB 最常见的是采用液晶或微电子机械系统(MEMS)技术,目前 WB 技术已经很成熟,在上/下路波长数目不多时,成本低、结构简单、模块化程度好、可支持广播业务。一般 WB 可以实现 40 dB 的消光比,插入损耗在 4~7 dB,通道间隔为 50 GHz/100 GHz。

优点:结构简单,模块化程度好,预留升级端口时可支持灵活扩展升级功能,上下路波长较少时成本低,支持广播业务,具备通道功率均衡能力。

缺点:上下路波长较多时成本较高(独立的可调谐滤波器成本高),不易过渡至 OXC。

2003 年前后,出现了基于平面光波导回路(PLC)的技术,如图 6-9 所示,通过集成波导技术,将解复用器(通常是 AWG)、1×2 或 2×2 光开关、VOA、分光器及复用器等集成在一块芯片上,提高了 ROADM 的集成度,降低了系统成本,容量可达 40 波 50 GHz 间隔。因此 PLC 技术是成本相对较低的 ROADM 实现方案。由于使用了 1×2 或 2×2 的光开关,因此具有二维自由度。广泛应用于对容量需求不大,价格要求便宜的城域网。

基于集成平面光波导回路 PLC(Planar Lightwave Circuits)的 ROADM 结构如图 6-9 所示,它包含下路解复用、上路复用两个部分。下路解复用部分可由阵列波导光栅(AWG)或可调谐滤波器等组成,上路复用部分使用单片 PLC。

工作原理:上游传送过来的 WDM 光信号通过一个耦合器分成两路。一路被传送到下路解复用器部分,完成信号的本地下路。另外一路经过 PLC 中的解复用器/光开关/复用器功能单元,完成直通通道的选择控制和上路信号的复用,然后输出向下游传送。PLC 通常采用阵列波导光栅(AWG)型波分复用器将不同波长信号分出,然后利用热驱动的马赫-曾德干涉仪(MZI)型光开关改变直通或是插入的波长路径。利用平面光波导回路(PLC)技术提高硅集成度的 ROADM 卡可以提供显著的系统优势。最初的 PLC 只能实现简单的信号分离和复用功能,无法测量功率,也没有可变光衰减器(VOA)。今天的 PLC 不仅可以对全部通道进行信号分离,而且能够测量每个通道的功率,提供针对每个通道的 VOA,灵活地调节 VOA,可以使各个通道的功率处于理想的大小。这种 ROADM 产品具有很小的体积,能够同时在每个通道的基础上进行分离、复用、衰减和开关操作。PLC 技术颠覆了传统的分别制造模块再组装起来的生成模式。现在如果设计出了一种阵列波导光栅(AWG)、VOA或是光开关,工艺上可以把它们反复地"复制"出来集成在一块硅片上,这样提高了系统集成度,使可靠性更高、体积更小、成本下降,使得 ROADM 的价格大幅下降,竞争力极大提高。

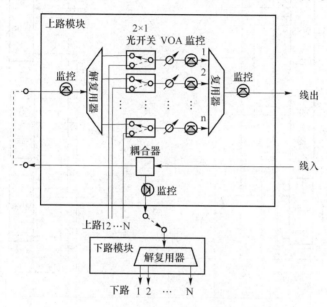

图 6-9　PLC-ROADM 上下路结构示意图

　　JDSU 推出了基于集成平面光波导回路 PLC 的 ROADM 系列产品,适用于城域光网络中的 DWDM。JDSU 的 PLC 技术可以在单一芯片上集成更多的功能,包括过滤、功率管理、均衡和切换等。该系列产品拥有 8～32 个信道,集成了 AWG 型解复用/复用器、Si 可变光衰减器、5 ms 级的重构/保护光开关、信道监视器,并为每个端口提供了光信道错误检测、动态信道平衡。整个器件的大小为 220 mm× 135 mm×36 mm,却集成了 1 200 个基于 PLC 技术的单元。

6.2.2　第二代 ROADM

1. 第二代 ROADM

　　由于第一代 ROADM 只能提供 2 自由度的互联,因此第一代的 ROADM 只能用于简单的线性或环型子网的中间节点,而要使两个环型网互联或构成格型网络连接就需要第二代 ROADM 的部署。第二代 ROADM 的主要结构是能够完成两个以上方向或自由度的互连,图 6-10 是一个多自由度的结构,说明了这一点。通常情况下,第二代 ROADM 的自由度 N为 4～9 之间。

　　构成第二代 ROADM 的核心器件是 WSS(Wavelength Selective Switch)波长选择开关。如图 6-11 所示,是 $1×5$ 的 WSS 结构。WSS 通常有 $1×N$ 和 $N×1$ 型,现在通过扩展

有 $M \times N$ 型,通常 $1 \times N$ 的 WSS 一般由解复用器、$1 \times N$ 光开关和复用器组成,其可以把输入端的任意波长组合输出到 WSS 的 N 个输出端口中的任意一个端口。

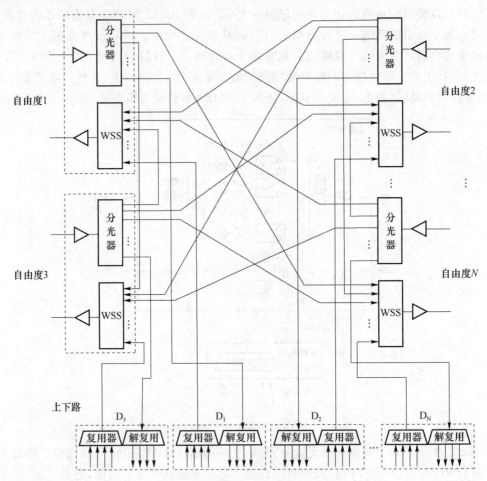

图 6-10   第二代 ROADM 具有的多自由度结构示意图

如图 6-11 所示为 1×5 的 WSS 模块,输入的波分复用信号 N 个波长经过解复用器成为单波长信号,然后通过一个 1×5 的光开关控制选择输出端口,在端口输出前经波分复用器与其他波长复用后一起输出。典型的 WSS 具有一个输入端口,1 个输出端口,$N-1$ 个上下路/自由度/可扩展端口(D 口)。复用器/解复用器可以是衍射光栅技术、AWG 技术。衰减器/光开关技术为液晶技术、MEMS 技术等。MEMS 技术采用微反射镜交换波长,可靠性是个问题。液晶技术和 PLC 技术由于没有移动部件,可靠性好。WSS 和 WB 相比,最大的特点是每个波长都可以被独立地交换。多端口的 WSS 模块能独立地将任意波长分配到任意路径。因此基于 WSS 技术的 ROADM 具有多个自由度,可实现 Mesh 网络的互联,不再像 WB 或 PLC 那样需要对网络互连架构做预先设定。

WSS 是近年来发展迅速的 ROADM 子系统技术。WSS 基于 MEMS 光学平台,具有频带宽、色散低,并且同时支持 10/40 Gbit/s 光信号的特点和内在的基于端口的波长定义(Colorless)特性。采用自由空间光交换技术,上下路波数少,但可以支持更高的维度,集成的部件较多,控制复杂。基于 WSS 的 ROADM 逐渐成为 4 度以上 ROADM 的首选技术。4

度,即具有 4 个方向的端口(如东、南、西、北)。

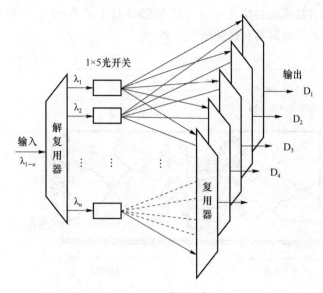

图 6-11   WSS 结构示意图

2. 波长选择开关(WSS)技术

下一代 ROADM 的关键部件是 WSS(波长选择开光)器件,WSS 是新一代的 ROADM 技术实现方式。

(1) 基于微机电(MEMs)技术的 WSS 模块

WSS 模块的技术方案有许多,其中最普遍的是使用解复用器和 MEMs 微反射镜的组合。最早的基于 MEMs 的 WSS 模块于 1999 年由 Ford 提出,当时他们使用的是数字式 MEMs 镜,因此能实现 1×2 的互连。后来的研究拓展了该技术,采用阵列式 MEMs,可实现更高自由度的互连,如图 6-12 所示。

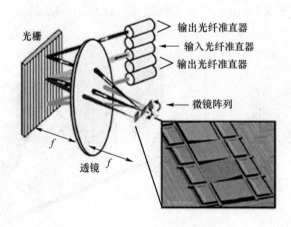

图 6-12   基于 MEMS 的 WSS 模块

(2) 基于 PLC 技术的 WSS 模块

对 WSS 模块,另一个很受关注的实现方案是 PLC 技术。如图 6-13 所示,由于全部元件被集成在一块芯片上,且是平面结构,自然就不能像前面 MEMs 那样二维扩展实现 N^2

数目的扩容。但是,由于全部元件被集成在一块芯片上,因此可靠性明显增强,不存在前面提到的由于静电累计造成的性能恶化。并且 MEMs 基于的 WSS 元件最大性能缺点是损耗大,而基于 PLC 的元件通常具有损耗低的优势。

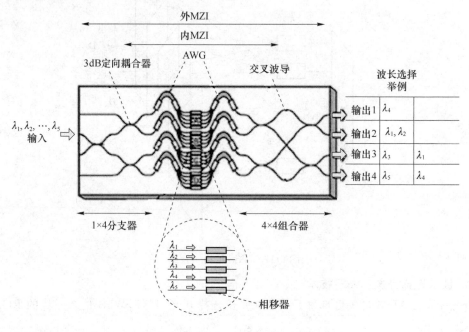

图 6-13   基于 PLC 技术的 WSS 方案

(3) 基于液晶的 WSS

除了 MEMS 和 PLC,目前另一类使用较广泛的 WSS 实现方式是基于液晶技术。这种方案就像空间光调制器的原理一样,通过将不同波长的光照射在不同的像素上,进而控制相应像素液晶取向,调节光的偏振态,再使用检偏器就能控制输出光的强度。在这方面最突出的研究成果来自澳大利亚 Optium 公司的研究者,他们使用的系统结构如图 6-14 所示。

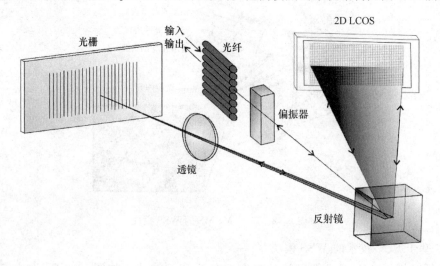

图 6-14   基于 LCOS 的 WSS 工作原理图

从图 6-14 可以看到,系统工作原理和图 6-12 所示 MEMS-WSS 是非常接近的。系统都是通过输入光纤后,再经过一个光栅基的波分解复用器,将各个波长按空间不同位置解复用开,所不同的是波长选择单元。图 6-12 是靠独立的控制反射镜角度来实时改变某个波长的行进方向,以实现任意波长任意路径的上下行。而图 6-14 控制光的行进是靠相位变化。液晶的空间光调制器可以根据需要改变某个波长的相位,注意图 6-14 中所有光束路线是可逆的。比如所有光波长从图中第一根光纤输入,通过空间相位调制,其他 $N-1$ 个波长改变相位相同,反射回去重新复用后从第二根光纤输出。而如果需要下行的相位可以改变成不一样的,则可从第三根光纤输出,相应信号可以传到下行支路。

之所以这种 WSS 实现方式近年来广受关注,主要是因为该方案灵活性相当高。MEMs 反射镜只改变光的传播方向,而液晶的空间光调制器是通过相位改变来调节光路。在相位改变光方向的同时,还可以通过相位调节来矫正色散。Optium 公司的研究者已经尝试对 80 Gbit/s 的高速信号,实现了最多 60 ps/nm 的色散补偿。此外除了补偿色散,我们知道靠调相位还可以做很多事情,比如用于脉冲整形等。液晶的空间光调制器使用的是二维 LCOS 阵列。

6.2.3 第三代 ROADM

目前第三代 ROADM 正成为人们关注的焦点。由于第二代 ROADM 主要解决了两个以上方向或自由度之间的互连,但是在节点的上/下路部分的灵活性不够。在第一代和第二代的 ROADM 采用固定波长滤波器或选择复用器/解复用器方式添加/删除波长通道。正因为如此,每个上/下路端口的波长是固定的("有色")和方向是固定的("定向")。第三代 ROADM 要能灵活地完成波长调度,去除这些限制,实现"无色"、"无方向性"和"无竞争性"地上/下路。"无色"是指任何波长通道可以从任何端口进行上/下路。"无方向性"是指任何上/下路端口可以通向任何方向(自由度)。"无竞争性"是指一个上/下路端口可以访问任何波长或方向,不限制从另一个上/下路端口访问的波长或方向(当然,两个上/下路端口不能同时访问相同的波长和方向)。

第三代 ROADM 的一个例子如图 6-15 所示,是一个 8 自由度的 ROADM。第三代 ROADM 的显著特点是上/下路连接的灵活性。图 6-15 显示了使用 $N \times M$ 波长选择开关 (WSS)或组播交换模块 MC-SW(Multicast Switches)进行上/下路,可使任何波长灵活连接到任何方向(自由度)上的任何端口。这种灵活性是提供"无色"、"无方向性"和"无竞争性"功能的关键。从图中可以看出,通常情况下,使用多个 $N \times M$ 的 WSS 模块,以支持足够数量的上/下路端口。每个 $N \times M$ 的 WSS 的模块通常有 8～24 个端口。这种模块化的方法有助于避免所有上/下路的单点故障,也提供了一个模块化支持未来节点扩展之路。这种模块化的影响之一是多个额外的端口现在需要在 $N \times 1$ WSS 节点出口连接到多个 $N \times M$ 的 WSS 模块。因此,8×1 的 WSS 在第二代 ROADM 上使用已经足够连接八度。而连接相同的八度,在第三代 ROADM 设计中(例如,十六个上/下路模块),将需要有 23×1 WSS 模块的节点出口。同样,在节点的入口 1×8 光分配器足以满足第二代 ROADM 设计,而第三代的设计需要一个 1×23 或更大的光分配器。在许多情况下,1×23 分路插入损耗过高,最好使用 1×23 WSS 模块作为节点入口。因此,每一条入口/出口端的 WSS 需要有足够数量的端口连接到总共 7 度＋16 上/下路模块,至少需要使用 1×23 和 23×1 WSS 模块,如果考虑今后的扩展,要使用更大端口数的 WSS 模块。

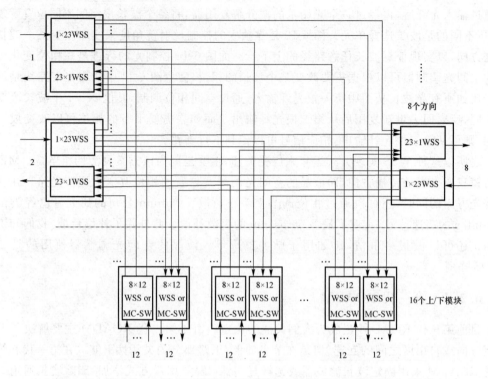

图 6-15　第三代 ROADM 提供"无色"、"无方向性"和"无竞争性"的上/下路

　　三代 ROADM 各有优势,在网络中都有各自的位置。第一代基于 WB/PLC 的 ROADM 价格便宜,可用于线形网和环形子网中要求灵活性不高的地方。第二代 ROADM 使用 WSS 模块具有多自由度的优势,可以在所有方向提供波长粒度的信道,远程可重配置所有直通端口和上/下路端口,适宜于实现多方向的环间互联和构建 Mesh 网络。第三代 ROADM 不但具有多自由度的互联能力,而且端口具有"无色、无方向性和无竞争性"的功能,拥有极大的灵活性,能够提供任意波长端口在任意方向上的互连能力,给网络运营商的网络规划和运营带来极大的方便,可降低运营维护成本,是下一代的光网络核心节点部件。

思考与练习题

1. OADM 的主要功能有哪些?
2. 简述 AWG 的 OADM 的工作原理。
3. ROADM 主要有哪些?
4. 简述基于波长阻塞器(WB)的 ROADM 工作原理。
5. 采用 PLC 的 ROADM 有哪些特点?
6. 采用基于 WSS 的 ROADM 有什么优点?
7. WSS 的实现技术主要有哪些?
8. 第三代 ROADM 有什么特点?

第 7 章

下一代OTN技术

由于视频、移动互联网、云计算等新型业务的兴起,促使互联网的流量需求(近几年调查显示)正以每年约 40%～60% 的速度在爆发式增长,这种快速增长消耗了大量带宽,光网络面临着严峻的挑战,现有的 10 G/40 G/100 G WDM 系统将不能满足未来骨干网对大量数据传输的需求。为了满足互联网需求的急剧增长,必须找到新的方法来提高现有光纤网络的传输容量,并确保这些新技术既经济高效又操作简单,网络供应商可以继续扩展网络带宽,同时限制基础设施投资。如何有效解决互联网发展所带来的挑战? 本章将讲述发展中的超级通道技术、相干光 OFDM(CO-OFDM)技术、奈奎斯特-WDM 技术,最后介绍几个典型的国内和国际光试验网。

7.1 超级通道(superchannels)技术

视频、移动和云计算正在推动互联网的需求年均增长约 40%～60%。增长的驱动力主要是通过增加网络的视频流量、移动接入的加快(通过智能手机和电脑随时随地接入网络)、企业物联网、云计算等。对运营商来说既是机会又是挑战,那些能够给用户提供高带宽和最佳的移动环境的运营商将可以抢占市场份额。但他们必须能够极大地扩展它们的网络。一种新的方法——超级通道技术——可以有效解决互联网发展所带来的挑战,将目前客户端的接口数据速率业务从 100 Gbit/s 提高到 400 Gbit/s 和 1 Tbit/s 甚至更高。

7.1.1 超级通道

DWDM 系统使多个光载波并行行进在一条光纤上,可以更有效地利用已经铺设的大量光纤资源。在很多业内人士看来 DWDM 系统的光接口在 2012 年和 2013 年中的进步水平为 100 Gbit/s,光接口的进步如图 7-1 所示。

下一步发展将超越 100 Gbit/s,达到 400 Gbit/s 或 1 Tbit/s 甚至更高,在现有的光电技术条件下,如何实现? 就目前看,采用超级通道(superchannels)是一个好方法。超级通道是多载波信号组合成一个整体进行通道操作的信号,其在网络上传输和交换作为一个单一实体或块。

超越 100 Gbit/s 时,采用超级通道的方法比通过简单地去增加一个单独载波的数据速率变得更为实际。利用多载波的超级通道技术,可以通过高集成度的 100/200 Gbit/s 通道来克服光电子器件的速度和带宽的限制。

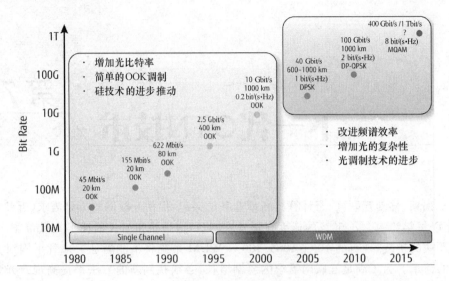

图 7-1　光接口的进步

开发单载波转发器工作在数据率超过 100 Gbit/s 的实施方案有两个。方案之一是每秒传输更多的调制符号,而另一个是将调制符号编码成更多的比特(或两者的某种组合)。超级通道技术增加了处理多载波作为一个单一的业务单元的能力。

超级通道解决三个基本问题:

- 支持下一代高速服务;
- 优化 DWDM 频谱与容量;
- 调整缩放带宽使操作容易。

使用现有的 DWDM 技术实现 superchannels,而不需要较长期的技术进步。在未来的几年里,特别是对于 400 GE 和 1 TE 标准,人们相信所采用的方法不仅必须具有高频谱效率(频谱效率是衡量光纤传输容量的参数,其定义为传输的有效比特率和占据光谱带宽的比值)和高接收灵敏度,而且必须能够通过现有的技术和组件实施。解决方案之一是采用 superchannels 技术,为描述简单起见,我们假定容量是 1 Tbit/s 的通道单元。

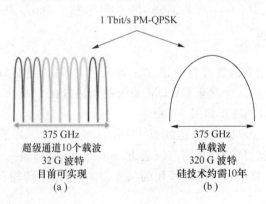

图 7-2　多载波超级通道与单载波通道示意图

目前一个 100 G PM-QPSK 转发器将工作在大约 32 G 波特的速率。因此,一个单载波 1 Tbit/s 的转发器可以简单地乘以 10 的码元速率,为总共 320 G 波特,如图 7-2(b)所示。

它有两个缺点：首先是，该驱动器的接口电子器件需要在 320 G 波特下工作，这将导致今后十年的集成电子设备性能水平都可能无法达到；第二是，相同的调制类型在当今的电光技术下高符号率将遇到显著的实现困难。

Superchannels 如图 7-2(a)所示，它是将 10 个子载波调制信号复合为一个 1 Tbit/s 的通道信号，使用 10 个载波的 1 Tbit/s 的超级通道除以 10(所要求的电子器件的性能和光纤上的码元速率)，只需 32 G 波特的电子器件的性能。此外，由于每个载波的符号速率(在本例中)是一样的，都是 100 G PM-QPSK 转发器，对于大多数长距离和超长距离传输是足够的。由于横跨大洋的通信范围是必要的，在这种情况下，可以通过简单地改变灵活的相干调制器的一个配置参数来完成，使超级通道由 PM-QPSK 调制方式改为 PM-BPSK 调制方式，通过牺牲容量换来更长的通信范围。

单载波方法和 superchannels 实现具有大致相同的频谱效率，但关键的一点是 superchannels 具有更好的光学性能，是有可能实现并使用的技术。

7.1.2　光调制编码

提高传输容量的一个方法是每个符号编码更多的比特。下面简单讲述在高速大容量光纤通信系统里近年来流行的几种高效编码调制格式。

1. PM-QPSK 编码

PM-QPSK(Polarization-multiplexed Quadrature Phase Shift Keying)偏振复用正交相移键控，也称为 PDM-QPSK 或 DP-QPSK。PM-QPSK 编码是一种采用偏振复用的方式在两个偏振方向进行四相调制，即一个信号以水平极性传送，另一个信号以垂直极性传送，尽管频率相同，但由于它们的极性相差 90°，因此不会互相影响。QPSK 信号有 4 个相位选择，因而在每个周期或符号里可以调制 2 比特。信号可以是 0/0、1/1、0/1 或 1/0。PM-QPSK 一个符号 4 个比特，它是传统的强度调制直接检测 IMDD(Intensity-Modulation Direct Detection)调制的 4 倍。这种编码效率，是两个方面的因素促成的：偏振复用使得每一时隙的信息量加倍，QPSK 使得给定比特率下的比特数加倍，电子电路处理这些信号时速度可以慢 4 倍，于是可以使用目前 CMOS 技术完成信息处理工作。

(1) QPSK 调制原理

四相相移键控(QPSK)是一种多元(4 元)数字频带调制方式，其信号的正弦载波有 4 个可能的离散相位状态，每个载波相位携带 2 个二进制符号，第 n 个时隙的 QPSK 信号可以表达为：

$$S_{QPSK}(t) = A\cos(2\pi f_c t + \theta_n), \quad (n-1)T_s \leqslant t \leqslant nT_s \tag{7-1}$$

其中，A 是信号的振幅，为常数；θ_n 为受调制的相位，其取值有 4 种可能，具体值由该时隙所传的符号值决定；f_c 是载波频率；T_s 为四进制符号间隔。QPSK 常用的 4 种相位值有两套，分别称为 A 方式和 B 方式，若 $\theta_n = (i-1)\frac{\pi}{2}$，则为 0、π/2、π、3π/2，此初始相位为 0 的 QPSK 信号的矢量图如图 7-3 中所示的 A 方式；若 $\theta_n = (2i-1)\frac{\pi}{4}$，则为 π/4、3π/4、5π/4、7π/4，此初始相位为 π/4 的 QPSK 信号的矢量图如图 7-3 中所示的 B 方式。QPSK 调制是响应进入的码对(00、01、10、11)，对光载波作相移，表 7-1 给出了四元符号对应的两个比特和 A、B 两套相位值。

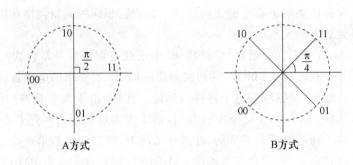

图 7-3　QPSK A 和 B 两种方式矢量图

表 7-1　QPSK 的两套相位值

四元符号	比特对（格雷编码）	A 方式		B 方式	
		角度	弧度	角度	弧度
0	00	180°	π	225°	$\frac{5}{4}\pi$
1	01	270°	$\frac{3}{2}\pi$	315°（−45°）	$\frac{7}{4}\pi$
2	11	0°	0	45°	$\frac{\pi}{4}$
3	10	90°	$\frac{\pi}{2}$	135°	$\frac{3}{4}\pi$

（2）PM-QPSK 调制器发端组成

PM-QPSK 调制器发端组成如图 7-4 所示。发端工作过程如下：连续激光器 LD 发出的光信号经偏振分束器分光后成为两路相互正交的偏振光，作为两个 QPSK 调制器的载波光源，输入数据经串/并变换、成帧、FEC 前向纠错编码、差分预编码后，数据分成四路，经驱动器放大，驱动由两个并联的 MZM（马赫-曾德调制器）构成的 QPSK 调制器，两路经 QPSK 调制后输出的偏振光信号由偏振合束器 PBC 汇聚为一路光波信号进入光纤线路。可在连续激光器 LD 和偏振分束器 PBS 之间引入脉冲发生器，通过改变光脉冲形状进一步抑制和补偿光传输损伤。

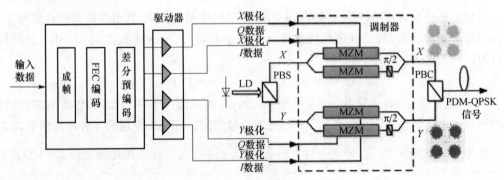

图 7-4　PM-QPSK 调制器发端组成图

（3）PM-QPSK 调制器相干接收端组成

PM-QPSK 调制器相干接收端组成如图 7-5 所示。

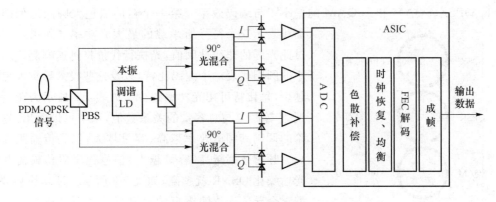

图 7-5　PM-QPSK 调制器接收端组成图

数字相干接收工作过程如下:本振激光器 LD 发出的光信号等分后作为两个 90°混频器的相干光源;线路输入光信号经偏振光分束器 PBS 分为两路偏振态相互正交的光信号,分别进入两个 90°混频器与本振光信号产生干涉以强化信号功率,进行相干解调;混频器输出的光信号经平衡接收光电二极管转换为模拟电信号,经高速模数转换器采样量化后转换为数字信号;数字信号在数字信号处理器中完成数据恢复,利用成熟的数字信号处理技术在电域实现通道线性损伤(CD、PMD)补偿,简化传输通道光学色散补偿,减少和消除对光色散补偿器和低 PMD 光纤的依赖;时钟恢复、均衡;FEC 解码;成帧后还原为原数据输出。

相干接收不但可以提高接收信号的信噪比,而且可以补偿一些信号在传输中产生的损伤。相干接收可以保存光信号的相位信息,这样可以用电处理的方式来还原出两路偏振态并且补偿信号由于长距传输造成的一些损伤。现在普遍采用高速电信号处理(DSP)技术来去掉由于 CD(色度色散)和 PMD(极化模色散)所带来的沿途上的失真和码间干扰。目前基于电处理 DSP 技术的 100 G 传输系统,色散容限可以达到 40 000~60 000 ps/nm,PMD 容限可以达到 25~30 ps。线路中将不再需要色散补偿模块,PMD 也不再是传输距离的限制因素,网络的部署和灵活性会大大提高。

PM-QPSK 的主要优点:

- 具有较高的频谱效率 4 bit/s/Hz。将传输符号的波特率降低为二进制调制的四分之一。
- 允许电子电路以相对较慢的速度工作,因此可以使用价格较低、工艺简单的 CMOS 器件。
- 延长了信号的无中继传输距离。PM-QPSK 是和相干接收机配合使用的,相干接收机可以用来补偿 CD 和 PMD 等光信号损伤,不再需要在线路上配置独立的、价格昂贵的光补偿器件。因此,相干接收机的光信噪比(OSNR)更佳,从而延长了信号的无中继传输距离。

2. 高阶 QAM 调制

为了提高频谱效率,为什么不采用高阶调制,如 8QAM、16QAM、32QAM 或 64QAM?今天这些技术被广泛使用在(低得多的数据速率)WiFi、电缆调制解调器和 xDSL 技术上。使用更高阶的 QAM 调制码格式,它们能够获得比 PDM-QPSK 更高的频谱效率,但是执行代价增大,接收灵敏度要求增高,并且降低了传输距离。图 7-6 显示了 4 种常见的调制类型

BPSK、QPSK、8QAM 和 16QAM 的星座图与编码效率。第一个粗的黑色大圆圈近似圆的

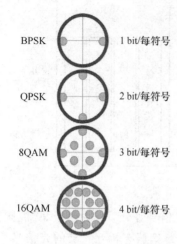

面积表示这个符号所承载的最大光功率。如果功率超过此光纤的非线性阈值,光执行代价将迅速崛起。一对小的圆圈代表一个编码比特,以及这些投入导致大黑圈越少,每比特可用光功率越少。如表 7-2 所示为调制类型-传输距离与总容量的关系数值,从中可以看出,越高阶的调制其频谱效率越高、容量越大,但是传输距离越短。频谱效率越高(容量越大)信号无误码传输需要的光信噪比 OSNR 就越高,如表 7-3 所示。过高的 OSNR 需求会导致光传输距离的急剧减少。而且在 WDM 系统中,还有光纤信道特有的非线性效应,非线性效应通过对信号功率的限制进而限制了 OSNR,进一步压缩了提升频谱效率的技术空间。针对 1 Tbit/s 速率,如何实现高频谱效率(大容量)和长距离兼得的传输系统,并维持低成本的趋势,是未来光传输系统面临的最大挑战。

图 7-6　调制码编码效率与星座图

表 7-2　调制类型-传输距离与 C 波段总容量

Modulation	Normalized Reach	C-Band Capacity (Split-Spectrum)	C-Band Capacity (Gridless)
PM-BPSK	5 000 km	4 Tbit/s	5 Tbit/s
PM-QPSK	3 000 km	8 Tbit/s	10 Tbit/s
PM-8QAM	1 500 km	12 Tbit/s	15 Tbit/s
PM-16QAM	700 km	16 Tbit/s	20 Tbit/s
PM-32QAM	350 km	24 Tbit/s	30 Tbit/s
PM-64QAM	175 km	32 Tbit/s	40 Tbit/s

表 7-3　传输 112 Gbit/s 信号下各调制类型所需信噪比

Modulation Format	Symbol Rate(GBd)	Possible Spectral Efficiency (bit/s/Hz)	Required OSNR@BER=10^{-3} (dB/0.1 nm)
PM -BPSK	56	2	13.3
PM-QPSK	28	4	13.3
PM-8QAM	18.7	6	15.5
PM-16QAM	14	8	17.0
PM-64QAM	7	10	21.2

　　不幸的是,传送 T 比特的能力,对更高阶的调制不是一个好的解决方案,并且对于任何给定的路径没有唯一正确的调制技术。这突出表明,需要多载波超级通道与灵活的相干调制实现,使服务供应商能够将优化覆盖范围和频谱效率相组合,而不必从它们的系统供应商订购多种型号的部件。到目前为止,一个使用 PM-QPSK 格式的超级通道采用拉曼放大和特殊光纤能够实现 7 000 km 的传输,说明 PM-QPSK 信号在频谱效率和传输距离之间能够

取得良好的平衡。

7.1.3　光子集成

光子集成电路(PIC)使得数以百计的光学元件可以做成手指甲大小的两个小芯片,在这个例子中是一个 10×100 G 的单一的线路卡。很显然,使用分立的光学部件,10 个载波的超级通道,每个线卡需要 10 套光学部件,实现这样的界面似乎是完全不切实际的,图 7-7 所示为该问题的规模。在图 7-7 的左边,我们看到 10 个单 100 G 转发器。这些可能实现的光学功能将包含在总共大约 600 个被分立的光学元件。在图 7-7 的右边是一个 T 比特的超级通道线路卡,所有 10 个 100 G 线路卡的主要光学功能都被集成到一对 PIC 上,一个发送、一个接收,全部 10 个载波由紧凑的线卡来实现,以一个整体操作实现超级通道服务,功耗比 10 个分立的转发器少得多,具有更高的服务可靠性。

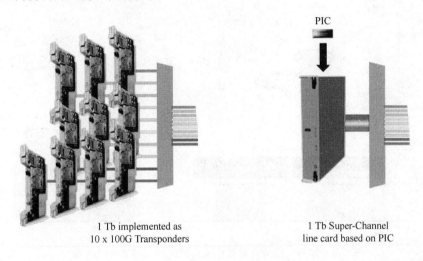

图 7-7　超级通道构建与 PIC

超级通道采用 PIC 带来工程的实用性。在合理范围内,superchannels 将装载更多的载波、简单的电子和更好的光学性能。PIC 去除了光学元件的复杂性的限制,极大提高了设备运行的可靠性。

7.1.4　超级通道的灵活性

Superchannels 的成功,灵活性是关键。我们已经看到,在单载波实现线路侧 DWDM 传输,superchannels 提供了许多好处。在上面的例子中对 1 Tbit/s 的 PM-QPSK 超级通道与 1 Tbit/s 的单载波实现进行了比较。在现实世界中,superchannels 在多项性能上必须非常灵活:

- 应该使用什么类型的调制?
- 优化频谱效率与传输距离,达到最好的方法是什么?
- 载波之间将用什么间距?
- 超级通道的总宽度是多少?

实际上理想的超级通道实现应该允许服务提供商来选择调制类型、间距和总的超级通道容量,用软件设置来完成。Infinera 公司的灵活的相干调制技术允许在单一线路卡上支持多达 6 种不同的相干调制类型,从而使链路的容量与光纤传输距离根据应用的要求进行优化。图 7-8 显示了灵活的相干调制提供的操作灵活性。例如,有两个超级通道,起源于节点 A,并分别终止于节点 B 和 C。第一条路径从 A 到 B 是相对较短的,不到 700 公里,可以使用 PM-16QAM 调制,从而达到最大化频谱效率。第二条路径是从 A 到 C 的,长度少于3 000公里,可以采用 PM-QPSK 调制,从而降低了频谱效率,有利于提高光传输距离。从节点 C 到节点 D 中的路径是一个长的海底链路,5 000 多公里,而服务提供者采取灵活的相干调制的优势,利用 PM-BPSK 调制,从而改变频谱效率,达到传输距离。在所有路径中使用的线卡是相同的,用一套硬件、软件控制提供多种编码调制模式,实现频谱效率和传输距离的灵活适配,应用于多种场景。

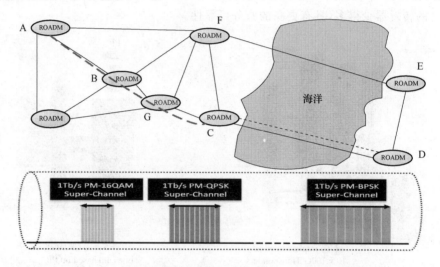

图 7-8　理想的超级通道提供灵活的调制-协调距离与容量

正如前面提到的,灵活的相干调制有望成为行业趋势,给运营商提供了调整通信容量与传输距离的能力。这是行业中的又一重大变革。从历史上看厂商已经把客户服务数据速率连接到企业或客户,如 10 个 GBE 或 100 千兆以太网到线路侧(长距离 DWDM 传输端)。换句话说,一个 100 千兆以太网的客户服务将硬连接到一个 100 Gbit/s 的线路侧 DWDM信道。但是正如我们在表 7-2 看到的,改变调制方式将影响范围和数据传输速率。因此,在客户端侧和线路侧必须被抽象或虚拟化。带宽虚拟化将汇聚可用容量上的任何链接,无论有多少载波还是使用什么调制,并允许所有的容量用于任何服务。例如,假设有 2 个 500 Gbit/s 的超级通道需要一个特定的链接:超级通道 1 可提供 100 Gbit/s,而超级通道 2 可提供 300 Gbit/s。带宽虚拟化将允许在这两个超级通道上完成 400 GBE 服务的映射。此功能在 Infinera 公司的数字光网络设备 DTN 平台已被证明,带宽虚拟化可确保有效地利用网络资源。

目前,在行业趋势上 400 Gbit/s 将成为下一数据速率规范,因为许多人认为 400 千兆以太网将是未来以太网标准。不过当务之急是线路侧标准化被定义为灵活的,因为如果一个400 Gbit/s 的 16 QAM 线端解决方案,通过软件改变 QAM 为 QPSK,它突然变成200 Gbit/s的。事实上,有的场景中一些超级通道载波可以采用 QPSK,另一些可以采用BPSK 对付非线性损伤。

灵活特性可以通过控制子载波数目、子载波波特率、子载波的调制格式和 DSP 功能模块/FEC 类型与开销等实现；可基于 OFDM、Nyquist 等载波复用技术实现载波数目的按需配置；可基于时钟自适应的 ADC/DAC 时钟恢复技术实现从低到高的多个符号速率调整；可基于动态星座图映射和多电平 IQ 调制实现 xPSK 和 xQAM 多种调制格式的任意组合及切换；发射端 DSP 可进行信道预失真、调制器带宽预补偿、光纤非线性预补偿以及光谱预整形的综合处理来提升光系统的传输性能；接收端 DSP 可以在电域补偿光纤线路中的色散、WSS 光滤波损伤、非线性损伤，快速进行偏振跟踪与偏振态延时补偿、激光器频差补偿和载波相位恢复等。同时基于自适应 FEC 来实现硬判决、软判决、软硬混合判决译码、实现从低到高 FEC 开销的自动配置与前后级联，实现根据网络时延需求和功耗需求配置 FEC 译码参数。

超级通道与灵活的栅格

早期 ITU 在 G.694.1 中规定的 50 GHz 频谱间隔已被用于世界上大多数的 DWDM 网络很多年了。然而，一些高频谱效率调制的载波不需要这样宽的频谱间距。此外，多载波超级通道不需要载波之间的这种刚性的 50 GHz 的保护频带，并且这种光纤频谱可以通过"无栅格"进行回收，或者更准确地说是灵活的栅格频谱。

通过去除信道间"防护频带"的连续光谱，一个无栅格的超级通道可以提高约 25% 的光纤频谱利用率。如图 7-9 所示，忽略当前 ITU 栅格形成一个连续的载波超级通道，其中约 25% 的光纤频谱可被回收使用。这种类型的超级通道可能与现有的 WSS ROADM 不兼容，因为 ROADM 中有许多波分复用器与解复用器，通常这些设计是在一个固定的栅格（通常为 50 GHz）。国际电联制定了新的"灵活栅格"间距（12.5 GHz 的整倍数），这样能支持用于连续多载波超级通道。由于服务提供商必须能够操作超级通道的流量与现有的 10 G IMDD 载波在同一根光纤上，第一代超级通道将"栅格化"。栅格化超级通道解决了所有的三个关键问题（可以根据需要调整缩放带宽，最大限度地提高光纤容量，并支持下一代高速服务），用这样一种灵活的方式与无栅格方法相比，它不能"收回"载波间频谱，从而导致减少了约 25% 的总纤容量。栅格化超级通道目前占全球的 100 G 容量的显著比例。第一个商用灵活的栅格超级通道在 2014 年第一季度推出。

Fixed Grid Spacing

Gridless Super-Channel

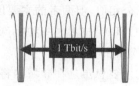

图 7-9　固定栅格频谱与超级通道频谱

今天，商用的超级通道有 500 Gbit/s 的 PM-QPSK（长途）或 250 Gbit/s 的 PM-BPSK（超长距离）。超级通道的开发在 1 Tbit/s 的 PM-QPSK（长途）、400 Gbit/s 的 PM-16QAM（城域）、200 Gbit/s 的 PM-QPSK（长途），甚至 100 Gbit/s 的 PM-BPSK（超长距离）。

服务提供商都面临着对网络容量需求的复合增长。最新的技术进步已经允许每个光载波 100 Gbit/s 的速率传输数据，但这些技术将很快接近单个波长的实际或理论极限。超级通道提供一种实用，及时的解决缩放操作流程，优化光纤容量和范围，并支持超过 100 G 的下一代客户服务的问题。

灵活性是超级通道体系结构的一个关键因素。灵活的相干调制是优化覆盖范围和频谱效率的关键,但是这会导致不同的超级通道容量。因此,灵活的 OTN 容器的大小,必须允许业务能够有效地运载。OTN 网络中随处可见交换允许高效和灵活地使用超级通道容量,以及从超级通道数据速率中提取客户端的数据速率。这些功能降低了资本和运营费用,使新的业务能够迅速上升,而没有复杂的设计或操作的干预。大规模光子集成电路是生产超级通道线路卡的关键技术,它紧凑、省电、可靠地实现集成的 OTN 交换。

实现超级通道目前有两种技术,一个是相干光 OFDM 技术,另一个是奈奎斯特波分复用(Nyquist-WDM)技术。

7.2 偏振复用相干光正交频分复用(PDM-CO-OFDM)技术

人们对 Tbit/s superchannels 技术产生极大兴趣是因为其无与伦比的容量,并且它可以实现对带宽快速增长的需求。相干光 OFDM(CO-OFDM)是一个候选的 superchannels 技术,其具有较高的频谱效率和码间干扰(ISI)的优良耐受性。

偏振复用相干光正交频分复用技术是一种多子载波复用技术,因此,与现有单载波光纤通信系统中数字相干解调有所不同,其在偏振解复用、相位噪声补偿、频偏估计等方面的处理方式均体现出新的内容。基于数字信号处理(DSP)的数字相干探测由于其高接收灵敏度、强的线性失真均衡能力和高频谱效率为单信道超 100 Gbit/s 的长途光纤传输系统提供了保障。

7.2.1 OFDM 技术的基本原理

为了提高通信系统的频谱利用率,研究人员提出一种频带重叠的多载波通信方案,选择相互正交的载波频率作为子载波,即正交频分复用(OFDM)技术。OFDM 是对多载波调制(MCM)的一种改进,多载波传输把数据流分成若干路子比特流,每路子比特流具有较低的速率,这些低速比特流经编码后被调制到相应的子载波上。与已经普遍应用的频分复用(FDM)技术十分相似,但两者的主要区别在于,OFDM 技术的子载波相互正交,对应的频谱利用率更高。OFDM 技术是一种特殊的多子载波技术,它可以被看作一种调制技术,也可以被当作一种复用技术。

OFDM 的主要思想是在频域内将给定信道分成若干正交子信道,在每个子信道上使用一个子载波进行调制,进行并行传输。即使信道是不平坦的,具有频率选择性,然而每个子信道上进行的是窄带传输,因此,每个子信道是相对平坦的,子信道的信号带宽小于信道的相关带宽,就可以消除信号波形间的干扰。OFDM 的基本原理是把高速的数据流通过串/并(S/P)转换,分成多路低速并行的数据流,再对每一路低速数据流采用独立的子载波调制,子载波之间相互正交,频谱图如图 7-10 所示。图 7-10 中,在每个子载波频谱的最大值处,其他子载波的幅度为零,子载波间相互正交。由于对 OFDM 符号解调过程中,需要计算这些点上对应的每一个子载波频率上的最大值,因此,可以从多个相互正交的子载波频谱中提取出每个子载波的符号信息,而不受其他子载波的干扰。由于子载波相互正交,扩频调制后的频谱可以相互重叠,不但减小了子载波间的干扰,也提高了系统的频谱利用率。

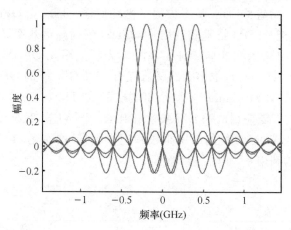

图 7-10　OFDM 信号的频谱图

对于子载波数较大的 OFDM 调制,OFDM 复基带信号可以采用离散傅里叶逆变换(IDFT)的方法实现。OFDM 符号的复数形式表示为:

$$s(t) = \sum_{n=0}^{N} c_k(t) e^{j2\pi f_k t} \tag{7-2}$$

$c_k(t)$ 表示第 k 个子载波上的复信号,$f(k) = k \cdot \Delta f$ 表示第 k 个子载波的频率,Δf 为单个子载波的频带宽度,N 代表 IDFT 点数。同样,接收机为了恢复出原始数据,可以采用离散傅里叶变换(DFT)实现对接收数据的解调。在实际的 OFDM 应用中,为了满足高速处理的要求,大多数系统采用了相应的快速算法,即快速傅里叶变换(FFT)和快速傅里叶逆变换(IFFT),显著地降低运算复杂度。IDFT 算法需要的复数乘法次数为 N^2。对于常用的基 2-FFT 算法来说,其复数乘法的次数仅为 $(N/2)\log_2 N$。当 N 增加时,IDFT 的计算复杂度会随 N 增加呈现二次方增长,IFFT 的计算复杂度的增加速度稍稍快于线性变化。如图 7-11所示为基于 IFFT/FFT 的 OFDM 系统原理图。

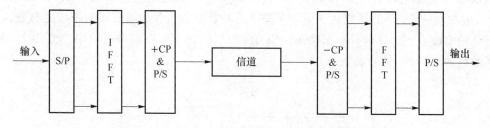

图 7-11　基于 IFFT/FFT 的 OFDM 系统原理框图

当光纤信道的速率较低时,光通信系统通常采用强度调制/直接解调(IM/DDS)的技术方案;速率的提高依靠缩小符号的持续时间来实现,但是随着符号持续时间的减少,系统对色散和非线性等的容忍度急剧下降,使得系统设计时面临更多的问题。比如如果信息速率提高十倍,从 10 Gbit/s 提高到 100 Gbit/s,色散容忍度会降低约 100 倍,光信噪比(OSNR)的要求提高 10 倍等。所以单纯依靠这种方法来提高未来光通信系统的传输速率是不现实的。

随着光通信技术和 OFDM 技术的发展,2005 年英国的 N. E. Jolley 和 J. M. Tang 等人在 OFC2005 首次提出将 OFDM 技术应用于光纤信道,自此,光 OFDM 技术在光通信领域受到了广泛关注。光 OFDM 技术既利用了 OFDM 的高频谱效率又利用了光 OFDM 的抗色散的能力。2007 年有人用实验验证了在单模光纤上用光 OFDM 技术使 11.9 Gbit/s 信号传输了 1 200 km,同一年日本 DKKI 又研究出 52.5 Gbit/s 的 OFDM 信号无色散补偿传输 4 160 km。2011 年 Yu Jianjun 所在小组实现了 10 Tbit/s OFDM 超级通道传输。

光 OFDM 技术与广泛应用的 WDM 技术相比,由于 WDM 系统中的信道保护间隔为 100 GHz,大大限制了 WDM 系统的复用路数和信道容量,然而光 OFDM 技术的频率重叠技术,可以提高频带的利用率,如图 7-12 所示。

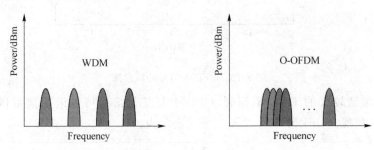

图 7-12　WDM 与光 OFDM 信号的频谱结构图

在光 OFDM 系统中,OFDM 信号上变换到光域,经过光纤信道传输到达接收端时,光纤色散或多径效应等将会带来符号间干扰,使子载波之间的正交性遭到破坏。因此,在发送之前需要在每个 OFDM 符号之间插入保护间隔。为了最大限度地消除符号间干扰,保护间隔的长度必须大于信道中的最大时延扩展,使得一个符号不会对下一个符号造成干扰,从而消除符号间干扰(ISI)。起初保护间隔内没有插入任何信号,是一段空白传输,但由于多径传输的影响,各子载波之间会产生干扰,即子载波间的干扰(ICI)。为了消除 ICI,一种有效的方法是在 OFDM 符号中插入循环前缀作为保护间隔。循环前缀是将每个 OFDM 符号尾部循环前缀时间长度的样点复制到 OFDM 符号的起始位置形成前缀,即循环前缀(CP),确保在一个 FFT 周期内,OFDM 符号的时延副本包含的波形周期个数是整数,在交接点处没有断点。这样时延小于循环前缀 T_{CP} 的信号就不会在解调过程中产生 ICI。加入循环前缀的 OFDM 符号如图 7-13 所示。

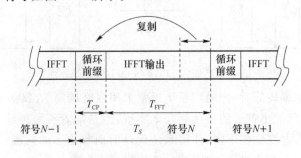

图 7-13　加入循环前缀的 OFDM 符号图

图 7-13 中,T_S 为 OFDM 符号时间间隔,T_{CP} 为循环前缀时间间隔,T_{FFT} 为 FFT 窗时间间隔,一个 OFDM 符号由循环前缀与数据组成,即 $T_S = T_{CP} + T_{FFT}$。接收端,首先要将接

收到的每个 OFDM 符号起始处宽度为 T_{CP} 的部分丢掉,即去除每个 OFDM 符号前加入的循环前缀。然后将剩余的宽度为 T_{FFT} 的部分进行傅里叶变换(FFT),再通过信号处理恢复原始数据。当 CP 足够长时,在每个 OFDM 符号内插入循环前缀可以有效抵制 ISI 和 ICI;然而当多径时延超过了保护间隔,子载波间的正交性遭到破坏,便会产生 ISI 和 ICI,导致系统传输性能恶化。

7.2.2　CO-OFDM 的系统结构

相干光正交频分复用(Coherent Optical Orthogonal Frequency Division Multiplexing,CO-OFDM)系统一般由 5 个部分组成:射频 OFDM 发射机、射频至光上变换器、光纤信道、光至射频下变换器、射频 OFDM 接收机。如图 7-14 所示是一种采用直接上/下变换结构的CO-OFDM 系统结构图。

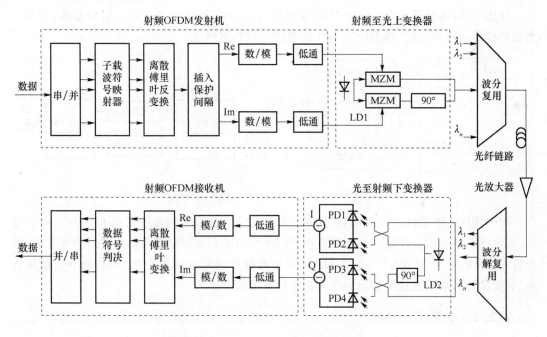

图 7-14　CO-OFDM WDM 系统原理图

在发送端,输入二进制串行数字信号,通过串/并变换分为 N 路并行数据,每一路的速率为原先速率的 N 分之一,对每路数据采用 M 进制 PSK 或 QAM 方法进行调制以提高频谱效率,并利用星座图将所得信号映射为对应的复数,对复数作快速傅里叶反变换将要传输的比特信息映射到各个子载波的幅度和相位上,通过并/串变换再将 N 路并行数据变换成单路,插入保护间隔循环前缀 CP 可避免符号间干扰(ISI)。然后经数模转换将符号变为模拟信号,经过低通滤波器即得到 OFDM 基带信号。经射频 OFDM 发射机产生的 IQ 两路信号分别利用光 I/Q 调制器(MZM)对发送光源 LD1 进行调制,将信号调制到光载波上,最后送入光纤信道传输。

接收端信号处理过程基本上是发送端的逆过程,首先经过 WDM 解复用后,两对平衡接收机从接收到的光信号中检测出射频信号,再从射频信号中解调出 OFDM 基带信号,经模数转换变为数字信号,然后移除循环前缀 CP 并作串/并变换,再对所得并行信号作快速傅里叶变换,在 FFT 输出端对每路复数信号进行频域均衡,均衡后的信号映射为 M 进制 PSK 或 QAM 星座点并作对应方式的解调,得到的并行数据作并/串变换后恢复出发送端原始的二进制串行数据。

7.2.3 PDM-CO-OFDM 系统

偏振复用可以成倍提高频谱利用率和系统传输速率,因此,新的高速传输系统大都采用偏振复用的系统结构。PDM-CO-OFDM 系统基本结构框图如图 7-15 所示。

在发送端,高速串行数据流首先被分为两路,然后分别进行 OFDM 调制,生成的 OFDM 信号分别对激光器(LD)输出经偏振分光器(PBS)分成的两个偏振方向的光进行调制,经光 I/Q 调制器加载到光载波上。一个偏振方向的 OOFDM 信号经延时后,与另一个偏振方向的 OOFDM 信号经偏振合光器(PBC)合成一路射入光纤中传输。

在接收端,本振激光器 LO 经 PBS 分光后分别与两个偏振方向的光信号混频,平衡探测后直接下变换到电域,经 RF-OFDM 接收机进行数据恢复。

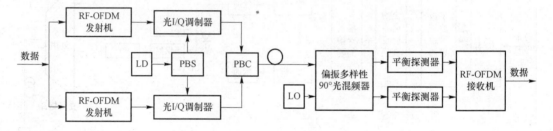

图 7-15　PDM-CO-OFDM 系统基本结构框图

RF-OFDM 接收机首先对电信号进行 ADC 处理,然后移除循环前缀 CP 并作串/并变换,再对所得并行信号作快速傅里叶变换,在 FFT 输出端对每路复数信号进行频域均衡,均衡后的信号映射为 M 进制 PSK 或 QAM 星座点并作对应方式的解调,得到的并行数据作并/串变换后恢复出发送端原始的二进制串行数据输出。

7.2.4 全光 OFDM

光 OFDM 信号的产生主要有两种方式,一种是先产生电 OFDM 信号然后再调制到光载波上,另一种是全部在光域内调制产生全光 OFDM 信号。前一种方式中的快速傅里叶逆变换和快速傅里叶变换是在电域内实现的,这就不可避免地会遇到电子瓶颈问题,因此全光 OFDM 信号产生及传送技术的研究受到了广泛关注。全光 OFDM 技术是利用 N 个满足正交频分复用的光载波分别调制模拟或者数字信号来形成 OFDM 信号,从而可以克服电域内器件电子瓶颈的限制。全光 OFDM 主要包括全光连续 OFDM 技术和全光离散 OFDM 技术,全光连续 OFDM 技术把信号调制在多个光载波上,各光载波之间是正交的,全光离散 OFDM 技术主要是通过光学器件在光域内实现光离散傅里叶逆变换(OIDFT)和光离散傅里叶变换(ODFT)。

全光连续 OFDM 信号的产生可以利用光频梳发生器,谱线之间的间隔是被传送的数据符号率的整数倍。基于光频梳的 CO-OFDM 系统是将信号调制到不同的光频梳上实现大容量传输。光频梳是由一定数量间距相等的光谱线组成。由于光频梳的光谱线来自同一个激光器,彼此相干,因此可以用于产生宽带无缝的光 OFDM 信号。每根光频梳可以单独看作一个光载波。基于光频梳的 CO-OFDM 系统由多个相互正交且彼此相干的光载波在频域复用后,合成一路在光纤中传输,从而将高速码流通过多个光载波进行低速传输。如图 7-16 所示为基于光频梳的 CO-OFDM 系统结构图。

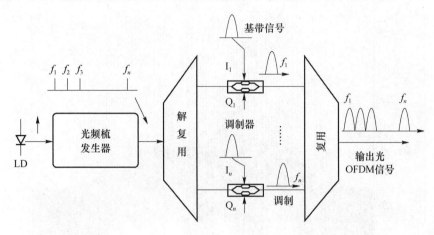

图 7-16　全光 OFDM 发送端结构示意图

在发射端,首先通过光频梳发生器产生多根等间隔的光频梳。OFDM 发射机产生的 OFDM 基带信号对解复用后的每根光频梳分别进行光 I/Q 调制。为了使每根光频梳上的功率起伏在一定范围内,光 I/Q 调制器或可调谐光衰减器可用于调节每根光频梳上的光功率。每根光频梳上的光 OFDM 信号复用后合成一路宽带的光 OFDM 信号在光纤中传输。

在接收端,如图 7-17 所示,本振光激光器 LD 经光频梳发生器产生与发射端相同频率的光频梳。经光纤传输接收的相干光 OFDM 信号经过解复用后,每根光频梳的光 OFDM 信号与相应的本振光频梳输入 90°光混频器,经平衡探测器探测接收后得到 OFDM 电信号,解调、信道估计等信号处理后恢复原始数据。与 WDM 系统需要频率保护间隔不同,光 OFDM 信号在发射端的复用和接收端的解复用是无缝的或有重叠的,因此,OFDM 信号具有更高的频谱利用率。产生全光连续信号的关键是寻求合适的能产生多根光谱平坦稳定和相位噪声低的光频梳发生器。

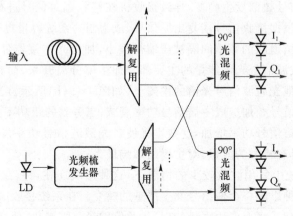

图 7-17　基于光频梳 OFDM 接收端结构图

　　光频梳生成器将单根激光器谱线转变成多根梳状谱线,彼此相干。图 7-18 是一种光频梳发生器输出的梳状谱。光频梳发生器的实现技术主要有边模发生法、移频生成法和环路调相法等。

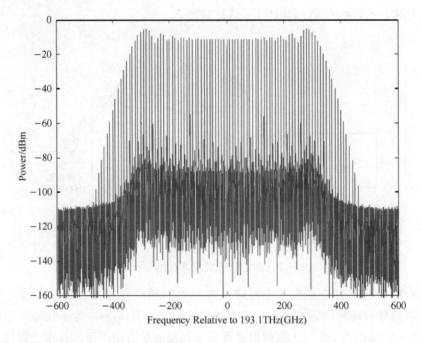

图 7-18　光频梳发生器输出的梳状谱

7.3　Nyquist-WDM 技术

　　在密集波分复用系统中,各路的光载波信号被耦合到同一根光纤中传输,由于频率资源的限制,可通过减小信道间隔提高频谱效率,而随着信道间隔的减小,DWDM 系统中同一根光纤中不同信道内信号的频谱将发生频谱混叠,同频串扰问题凸显出来。同频串扰使系统中传输的光载波信号频谱发生畸变,导致接收机在接收端对信号进行判决时出现误码的概率增加,从而难以根据接收信号恢复出原信号,成为制约系统容量提升的主要因素。

　　DWDM 系统中信道间的频率间隔被压缩得很小,加上光连接器件的分离效果不理想,因此只能保证各光载波信号光谱能量的主要部分即主瓣分离开来,而其旁瓣则不能很好地分离,它们叠加到其他光载波信号光谱的主瓣上,如图 7-19(b)所示。当旁瓣的负功率点落在信号的主瓣上时,信号叠加造成主瓣信号功率衰减,当旁瓣的正功率点落在信号的主瓣上时,信号叠加会使主瓣信号功率增加,这些串扰使各光载波信号功率发生起伏变化,特别是相邻信道旁瓣由于具有较大的能量,对主瓣的影响最大。

　　在波分复用系统中复用波数较少的情况下,这种影响还在可容忍的范围之内,但在复用波数达到数百,这种影响将会使信号发生严重的畸变。在系统接收端,接收机根据接收到的畸变信号进行判决时,将会产生大量的误码,通信质量急剧恶化,使通信难以有效进行。

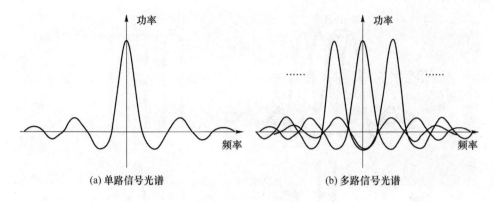

图 7-19 波分复用系统同频串扰的产生

7.3.1 Nyquist-WDM 基本原理

奈奎斯特波分复用(Nyquist-WDM)是 DWDM 系统中各子载波信道间提供奈奎斯特间隔,从而抑制同频串扰。Nyquist-WDM 比标准的 WDM 和光 OFDM 传输系统有着显著的优势和挑战。理想的 Nyquist-WDM 由于其频谱形状为矩形,其时域脉冲形状具有 Sinc 函数状,如图 7-20 所示。其紧邻频谱不重叠,各信道互不影响,避免了信道间的相互串扰。

信道 N 的频谱带宽(B_N)是由编码数据的奈奎斯特带宽给定的,并且它等于符号速率 R_N。为了实现矩形频谱,数据信号需要一个特殊的整形,成为 Sinc 脉冲或奈奎斯特脉冲形式。

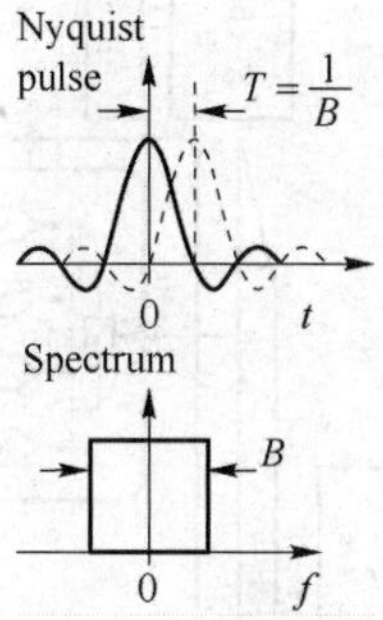

实际产生奈奎斯特 WDM 时的一个挑战在于必须精确地控制相邻光载波的距离。对于一个实际的奈奎斯特 WDM 信号,下面的条件必须得到满足:如果两个相邻的信道,信道 N 和信道 $N+1$,符号速率分别为 R_N 和 R_{N+1},间隔为 Δf,必须满足

$$\Delta f = (R_N + R_{N+1})/2$$

图 7-20 理想的奈奎斯特波形

如果间距较大时,光带宽被浪费。如果间距较小,从邻近的奈奎斯特通道线性串扰将会显著增加。如果,所有的载波具有相同的符号速率,在这种情况下,载波间隔 Δf 就等于码元速率 R。

奈奎斯特波分复用的基本思想是:在 DWDM 系统发送端对传输的各路调制信号进行强滤波整形,使信号频谱集中在较小的频率带宽内,即滤波后的信号频谱必须满足边缘陡峭的频谱特性,如图 7-21 所示。这样信号在复用时就可以以很小的频率代价来同时传输多路信号,信道间隔的取值略大于奈奎斯特极限可以抑制信道中的同频串扰,实现正常通信。

7.3.2 Nyquist-WDM 系统结构

Nyquist-WDM 系统是通过发射端的强滤波来提高系统的频谱效率,通常能够使得每个子信道信号的带宽与信号的波特率近似相等。由于单波长信道 100 Gbit/s PM-QPSK 系统已经成熟,因此考虑到技术继承性的优势,现阶段主流的超 100 Gbit/s Nyquist-WDM 传

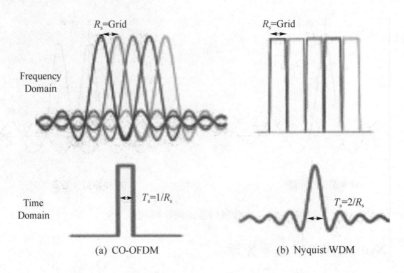

图 7-21　奈奎斯特 WDM 和相干光 OFDM 频域和时域信号图

输系统基本都是以 100 Gbit/s PM-QPSK 传输系统为基础的，图 7-22 是一个超 100 Gbit/s Nyquist-WDM 传输系统结构图。

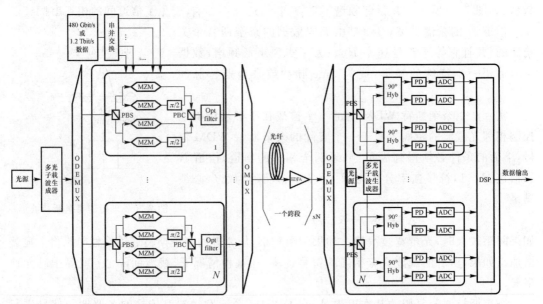

图 7-22　一种超 100 Gbit/s Nyquist WDM 传输系统结构图

　　系统发射机共有 N 套相同的 PM-QPSK 调制装置，相邻光源的中心频率间隔约等于每个子信道的符号速率（波特率），每路调制好的信号经过光滤波器进行强滤波，使得每一路信号的光谱带宽近似等于信号的符号速率，这样相邻子载波之间基本没有串扰。在接收端利用解复用器将每路光信号分开，并分别进行相干解调，然后将 ADC 采样后的样值送入 DSP 模块进行处理。由于 Nyquist WDM 技术是以单波长信道 100 Gbit/s PM-QPSK 传输系统（或者更高阶更低速的单载波传输系统）为基础的，因此对光电子器件的带宽以及 ADC 采样速率的要求不是系统实现的限制因素。

　　Nyquist-WDM 技术主要是要使载波调制信号产生 Nyquist 波形,需要通过电域或光域的特定滤波器进行信号整形。Nyquist 波形可通过优化的电域滤波器实现,也可通过光域滤波器实现。电域滤波器除了在发送端将基带数据经 DSP 内的升余弦函数滤波器进行电域光谱整形外,还可使用跟升余弦有限脉冲响应滤波器(RRC-FIR)或 FIR 与预均衡结合等方式实现。光域滤波器可使用基于 MEMS 技术的波形整形器或使用两个间插复用器级联的方式实现。虽然目前光滤波器无法实现理想的矩形谱滤波,但已可准确地形成有陡峭截止的光谱塑形,其边缘处产生的形变群时延可通过接收机中的 DSP 技术来解决。今后,随着 MEMS 技术的改进或其他更好技术的产生,具有矩形谱的光滤波器将会逐渐成熟,成本也会降低,以光滤波方式实现 Nyquist-WDM 系统亦具有更好的应用前景。

　　人们注意到,与单载波的情况相反,Superchannel 使用多子载波要求在光节点中使用灵活间距的光栅而非固定间距的光栅。在不同的多载波技术中,相干光正交频分复用(CO-OFDM)和奈奎斯特波分复用(Nyquist-WDM)技术有望达到较高的频谱效率,同时也不会大幅减少传输距离。

　　人们已经在理论上和试验中对 Nyquist-WDM 和 CO-OFDM 进行了对比研究。CO-OFDM 调制方式可达到的系统最小信道间隔等于码元速率与 CP 的合并带宽。当系统信道间隔等于或大于该带宽时,OFDM 调制方式将获得略优于 Nyquist 滤波方式的传输距离。但当系统信道间隔小于该带宽时,OFDM 调制方式中的 ICI 会产生严重影响,系统传输距离变得很短。而 Nyquist 滤波方式中,信号滤波并非完美矩形时,系统最大传输距离仅有一定程度的降低。Nyquist 滤波方式对信道间隔及信号滤波的要求有出色的忍让度。研究结果表明,Nyquist-WDM 在载波间干扰(ICI)容限和实施性约束方面更稳健、更实用。

　　目前,业界对 OFDM 调制方式与 Nyquist 滤波方式实现超宽通道已做了许多尝试。继 2009 年首次由贝尔实验室及墨尔本大学等不同实验小组实现 OFDM 方式 Tbit/s 量级传输之后,2011 年 Yu Jianjun 所在小组又实现了 10 Tbit/s OFDM 超级通道传输。2012 年武汉邮电科学研究院采用 eOFDM 的方式,利用 16 个光源,每个光源承载 1.92 Tbit/s 的 16QAM OFDM 调制信号,实现了 C 波段总传输容量为 30.7 Tbit/s 的 80 km SSMF(标准单模光纤)传输系统,单光源信号带宽仅为 250 GHz,谱效率为 7.68 bit/s/ Hz。该结果在国内大容量传输领域处于领先地位,在国际上也属先进。2010 年 Cai J X 等人采用 Nyquist 滤波方式传输 112 Gbit/s PDM-QPSK 信号的距离达到 9 000 km 之后,2012 年 Ze Dong 等人发表文章“6 × 128-Gbit/s Nyquist-WDM PDM-16QAM Generation and Transmission Over 1200-km SMF-28 With SE of 7.47 bit/s/Hz”,同年 D. Hillerkuss 等人实现了 32.5 Tbit/s 的 16QAM Nyquist-WDM 在标准单模光纤上无光纤色散补偿传输超过 227 km,谱效率为 6.4 bit/s/Hz。其采用一个单激光源通过光频梳发生器产生 325 个光载波,采用 sinc 形的奈奎斯特脉冲双极化 16QAM 数据编码,不使用保护带,12.5 GHz 的奈奎斯特带宽间距。

　　Superchannels 技术是实现高速大容量高频谱效率的有效手段之一,而 OFDM 调制方式和 Nyquist 滤波方式作为产生 superchannels 的可行途径已经成为业界的研究热点。随着研究人员不断推动技术发展及器件工艺水平的不断提高,考虑到不同方式所具有的 DSP 复杂度、非线性传输表现、系统实际执行代价及成本因素等,OFDM 调制方式和 Nyquist 滤波方式将以竞争性的演进方式继续下去,为下一代光网络发展做出贡献。

7.4　典型的超高速率超大容量光传输系统

7.4.1　超高速率超大容量光传输系统概况

1. 实际的传输系统

目前的光纤传输网络建设主流设备多是 40 G 的波分复用系统,也存在部分 100 G 的波分复用系统在建商用工程。例如中兴通讯在 2012 年 OFC 会议上报道了采用 8 个信道,单信道 216.4 Gbit/s 的速率,实现了 1 750 km 普通单模光纤上的传输系统,频谱效率达到了 4 bit/s/Hz。美国 Verizon 公司在 2012 年 OFC 上会议报道了采用超级信道技术在 1 503 km 普通单模光纤中传输了 21.7 Tbit/s 的工程。8×216.4 Gbit/s 大容量传输工程等实际的大容量光传输系统如表 7-4 所示。

表 7-4　实际的传输系统一览表

运营商	工程描述	光纤链路	设备供应商
Deutsche Telekom (Germany)	8 × 216. 4 Gbit/s WDM 传输	已安装的 1 750 km 的 G.652 光纤	ZTE
Verizon Communica- tions(USA)	总容量是 21.7 Tbit/s 的 PDM-8QAM/QPSK	已安装的 1 503 km G.652 光纤	NEC Laborato- ries America, Inc
SEACOM(South Afri- ca)	混合制式:包含 500 G 超信道、2 路 40 G、1 路 100 G 和 1 路 250 G 超信道	混合光纤链路,含 16 段 G.655 光纤、23 段 G.654 光纤、25 段 G.652 光纤,光纤链路总长为 6 042 km	Infinera
中国能源建设集团有限公司	青藏正负 400 kV 直流联网工程配套光纤通信工程	1 038 km 超低损耗光纤制作的 OPGW 光缆	通光集团

2. 大容量传输实验

构建超高速率、超大容量、超长距离的光纤传输网有多种技术实现方式。从已经报道的传输实验来看,它们在技术上各有特色。在单光源高速率方面,OFC 2011 发布了采用光 OFDM 技术实现 112 个子载波,每个子载波承载 100 Gbit/s 信号,共 11.2 Tbit/s 传输 640 km 的纪录。2011 年 6 月,德国专家在新一期英国学术期刊《自然·光子学》上发表文章宣布,在 50 km 长的光纤线路中测试单束激光的数据传输速率,结果表明,数据传输速率达到每秒 26 TB,其采用的是产生了 325 个子载波的光 OFDM 技术,这是单光源高速率方面的最高纪录。在超大容量方面,早在 OFC 2010 上,NTT 就宣布了利用 C 波段和扩展的 L 波段传输 69.1 Tbit/s(432×171 Gbit/s)信号传输 240 km 实验成功。NEC 在 OFC2011 上宣布了在 C+L 波段上实现 370×294 Gbit/s=108.78 Tbit/s 信号传输 165 km 的新纪录,频谱效率达到 11 bit/s/Hz。在 OFC 2012 上,NTT 又一次宣布,实现了 C 波段+扩展的 L 波段传输 224×548 Gbit/s=122.752 Tbit/s 信号传输 240 km,这是迄今为止在单根单芯光纤上传输的最大容量的最高纪录。在多芯光纤传输技术方面,目前国际上的最高纪录是 NTT

网络创新实验室在 ECOC2012 上发布的，在 12 芯光纤上实现的 1.01 Pbit/s（12SDM（空分复用）/222 WDM/456 Gbit/s）信号传送 52 km 的实验，频谱效率达到 91.4 bit/s/Hz。在超长距离传输方面，在 OFC2010 上 Tyco 公司发布了 10.7 Tbit/s（96×112 Gbit/s）PDM-RZ-QPSK（脉冲宽度调制-归零-正交相移键控）信号传输 10 608 km 的纪录。单跨距最高纪录当属阿朗贝尔实验室于 OFC 2012 发布的 64×43 Gbit/s 信号跨越 468 km 的传输实验。

7.4.2　8×216.4 Gbit/s PDM-CSRZ-QPSK 1 750 km Nyquist-WDM 传输现场实验系统

中兴通讯在 2012 年 OFC 会议上报道了采用 8 个信道，单信道 216.4 Gbit/s 的速率，实现了 1 750 km 普通单模光纤上的传输系统，频谱效率达到了 4 bit/s/Hz。

图 7-23 给出了 8×216.4 Gbit/s PDM-CSRZ-QPSK 信号在 1 750 km 现场实验配置和 G.652 光纤上传输的实验框图。8 个 ECL 分为奇数和偶数载波，每个 ECL 线宽小于 100 kHz、相邻波长间隔为 50 GHz、输出功率为 14.5 dBm。每个 I/O 调制器由两个 54.2 Gbit/s 伪随机二进制序列电信号〔其字长为 $(2^{13}-1)×4$〕驱动，用来调制奇数或偶数载波。67% 的 CSRZ 脉冲曲线通过一个单臂马赫-增德尔强度调制器来实现，该调制器由一个 27.1 GHz 正弦曲线 RF 信号驱动，用于实现 Nyquist 波形。每个路径上的偏振复用通过偏振复用器来实现，包含一个用来分离信号的偏振保持的光耦合器（Polarization-Maintaining Optical Coupler, PM-OC）、一个提供超过 100 个符号时延的光时延线（DL1 和 DL2）和一个组合偏振信号的偏振合束器（PBC）。奇数和偶数信道通过使用一个可编程的具有 50 GHz 固定栅格的 WSS 进行滤波和组合。在通过 50 GHz 栅格 WSS 之前和之后的单信道 54.2 G 波特 PDM-CS-RZ-QPSK 信号的光谱如图 7-23 所示。

产生的 8×216.4 Gbit/s PDM-CSRZ-QPSK 信号进入一个 22 个跨距的 SMF-28 光纤传输链路，如图 7-23(d) 所示。传输链路采用 G.652 光纤，总的传输长度是 1 750 km，其中 950 km 为配置在德国南部的现场光纤，800 km 为实验室光纤。22 个光纤跨距中每个跨距的平均损耗是 21.6 dB。测试中心（即安装发射机和接收机的地方）位于德国达姆斯塔特的德国电视通信研究中心。待 Nyquist-WDM 信号发射到最远的节点纽伦堡后，利用通过相同网络节点的其他光纤环回到达姆斯塔特。为了扩展传输距离，另外 8×100 km 的 G.652 光纤跨段插入到斯图加特。为了补偿损耗，采用没有额外增益均衡器的商业增益平坦在线 EDFAs。

在接收端，一个可调谐光学滤波器以 1 nm 的 3 dB 带宽被用来选择要进一步评估的信道。本地振荡器（Local Oscillator, LO）采用的是一个线宽小于 100 kHz 的 ECL。90°光混合器用来对偏振信号进行相干检测。采样和数字化（A/D）在数字示波器中实现，其中采样速率为 80 G Sample/s，电带宽为 30 GHz。对于 DSP，电偏振恢复通过使用三个阶段盲均衡策略来实现：首先，通过使用"square and filter"方法进行时钟抽取，数字信号基于恢复时钟以两倍的波特速率进行重新采样；第二，利用 $T/2$ 间隔的时域有限脉冲响应（Finite Impulse Response, FIR）滤波器补偿色散，其中滤波器的系数是基于已知的光纤 CD 传递函数，通过使用频域切断方法计算得到；第三，两个联合的值 13 抽头 $T/2$ 间隔的自适应 FIR 滤波器，基于经典的常量系数算法（Constant Modulus Algorithm, CMA），用来找回 QPSK 信号的系数。载波的恢复就在这部分来执行，第 4 个功率计用来估计 LO 和所接收到的光信号的

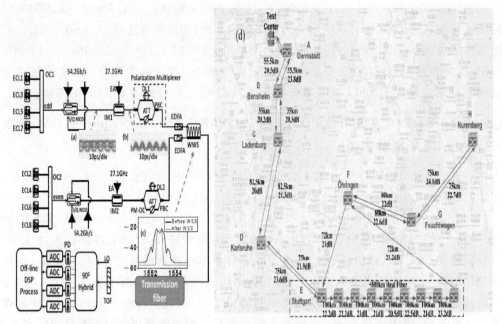

注: IM: 强度调制. DL: 时延线. PM-OC: 偏振保持光耦合器. (a) PDM-CSRZ-QPSK的眼图.
(b) CSRZ脉冲曲线. (c) WSS前后的光谱(0.1 nm的分辨率). (d) 德国电视通信网络的传输链路

图 7-23　8×216.4 Gbit/s PDM-CSRZ-QPSK 1 750 km 光传输系统实验框图

频率偏移量。频率偏移量由 CMA 处理之后的第 4 个功率计的信号的相位旋转速度来获得。引入 Post 滤波器(post filter),用来抑制噪声和线性串扰,然后,基于 Viterbi 算法的 MLSE 用来确定符号。这个数字 post 滤波器用来整形二进制信号到输出端一个给定平坦频率响应的多进制信号。在这个实验中,误差计算超过 $12×10^6$ 比特(12 个数据集,每个数据集包含 10^6 比特),并利用微分译码来解决 $π/2$ 的相位模糊。

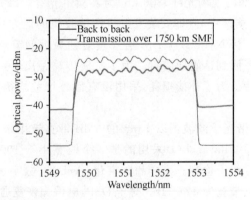

图 7-24　经过 1 750 km 光纤传输前后的光谱图(0.2 nm 分辨率)

2 dBm 的输入功率经过 1 750 km 的传输前后的光谱如图 7-24 所示。对于所有的信道,经过传输之后所测量到的 BER 如图 7-25 所示(X 和 Y 偏振的平均值)。经过 1 750 km 的传输之后,所有 Nyquist-WDM 信道的 BER 均低于 HD 预-FEC 的门限值 $3.8×10^{-3}$。图 7-25还给出了传送信号经过 post 滤波前后的典型星座。由星座图说明,二进制信号已经被转换为多进制的 QPSK 信号,由图可见,通过在 DSP 的相位恢复之后使用 post 滤波,星座图更清晰了。

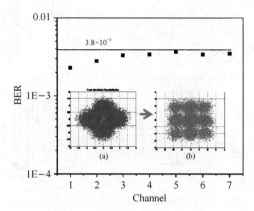

图 7-25　经过 1 750 km SMF-28 传输之后 PDM-CSRZ-QPSK
信号的 BER、post 滤波前(a)和后(b)的星座图

7.4.3　102.3 Tbit/s PDM-64QAM FDM 240 km C 和 L⁺ 波段全拉曼放大 传输实验系统

基于导频的相位噪声补偿可以有效改善传输性能,日本 NTT 网络创新实验室通过扩展导频辅助单载波频分复用(SC-FDM),获得超宽带大容量传输,并于 2012 年报道了使用 50 GHz 间隔的 548 Gbit/s PDM-64QAM SC-FDM 信号的 224 信道 WDM 传输系统。该系统的传输距离为 3×80 km,这是 100 Tbit/s 量级传输系统的最长传输记录。假设 FEC 开销为 20%,则该系统可获得的频谱效率为 9.1 bit/s/Hz。该系统在 C 和扩展 L(L+)波段上使用超宽带低噪声全拉曼放大,实现的总信号带宽为 11.2 THz,并获得总容量为 102.3 Tbit/s,这是一个新的纪录。

图 7-26 给出了该实验系统。发射端在 C 和 L⁺ 波段上以 50 GHz 的间隔产生 224 个连续 CW 光载波(1 526.44-1 565.09 和 1 567.95-1 620.94 nm)。奇/偶信道被分别复用,通过使用马赫-增德尔调制器(MZM),每个子载波被调制以创建 12.5 GHz 间隔的 4 个子载波信号。通过马赫-增德尔干涉仪和交叉滤波器进行信号抑制后,每个子载波被一个 IQ 调制器(IQM1)同时调制,该调制器由一个具有导频的电的 5.71 G 波特奈奎斯特脉冲整形的 64QAM 信号驱动。接下来,12.5 GHz 间隔的 4 子载波信号一分为二,其中一份通过 IQM2 进行 6.25 GHz 的频移,并通过光耦合器结合到一起。然后,偶数和奇数的 SC-FDM 信号利用光耦合器耦合到一起,以 25 ns 的时延进行偏振复用。因此,每 50 GHz 间隔的信道由 8 个 6.25 GHz 间隔、线速率为 548 Gbit/s 的 PDM-64QAM 信号组成。假设 FEC 的开销为 20%,则该系统的频谱效率为 9.1 bit/s/Hz。需要注意的是,导频附加到每个子载波上,并放置在从子载波中心频谱起的 2.94 GHz 处,其光谱如图 7-26 所示。由图可见,具有并行配置功能的 C 和 L⁺ 波段的 EDFAs 用来补偿调制部分的损耗;通过调整其增益值可获得低噪声、平坦的 WDM 信号。在该实验中,使用一个线宽大约为 60 kHz 的可调整的外腔激光器(External-Cavity Laser,ECL)作为测试信道,其余的激光器是线宽大约为 2 MHz 的 DFB 激光器。

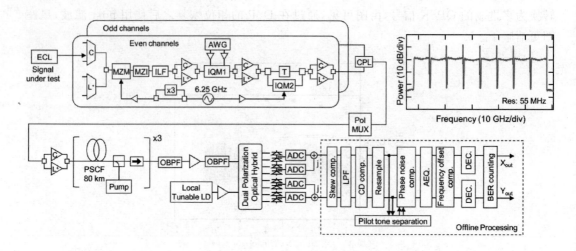

图 7-26　102.3 Tbit/s PDM-64QAM FDM 240 km C 和 L⁺ 波段全拉曼放大传输实验系统

传输线路由 3 个 80 km 跨距的低损耗和低非线性纯硅芯石英光纤(Pure Silica Core Fiber,PSCF)组成。其损耗系数为 0.169 dB/km,有效面积(区域)大约为 115 μm^2。该实验系统采用一个全拉曼放大以改善 OSNR,泵浦波长为 1 422~1 505 nm 的后向泵浦分布式拉曼放大器(DRA)产生的开关增益为 16 dB。

在接收端,接收到的信号通过 0.5 nm 和 0.1 nm 的光带通滤波器(OBPFs)进行滤波,然后由基于 PLC 的双偏振光混合(DPOH)的偏振分集接收机进行检测,采用一个线宽大约为 70 kHz 的自由运行的 ECL 作为 LO。两个偏振属性的实数和虚数部分由 4 个均衡的光电检测器检测,使用两个同步的数字存储示波器以 80 GS/s 对接收到的信息进行数字化处理,以 4 M 的采样规格存储下来。每个子载波均采用相同的算法单独进行解调。导频从具有数字带通滤波器的单载波信号中被分离出来,并频移到 0 频率。解析出来的导频是复共轭的,可以倍增主要的信号以补偿相位噪声。补偿的信号被反馈到自适应均衡(Adaptive Equalization,AEQ)模块。线性均衡和偏振解复用由一个 27 抽头 $T/2$ 间隔的具有蝶形配置的 AEQ 执行。载频偏移量通过一个数字 PLL(相同步逻辑)补偿。最终,比特误码率(BER)通过一个 1.5 Mbit/s 的解调信号计算出来。

224 信道 WDM 传输系统的性能主要考虑传输 240 km 后,所接收到的光谱、测量的 Q 因子值以及星座图。图 7-27 给出了传输 240 km 后以 0.2 nm 的分辨率测量到的光谱。由于在 C 波段(4.9 THz)和扩展 L 波段(6.3 THz)上的超宽带全拉曼放大,获得了高达约 29 dB 的 OSNR 值(0.1 nm 的分辨率)。

图 7-28 给出了传输 240 km 后所测量到的 BER 的性能,其中,图 7-28(a)表示的是从 8 个子载波的平均 BER 中计算出来的 Q 因子值,所有 224 个信道的 Q 因子均优于 6.86 dB,其超过了 Q-limit 值(6.75 dB,图中虚线所示),该 Q-limit 值是在 FEC 开销为 20% 计算出来的理论值。

7.4.4　30.7 Tbit/s 相干光 PDM 16QAM OFDM 80 km SSMF 传输实验系统

湖北武汉光纤通信技术和网络国家重点实验室和武汉邮电科学研究院采用 eOFDM 的

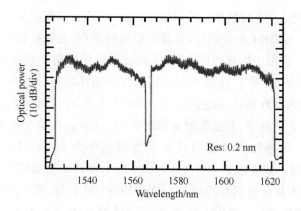

图 7-27　传输 240 km 后接收到的光谱

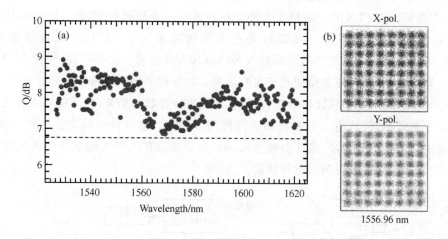

图 7-28　传输 240 km 后测量到的 Q 因子(a)和接收的星座图(b)

方式,利用 16 个光源,每个光源承载 1.92 Tbit/s 的 16QAM(16 进制正交振幅调制)OFDM 调制信号,实现了 C 波段总传输容量为 30.7 Tbit/s 的 80 km SSMF(标准单模光纤)传输系统,单光源信号带宽仅为 250 GHz,谱效率为 7.68 bit/s/Hz。该结果在国内大容量传输领域处于领先地位,在国际上也属先进。

图 7-29 所示为 30.7 Tbit/s(16×1.92 Tbit/s)相干光 PDM 16QAM OFDM 80 km SSMF 传输系统结构图。在发射端,16 个光源分为 8 路奇数路(中心频率分别为 191.55、192.05、192.55、193.05、193.55、194.05、194.55 和 195.05 THz)和 8 路偶数路(中心频率分别为 191.8、192.3、192.8、193.3、193.8、194.3、194.8 和 195.3 THz),8 路奇数路光和 8 路偶数路光分别经过 8×1 保偏耦合器耦合,再经过保偏 EDFA(掺铒光纤放大器)放大至 23 dBm 后,进入相位调制器生成多载波光。相位调制器分别被频率为 15.937 5 GHz、强度约为 1W 的正弦波信号调制,调制后每个光源生成了 15 个以上的光子载波,每个光子载波间隔为 15.937 5 GHz。生成的多载波经过 WSS(波长选择开关)整形后,每路光源生成了 15 个光子载波,奇数路光和偶数路光经过 WSS 整形后,通过 2×1 耦合器耦合并经 EDFA 放大至 22 dBm,进入强度调制器,该调制器被频率为 5.312 5 GHz、强度为 10 mW 的正弦波信号调制后,每路子载波光被扩展为 3 路频率间隔为 5.312 5 GHz 的光子载波,由此产生了

720 路子载波光源,进入 IQ 调制器。传输信号是由 Matlab 编程产生,$2^{15}-1$ 的伪随机码经过映射变为 16QAM OFDM 基带信号,该基带信号包含 68 个带有有效载荷的子载波,其中有 4 个子载波作为导频用于估计相位,两个子载波用来抵消相干光接收时本振光源对信号的影响,总子载波数为 128 个。1/16 的码元时间作为循环前缀,AWG(任意波形发生器)的每个光子载波的发射速率为 10 G Sample/s,故而其单个光子载波的信号发射速率为 21.3 Gbit/s。每路光源含有 45 个光子载波,其总发射速率为 0.96 Tbit/s,其单个光子载波有效信号发射速率为 18.3 Gbit/s,每路光源其总有效数据发射速率为 0.83 Tbit/s。生成的 16QAM OFDM 基带信号通过 AWG 生成 10 G Sampel/s 的 I、Q 两路射频信号并调制到光 IQ 调制器上,由此 720 路光子载波便同时搭载了 16QAM OFDM 信号,所有的信号源都与 AWG 通过 10 MHz 的同步信号锁定。AWG 发射的 OFDM 信号频谱与光子载波间的频率间隔一致,因此两路相邻的光子载波是没有频率间隔的。经过调制的 OFDM 信号经过一个 PBS(偏振分束器)后,该 PBS 的一路相比另外一路延迟了一个码元时间,即 14.4 ns,用以仿真偏振复用状态,由此该系统的发端每路光源传输速率为 1.92 Tbit/s,总传输速率为 30.7 Tbit/s。信号经过 EDFA 放大后输入 80 km SSMF 传输。在接收端,经过 EDFA 放大和光滤波器滤波后,得到任意路的光子载波信号。调整相干接收端的本振光源的波长,利用相干接收对任意路的光子载波信号进行解调,通过平衡接收机的光/电转换输入进入实时示波器进行数据采集,信号由实时示波器进行模/数转换后,通过计算机离线处理得到恢复。离线处理通常包括信号同步、循环前缀去除、串/并变换、FFT(快速傅里叶变换)、信道估计和相位估计等,最终恢复解调出原始数据。

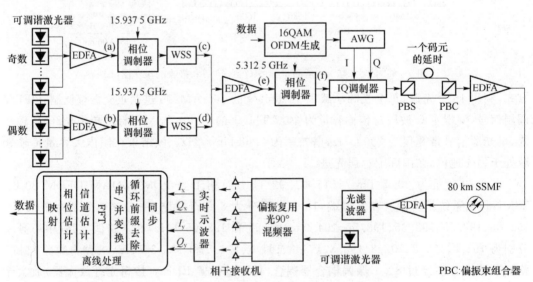

图 7-29 30.7 Tbit/s(16×1.92 Tbit/s)相干光 PDM 16QAM OFDM 80 km SSMF 系统结构图

图 7-30 所示为 30.7 Tbit/s(16×1.92 Tbit/s)相干光 PDM 16QAM OFDM 80 km SSMF 传输系统光子载波产生及分布示意图。每路光源信道包含有 45 个间隔为 15.937 5 GHz 的光子载波,每路子载波都带有 21.4 Gbit/s PDM 16QAM OFDM 信号。如图 7-30(a)和图 7-30(b)所示,16 路光源分为 8 路奇数路光(CH1、CH3、CH5、CH7、CH9、CH11、CH13 和

CH15)和 8 路偶数路光(CH2、CH4、CH6、CH8、CH10、CH12、CH14 和 CH16),奇数路和偶数路中相邻光源的频率间隔为 500 GHz。经过各自路的相位调制器调制后〔即图 7-29 中的(c)、图 7-30(d)点〕,奇数路光和偶数路光均被展宽为 15 个以上的光子载波,如图 7-30(c)、(d)所示;经过整形和耦合后,图 7-29 中的(e)点的光源示意图如图 7-30(e)所示,变为了 16×15 路、强度在 2 dB 范围内波动的光子载波;再经过强度调制器,在图 7-29 的(f)点处,每路光子载波又被分为 3 路子载波,其示意图如图 7-30(f)所示。由此每路光源产生了 45 路光子载波,总共产生 720 路光子载波。

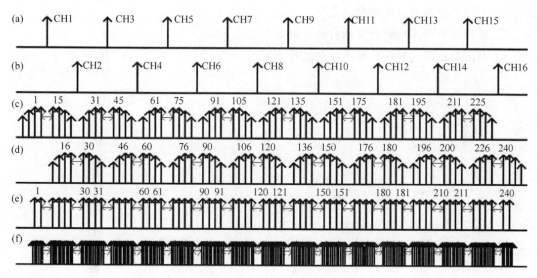

图 7-30　系统光子载波产生及分布示意图

图 7-31 所示为 30.7 Tbit/s 的 PDM 16QAM OFDM 信号经过 80 km SSMF 传输后的传输性能图。对每路光源中的 45 个光子载波的每 9 个测试其误码率,测试结果表明,所有的误码率均低于第三代 FEC 门限 2×10^{-2}。接收端的接收频谱图如图 7-31 的下半部分所示,分辨率为 0.1 nm。

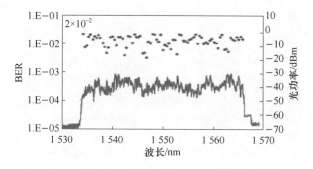

图 7-31　30.7 Tbit/s 的 PDM 16QAM OFDM 信号经过 80 km SSMF 传输后的传输性能图

思考与练习题

1. 什么是超级通道?
2. 采用超级通道可以解决什么问题?
3. PM-QPSK 的优点有哪些?
4. 采用高价调制有哪些优缺点?
5. 采用相干光正交频分复用有什么好处?
6. 奈奎斯特波分复用的基本思想是什么?

第8章

全光网络结构与保护技术

全光网络传送的信息容量巨大，网络一旦出现故障将会带来不可估计的损失。为了提高业务传送的可靠性，光传送网一般都带有保护。保护是指利用节点预先安排的容量取代失效或劣化的传送实体，即用一定的备用容量保护一定的主用容量。具备保护能力的网络，在节点设备或链路等出现故障时，可以不影响或者少影响网络的正常运转和业务承载。链路保护使网络在出现意外故障时无须人为干预网络就能在极短的时间内自动恢复业务。本章主要讲述各种网络拓扑结构与保护技术，重点为环形网的保护倒换。

8.1 全光网络的拓扑结构

全光网络是由节点设备通过光缆互连而成的，网络节点和光缆线路的几何排列就构成了网络的拓扑结构。网络的有效性（信道的利用率）、可靠性和经济性在很大程度上与拓扑结构有关。

网络拓扑基本结构：链形、星形、树形、环形、网孔形。

1. 链形网

链形网络拓扑（chain-type network）是网中的所有节点串联连接，而首尾 AB 节点两端开放、非闭合，如图 8-1(a)所示。这种拓扑结构的特点是较经济，但网络的生存性较差，主要用于专网、支线中。

网络的生存性是指网络在遭遇各种故障（节点设备失效、断缆、断纤、收无光、误码率超标等）后能够自动恢复维持业务质量等级的能力。

链形网断缆（同沟同缆）后，将形成几个独立的部分，网络业务将无法恢复。

2. 星形网

星形网络（star network）拓扑是将网中一节点 A 作为主要节点与其他各节点相连，其他各节点互不直连，如图 8-1(b)所示。这种网络拓扑的特点是各节点的业务都经过这个主节点转接，可通过主节点 A 来统一管理其他网络节点，有利于网络业务带宽管理、分配，节约成本，但存在主节点的失效所产生的生存性问题和主节点业务处理能力的潜在瓶颈问题。主节点的作用类似交换网的汇接局，此种拓扑多用于业务接入网络。

3. 树形网

树形网络（tree network）可看成是星形拓扑和链形拓扑的结合，如图 8-1(d)所示。树形网络存在主节点的失效所产生的安全问题和主节点业务处理能力的潜在瓶颈问题。

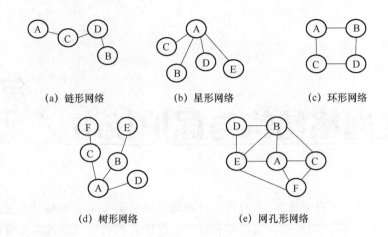

(a) 链形网络　　　　(b) 星形网络　　　　(c) 环形网络

(d) 树形网络　　　　　　　　(e) 网孔形网络

图 8-1　光网络拓扑基本结构

4．环形网

环形网(ring network)拓扑实际上是指将链形拓扑首尾相连形成闭合环路,如图 8-1(c)所示。环形网的特点是任何两个节点之间都有两条传输方向不同的路由,这为网络保护提供了有利条件。环网是当前使用最多的一种网络拓扑形式,主要是因为它具有很强的生存性,即自愈能力很强。环形网结构在干线网、中继网、接入网中都有很好的应用。

5．网孔形网

所有的网元节点之间至少存在两条不同的物理连接的非环形拓扑,就形成了网孔形网络(Mesh network)拓扑图,如图 8-1(e)所示,这种网络拓扑两个网元节点之间可提供多个传输路由,使网络的生存性更强。但结构复杂、使得控制和管理能力提高,成本提高。网孔形由于其高可靠性,主要用于骨干网中,以提供网络的生存能力。

在实际组网中,多种网络结构相互连接可构成更加复杂的网络。对于局部地区,网络拓扑使用什么类型,根据实际情况(建设成本、节点分布、业务需求、网络可扩展性等)综合制定。

8.2　保护与恢复技术

全光网络通信容量巨大,如果通信链路中断,影响极大。为了保障通信的实时性,通信中断时间有严格限制。对业务中断时间有两个重要门限。第一个是 50 ms,此时可以满足绝大多数业务的质量要求,除了瞬态冲击外业务不中断,因而可以认为 50 ms 的保护恢复时间对于多数电路交换网的话音业务和中低速数据业务是透明的。第二个门限是 2 s,只要业务中断时间短于 2 s,则中继传输和信令网的稳定性可以保证,电话用户只经历短暂的通话间歇,几乎所有数据会话协议仍能维持不超时,图像业务则会发生丢帧和图像冻结现象(几秒),但多数人能勉强忍受。当故障状态持续(2.5+0.5) s,则数字交换机将发告警信号,拆除有关话音通路连接并停止计费,这类故障显然已无法容忍。因此 2 s 门限已作为网络恢复的目标值,称为连接丢失门限。

为了确保网络在遭遇各种故障(节点设备失效、断缆、断纤、收无光、误码率超标等)后能够自动恢复维持业务质量等级的能力。网络除了应该具有健壮的生存性拓扑结构以外,同时还要具有快速的故障检测、故障识别、故障定位及业务恢复特性。因为恢复得越快,丢失的数据就越少,因此恢复时间是很重要的一个生存性参数。保护恢复的速度问题不仅是一个影响运营商收益的经济因素,而且对于现有网络所支持的一些重要业务而言也尤为重要。在以前,一次断接仅仅意味着一个电话呼叫的中断和再接上过程,而现在的一次断接则要影响到银行、股市交易、航空运输及公共安全等事关国计民生的许多要害部门的正常运转。为了提高网络的生存能力,人们可以利用以下方法:

- 降低网络单元脆弱性,特别是硬件、软件故障以及过程差错引起的脆弱性;
- 提高网络对网络单元失效的健壮性,提高网络拓扑结构的可靠性;
- 通过网络保护恢复技术来实现网络的生存性。

第一种方法,侧重于提高网络单元的可靠性,从而改善网络的生存性。而后两种方法,特别是网络保护恢复技术,则是在现有的网络单元基础上,通过适当的生存机制来提高网络的抗故障能力。就网络的生存性策略而言,它具体包括保护恢复技术、升级机制以及相关的管理功能。所以可以说实现网络生存性一般有两类方法:保护和恢复。

保护是指为光网络的承载业务提供预留的保护资源。当网络发生故障时,受影响业务被安排到预先分配好的保护路由进行传送,以此来恢复受影响的业务。保护往往处于本地网元或远端网元的控制下,无须外部网管系统的介入,保护倒换时间很短,但备用资源无法在网络范围内共享,资源利用率低。网络的保护问题是网络的冗余性设计问题。网络的冗余性设计不但涉及网络的物理拓扑设计,还与网络业务的安排有重要的关系。通常使用的网络都是有一定的冗余度的,以便一旦在工作通道出现故障时,可以使用网络的冗余容量为工作容量提供保护,从而维持网络的正常运转,保证网络业务的畅通。

恢复是指为光网络的承载业务动态寻找网络中剩余资源(包括预留的专用空闲备用容量,网络专用的、甚至低优先级业务可释放的额外容量),并通过利用这些剩余资源,在网络中寻找失效路由的替代路由,以便快速而准确地消除由于故障所带来的阻塞。恢复技术能动态搜索网络中的所有空闲容量,可大大节省备用资源,因而大大提高了网络资源的利用率。但由于恢复通常需要外部网管系统介入,时间较慢,恢复响应不确定,业务恢复时间相对较长,这是恢复机制的不足之处。恢复通常主要用于网状网,以便能最佳地利用网络容量资源。

保护和恢复的主要区别在于适用的网络拓扑、业务的恢复速度以及保护容量的确定性等因素。通常认为保护是一种能够提供快速恢复、适用特定拓扑的技术(例如线形或环形);而恢复通常主要适用网状拓扑,能最佳地利用网络容量资源。恢复的目标应该是利用网络提供的容量富余度使得由于故障所带来的阻塞快速而准确地被重新安排路由而确保畅通。恢复机制通常采用集中控制方式,需要外部网管系统介入,时间较慢,恢复响应不确定,业务恢复时间可能长达数秒至分钟量级,这是恢复机制的主要缺点。在实际电信网中,常常以保护机制作为第一道防线,对付诸如光线被切断之类的公共失效故障。然后可以用恢复机制作为第二道防线对付网络范围的故障和失效。

网络的故障可以分为线路(链路)故障和通道故障两种。通常的光缆线路受损是典型的线路故障,而组成光通道的某个区段的光电器件的故障则通常会导致通道的故障。对于网络节点失效的情况,通常可以认为是若干线路故障的特殊组合,由于与该节点的通信联系全部被切断,网络只需要为路过该节点的通道提供保护即可,这就是"尽力恢复"原则。在实际的网络中,网络对非节点失效的单一故障的保护能力通常要达到 100%,所谓的单故障条件,就是单处线路故障或者单条通道失效条件。

8.2.1　OTN 链形网的保护

为了提高业务的可靠性,光传送网一般都带有保护。链形网采用和传统的 SDH 系统相似的链路保护倒换方式。

1. 1+1 的保护结构

1+1 保护结构如图 8-2 所示。在线路保护倒换结构中两个节点之间有两条通道,一条定义为工作通道,另一条定义为保护通道。这种 1+1 保护结构要求源端始终处于桥接状态,也就是光信号在发送端被永久地连接在工作通道和保护通道上,目的端则采用择优接收的方式,即所谓的"并发优收"机制,当工作通道发生故障时,目的端光开关倒换选择保护通道接收信号。和其他保护方式不同,1+1 的保护方式不需要回复,即在执行过保护倒换后,业务的传递就恢复了。原先的故障修复了,也不需要再将开关倒换到原先的状态。1+1 的保护可以实现 OMS 层的保护,也可以实现 OCH 层的保护。

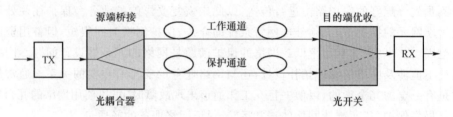

图 8-2　1+1 保护倒换结构

1+1 保护的优点是单端倒换的保护方式,它不需要 APS 协议,只要目的端监测信号质量不满足指标要求,而需要倒换时就可以立即实施保护倒换,倒换迅速(50 ms 内),时间最短。但由于发送端保护(备用)通道是永久桥接的,其缺点是有 50%的网络资源被浪费,不能提供附加业务。

2. 1:1 的保护结构

1:1 的保护方式是一种双端倒换的保护结构,如图 8-3 所示。正常工作时,双端倒换光开关使业务信号走工作通道,当链路出现故障时,双端倒换光开关使业务信号走保护通道。如何实现双端倒换? 这就需要接收端向发送端发送请求倒换命令,请求倒换命令只能利用保护通道传递 APS 信令,从而实现双端倒换的控制。实现双端倒换的保护结构需要协议的支持,倒换时间慢于 1+1 保护倒换。

图 8-3　1:1 的保护倒换结构

1:1 的保护结构的优点是网络资源利用率高,即正常情况下保护通道空闲可传附加业务。缺点是与 1∶1 保护倒换比较需要 APS 协议支持,以保证实现双端协调倒换。

3. 1∶N 保护倒换结构

在 1∶N 线路保护倒换结构中,N 个工作通道共用一个保护通道,如图 8-4 所示。N 条通路的任一条和一条附加业务通路在两端都桥接在保护段上,接收端保护功能监视和判断接收到的信号状态,一旦工作通路劣化或失效,将丢弃保护通道上的附加业务,将失效工作通道业务桥接到保护通路上。

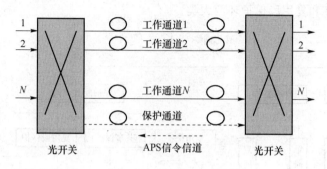

图 8-4 1∶N 保护倒换结构

链路保护倒换方式的业务恢复时间很快,可短于 50 ms,特别是 1+1 的链路保护倒换,它们对于网络节点的光或电的元部件失效故障十分有效。但是,一般主用光纤和备用光纤视同沟同缆铺设的,一旦光缆被切断,这种保护方式就无能为力了。

要克服这种缺点就必须用地理上的路由备用。这样当主通道路由上的光缆被切断时,备用通道路由上的光缆不受影响,仍能将信号安全地传送到对端。这种路由备用方法配制容易,网络管理简单,仍保持了快速恢复业务的能力。但该方案需要至少双份的光纤光缆和设备,线路成本提高。此外,该保护方法只能保护传输链路,无法提供网络节点的失效的保护,因此主要运用于点到点应用的保护。

8.2.2 环形网络的保护

1. 自愈的概念

所谓自愈是指在网络发生故障(例如断纤)时,无须人为干预,网络自动在极短的时间内(ITU-T 规定为 50 ms 以内),使业务自动从故障中恢复传输,使用户几乎感觉不到网络发生了故障。其基本原理就是网络要具备发现替代传输路由并重新建立通信的能力。替代路由可采用备用设备或利用现有设备的冗余能力,以满足全部或指定优先级业务的恢复。由此可知,网络具有自愈能力的先决条件是具有冗余的路由、网元强大的交叉能力以及网元有一定的智能。

自愈仅是通过备用信道将失效的业务恢复,而不涉及具体故障的部件和线路的修复或更换,所以故障点的修复仍需要人工干预才能完成,如断了的光缆需要人工接好。

2. 环形网络的分类

环形网络由于其良好的生存性,实现和控制的简单性而成为一种广泛使用的通信网拓扑形式。环形网络不但已广泛应用于 SDH 网络中,也是 WDM 光传送网首先广泛应用的网络拓扑形式。随着光分叉复用器(OADM)节点相关技术的成熟,国内外建立的 WDM 光网络通常都基于环形网络来构建。

目前环形网络的拓扑结构用得最多,环形网络的实现方式多种多样。自愈环的分类可按保护的业务级别、环上业务的方向、网元节点间的光线数来划分,如图 8-5 所示。

按环上业务的方向可将自愈环分为单向环和双向环两类。单向环:针对一个节点而言,在同一条传输通道中,来业务的波长传输方向与去业务的波长传输方向相同。双向环:来业务的传输方向与去业务的传输方向相反。按连接环路中相邻节点的光纤数目分可将自愈环分为双纤环(一对收/发光纤)、四纤环(两对收/发光纤)、多纤环;按保护业务级别可将自愈环分为通道保护环和复用段保护环两大类。

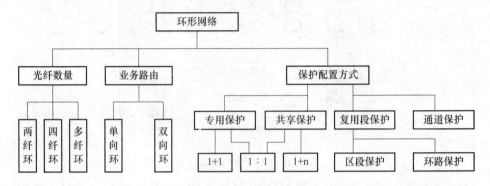

图 8-5　环形网络的分类

通道保护环:业务的保护是以光通道为基础的,也就是保护的是 OTM-n 信号中的某个 OCH,倒换与否按环上的某个 OCH 信号的传输质量来决定。

复用段保护环:是线路保护,保护的是光复用段(OMS)的多波长信号,倒换与否是根据环上传输的复用段信号的质量决定的。倒换是由 APS 协议来启动的,当复用段出现问题的时候,环上整个 OMS 的业务信号都切换到备用信道上。

3. 二纤通道保护环

二纤通道保护环一般由两个光纤环组成,两环的业务流向一定要相反,其中一个为主环——S1;另一个为备环——P1,如图 8-6 所示。

通道保护方式,通常使用 1+1 或 1:1 配置方式,而其中 1+1 保护配置方式使用"源端桥接,宿端选优"的配置方式,如图 8-6 所示。通道保护环的保护功能是通过网元支路板的"并发"到主环 S1、备环 P1 上的,两环上业务完全一样且流向相反,正常时宿端网元支路板"选收"主环下支路的业务。

若环网中网元 A 与 B 互通业务,网元 A 和 B 都将上环的支路业务"并发"到环 S1 和环 P1 上,S1 和 P1 上的业务相同且方向相反——S1 逆时针,P1 顺时针。在网络正常时,网元 A 和 B 都选收主环上的业务。那么 B 与 A 业务互通的方式是 B 到 A 的业务经过网元 C、D 穿通,由 S1 光纤传到 A。

当 BC 光缆段的光纤被同时切断,注意此时网元支路板的并发功能没有改变,也就是此时 S1 和 P1 环上的业务还是一样的。

这时网元 B 到网元 A 的业务由网元 B 的支路板并发到 S1 和 P1 光纤上,其中 S1 业务由于 B—C 间光缆断,所以光纤 S1 上的业务无法传到网元 A,网元 A 的支路板收到 S1 光纤上的告警后,立即切换到选收备环 P1 光纤上 B 到 A 的业务,于是 B 到 A 的业务得以恢复,完成环上业务的通道保护,此时网元 A 的支路板处于通道保护倒换状态——切换到选收备环方式。

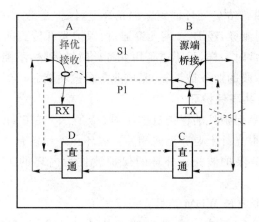

图 8-6　二纤通道倒换环

这种保护环不需要协议就可以完成,故通道恢复方式通常采用这种配置。在组成通道环时要特别注意的是主环 S1 和备环 P1 光纤上的业务流向必须相反,否则该环网无保护功能。

4. 二纤单向复用段共享保护环

二纤单向复用段共享保护环如图 8-7 所示。复用段共享保护方式是指组成环的每个复用段(一个区段)的保护容量由所有其他区段共享。工作业务使用外环光纤,为 WDM 信号,承载工作业务;内环光纤为保护光纤,携带保护波长。构成环的两根光纤上面传送的是1∶1 的业务——外环传主用业务,内环保护光纤上可传备用业务。因此复用段保护环上业务的保护方式为 1∶1 的保护。复用段保护的业务单位是复用段级别的业务,需通过 APS协议来控制倒换的完成。由于倒换要通过运行 APS 协议,所以倒换速度不如通道保护快。

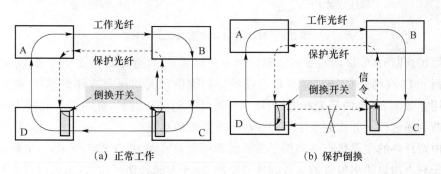

(a) 正常工作　　　　　　　　　　　　　(b) 保护倒换

图 8-7　二纤单向复用段保护环

工作原理:假设环上网元 A 与网元 D 互通业务。

环路正常工作时,网元 A 往工作光纤上发送到网元 D 的主用业务,往保护光纤上发送备用业务,网元 D 从工作光纤上选收网元 A 发的主用业务(经过 B、C),从保护光纤上收网元 A 发来的备用业务(额外业务)。网元 D 的工作业务直接向网元 A 发送,如图 8-8(a)所示。

当环网发生故障时,如图 8-8 (b)所示,网元 C 和 D 之间光缆被切断(双纤断裂),C 到 D的通信中断。D 收到"收无光"信号,产生自动倒换信令(APS),D 右端保护倒换开关和 C左端的保护倒换开关动作完成保护倒换,这时网元 A 到网元 D 的主用业务先由网元 A 发到工作光纤上,到故障端点站C处环回到保护光纤上,保护光纤上的额外业务被清掉,改传网元A到网元D的主用业务,经B、A网元穿通,由保护光纤传到网元D。网元D到网元A的主用业务的传输与正常时一样,只不过备用业务此时被清除,不能使用。

通过这种方式,故障段的业务被恢复,完成业务自愈功能。

5. 双纤双向复用段共享保护环

双纤双向复用段共享保护环的保护机理如图8-8所示。在二纤双向复用段保护环上无专门的主、备用光纤,两根光纤上业务流向相反。内环和外环各有一半的波长通道作为工作波长,另外一半的波长是保护波长。外环的保护波长为内环的工作波长提供保护,反之亦然。

工作原理:例如,8个波长WDM信号。

正常情况下,从图8-8(a)中可看到内环和外环的业务流向相反。外环光纤上一半WDM信号λ_{1-4}传送主用业务,另外一半WDM信号λ_{5-8}传送保护波长用来保护另外一根光纤(内环)上的主用业务,两根光纤互相保护。

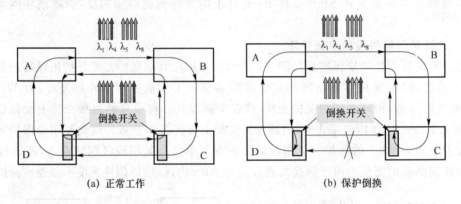

(a) 正常工作   (b) 保护倒换

图8-8 双纤双向复用段共享保护环

光缆被切断时(C-D间),如图8-8(b)所示。网元A到网元D的主用业务λ_{1-4}沿外环光纤传到网元C,在网元C处左端和D右端的保护倒换开关动作完成保护倒换,将外环光纤上的主用业务λ_{1-4}环到内环光纤上,占用内环光纤上的保护波长,此时内环光纤上的额外业务被中断。通过以上方式完成了环网在故障时业务的自愈。

双向两纤环的主要优点是提供了波长的重用能力。因为,在双向环中,一个双向通道所使用波长只占用该通道包含的区段的波长资源,在环上的其他区段,该波长可以重新用来组织通信,这样在网络波长总量不变的情况下,能够提供比两纤单向环更多的光通道,从而提高了环形网络波长的使用效率。

双向两纤环的管理控制比单向环要复杂,特别是在节点OADM没有波长转换能力的情况下,环路波长的配置方案直接影响保护方案的设计。二纤双向复用段保护环使用APS协议来决定倒换,而APS协议尚未标准化,所以复用段倒换环目前都不能满足多厂家的产品的兼容性要求。

自动保护倒换(Automatic Protection Switching,APS)协议是指初始化配置完成后,无须外界干预就可以完成受系统故障影响的工作业务保护倒换操作的一种协议。

APS协议的作用有三个:

1. 通告网络故障信息;
2. 仲裁网络业务保护行为;
3. 协调网络保护容量的占用。

8.3　复杂网络的拓扑结构

实际应用中,网络拓扑结构较复杂,利用基本拓扑结构可构成复杂网络的拓扑结构。下面介绍几种在组网中将会用到的拓扑结构。

1. T 形网

T 形网实际上是一种树形网。T 形网络拓扑结构如图 8-9 所示。

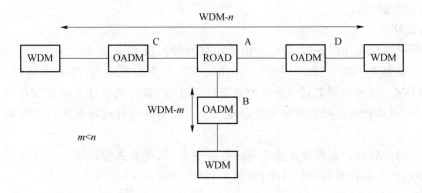

图 8-9　T 形网

干线上为 n 个波长的 WDM 系统,支线上为 m 个波长的 WDM 系统。

2. 环带链网

环带链网络结构如图 8-10 所示。环带链是由环形网和链形网两种基本拓扑形式组成。

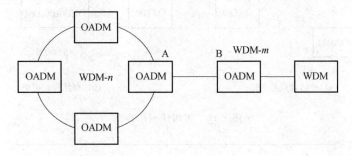

图 8-10　环带链网络拓扑图

环形网由 n 个波长的 WDM 系统构成,链网为 m 个波长的 WDM 系统。网元 B 的 m 个波长的 WDM 业务作为网元 A 的支路业务,并通过网元 A 的分/插功能上/下环。WDM-m 业务上环会享受环的保护功能。

3. 环形子网的支路跨接

环形子网的支路跨接网络结构如图 8-11 所示。

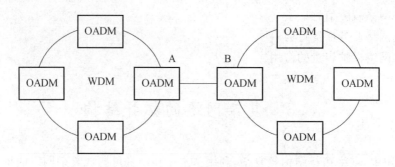

图 8-11　环形子网的支路跨接图

　　两个 WDM 环通过 A,B 两个网元的支路部分连接在一起,两环中任何两个网元都可以通过 A、B 之间的支路互通业务,且可选路由多,系统冗余度高。两环间互通的业务都经过网元 A、B 的支路传输。

4. 相切环

　　相切环网络结构如图 8-12 所示。相切环有两种实现方法:一种是只有一个结合点;另一种为两个结合点。图 8-12(a)中,两个环相切于重要节点网元 A,网元 A 可以是 OXC 也可用 ROADM。这种组网方式可使环间业务任意互通,具有比通过支路跨接环网更大的业务疏导能力,对结合点的业务疏导和处理能力要求较高。不过这种组网存在重要节点的安全问题。

　　结合点的失效会严重影响环路之间的通信业务,因此要么保证结合点具有很高的可靠性,要么使用两个结合点的相切环路,如图 8-12(b)所示。

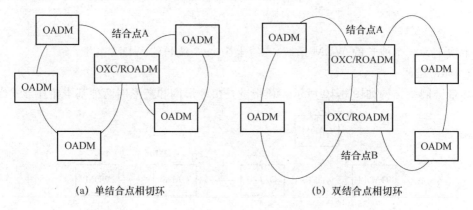

(a) 单结合点相切环　　　　　　　　(b) 双结合点相切环

图 8-12　相切环网拓扑图

5. 相交环

　　相交环网络结构如图 8-13 所示。相交环与相切环的配置类似,但通常结合点由多个环路共享,而且结合点一般为两个。相交环网比相切环网可提供更多的可选路由,系统冗余度加大,可以获得较好的网络可靠性。

　　在相交环路中,结合点通常是枢纽局或中心局,要求它们有强大的通信处理和调度能力。使用相交环结构,可以很好地解决中心局之间的通信需求。

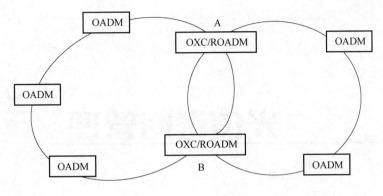

图 8-13　相交环网拓扑图

思考与练习题

1. 光网络拓扑的基本结构有哪些？

2. 什么是双向业务？什么是单向业务？

3. 链形网的特点有哪些？

4. 1+1 保护与 1：1 保护有何区别？

5. 什么是自愈？自愈环的种类有哪些？

6. 通道保护环与复用段保护环的区别是什么？

7. 环形网络一般由什么类型的设备组成？

8. APS 协议的作用是什么？

9. 环路互连有哪些方式？

第9章

光传送网管理

随着光网络业务种类、数量和要求的急剧增加,网络正变得越来越庞大和复杂。对光网络及其网元设备实施有效的管理是光网络高效、可靠、科学运行的保障。光网络管理是网络的重要组成部分,是网络运营的基础。本章从电信管理网的要求和特点出发,结合相关的 ITU-T 建议,讨论光传送网管理的特殊要求和管理网络的体系结构,阐述了光传送网管理信息的通道。

9.1   电信管理网

光传送网的管理是完全按照电信管理网(TMN)的概念实现的,因而为了理解 OTN 的管理,需要首先对 TMN 的概念、结构和功能有所了解。

TMN 是 ITU-T 在 1988 年提出的,目的是为了对电信网实行统一的有效的管理,在 1992 年形成了网络管理的统一标准,现在还在不断完善之中。

TMN 在概念上是一个独立于被管理对象的网络,它与电信网有若干不同的标准接口,使各种不同类型的操作系统(网管系统)与电信设备互连,通过专业数据通信网接收来自电信网的信息并控制电信网的运行,从而实现电信网的自动化和标准化管理并提供大量的各种管理功能。图 9-1 所示为 TMN 和电信网的关系。TMN 也常常利用电信网的部分设施来提供网管通信联络,因而两者有部分重叠。TMN 提供了大量的管理功能,可以提高电信网的运行效率和可靠性,降低操作、管理和维护(OAM)成本,促进网络及业务的可持续性发展。

TMN 的基本目标是为电信管理提供一种框架,引入通用网管模型后,利用通用信息模型和标准接口可以实现多种不同设备的统一管理。TMN 的规模可大可小,最简单的是单个电信设备与单个操作系统的连接,复杂的则有许多不同类型的操作系统和电信设备进行互连。

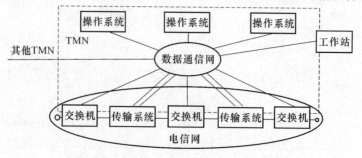

图 9-1   TMN 和电信网的关系示意图

TMN采用开放系统互连(OSI)的系统管理框架和工具,诸如管理者/代理的概念和管理目标的使用等。因而,TMN可以看成是应用OSI概念来进行电信网和电信服务管理的网络。TMN采用面向对象技术,定义了两种类型的电信资源:一种是管理系统,即运行系统(OS);另一种是被管对象,一般称为网络单元(NE),简称网元。

9.1.1　TMN的结构

TMN的结构可划分为3个基本方面,即功能结构、信息结构和物理结构。

1. 功能结构

TMN功能结构主要描述TMN内的功能分布,其基础是TMN功能块,由这些功能块可以实现任意复杂的TMN。

图9-2所示为TMN功能块,其中WSF、QAF和NEF有一部分属于TMN,一部分不属于TMN。TMN基本功能块有4种:操作系统功能(OSF)、网元功能(NEF)、Q适配器功能(QAF)和工作站功能(WSF)。

（1）操作系统功能

操作系统功能主要对通信管理信息进行处理,以便监视/协调/控制电信网通信设备,完成管理功能。

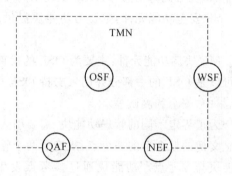

图9-2　TMN的功能结构

（2）网元功能

网元功能中用以支持TMN的功能属于TMN的一部分,而其通信功能本身处于TMN之外。NEF在TMN域内的部分提供网管系统与被管通信设备之间的接口。NEF与TMN进行通信,以便受其监视/控制,主要提供被管电信网所需要的通信和支持功能。

（3）Q适配器功能

Q适配器功能主要是提供网管系统和非TMN标准的管理实体的接口。在通信网中,由于各种原因,会有一些设备没有设置标准的TMN接口。采用TMN的目的之一就是要对全网进行统一和综合的管理,即能够进行端到端的管理,QAF的功能就是提供对这些不具备TMN标准接口的设备的适配功能。

（4）工作站功能

工作站功能为管理信息的人或用户提供一种解释TMN信息的手段,或作相反过程的处理。WSF的责任是完成TMN参考点和非TMN参考点之间的信息翻译工作,因而该功能块的部分处于TMN边界之外。

由于TMN功能块较大,可以进一步细分为一些功能元件。功能元件是TMN的基本结构件,目前共有9种,简介如下。

MAF管理应用功能元件:它是一种参与系统管理的应用进程,是所有TMN消息(即TMN信息内容)的产生和终结处,往往由代理和/或管理者组成。

ICF信息转换功能元件:ICF用在中间系统中,并为两个接口的信息模型提供翻译机制。

WSSF工作站支持功能元件:WSSF为WSF提供支持,诸如数据接入和处理、行动的请求和确认、通知的传送,以及当 WSF 用户与特定 OSF 通信时可以遮蔽 NEF 和其他 OSF 的存在。WSSF 也能为 WSF 提供管理支持,并能接入管理 OSF。

UBF 用户接口支持功能元件:负责将 TMN 信息模型内的信息变换成人机接口可显示的格式,或者做类似反变换。

MCF 消息通信功能元件:与所有具备物理接口的功能块有关,负责与同等层交换包含在消息内的管理信息。

DSF 号码簿系统功能元件:代表了本地或全球可用的分布式号码簿系统。

DAF 号码簿接入功能元件:与所有需要接入号码簿的功能块有关(实际上主要是 OSF 对于 WSF、QAF 和 NEF 也可能有用),主要用来接入和/或维持(读、列表、搜索、增加、修改和删除)在号码簿信息库(DIB)中表示的 TMN 相关信息。

SF 安全功能元件:主要为功能块提供必需的安全服务,以便满足安全政策和/或用户需要。

MF 协调功能元件:主要为 OSF 的代理和管理者角色提供 OSF 支持,这些管理应用功能可以是 OSF 的一部分并用来支持 OSF 内的应用功能,诸如临时存储、数据过滤、门限设置、集中、安全和测试等。

为了界定不同的管理功能块,需要引入参考点的概念,参考点表示两个功能块之间进行信息交换的概念上的一个点,规定了两个管理功能块之间的服务边界。图 9-3 所示为 TMN 功能块与参考点。功能块通过参考点发生联系,参考点可以映射为物理结构中的接口。TMN 有 3 类不同的参考点。

① q 参考点:连接 OSF 和 NEF/QAF;被管网元进入 OSF 的数据,均要经过 q 参考点,q 参考点是 TMN 各参考点中最重要的参考点,q 参考点的设计目的是要做到与通信设备无关。

② f 参考点:连接 OSF 和 WSF;在 f 参考点要将在 TMN 中内部使用的数据格式与适合人机界面使用的数据格式进行转换。

③ x 参考点:连接两个 TMN 的 OSF 或者连接一个 TMN 的 OSF 与另一个网络等效的类 OSF 功能的。

m 参考点位于 QAF 和 TMN 外部的有关实体之间,以便对不具备 TMN 标准接口设备的接口进行适配。

TMN 功能块之间利用数据通信功能(DCF)来传递信息,并由参考点隔开。每一对功能块都可以由相关参考点联系在一起。

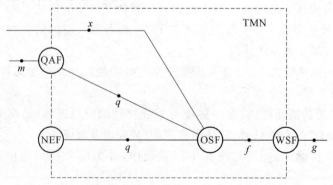

图 9-3 TMN 功能块与参考点

由于电信管理网的复杂性,为了便于管理和操作,将 TMN 管理功能可以划分为几个不同的逻辑层。TMN 逻辑层分为网元层、网元管理层、网络管理层、服务管理层、商务管理层。不同的逻辑层反映了管理的特定方面。

图 9-4 示出这样一种逻辑分层结构的参考模型。

网元层完成网元功能的具体配置。网元可指具体设备,如 OXC、OADM、OA 等。

网元管理层直接参与管理网元或一组网元。用于对网元设备的管理(如设备的配置、告警、性能监视等),以及网元管理层与上一层网络管理层的管理信息的传递。

网络管理层负责对所辖区域的网络行使管理,从网络的观点来控制和协调所有网元的活动,诸如选路管理和业务量控制;指配、保护、重构网络能力来支持客户服务;维护涉及网络的统计数据、记录和其他有关数据,并就网络性能、使用和可用性等事项与上面的服务管理层交互。

服务管理层为所有服务交易(包括服务的提供、中止、计费、服务质量和故障报告等)提供与用户的基本联系点,以及提供与其他管理机关的接口。

商务管理层是最高的逻辑管理层,负责总的企业商务运营与网络事项。

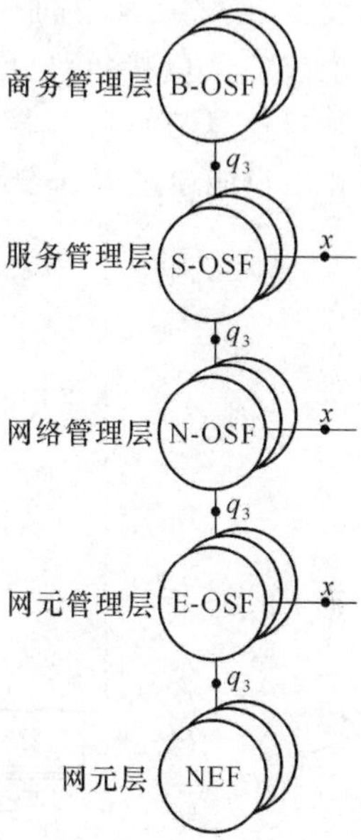

图 9-4　TMN 逻辑分层结构

2. 信息结构

信息结构是以面向对象的方法为基础的,主要描述各功能块之间交换的管理信息的特性。

信息模型包括网元层信息模型和网络层信息模型。网元层信息模型提供有关网元的管理信息,完成接收管理指令的任务,主要是面向硬件和面向协议的;网络层信息模型主要是面向软件和面向应用的,是建立在网元层信息模型的基础上,它把网元层信息模型作为公共信息库加以逻辑说明,使平面式的网元层信息模型结构化,从而更有效地运用到网管中。

图 9-5 说明了管理操作由逻辑分层结构的各层向下传播的过程。相邻两层之间的交互作用存在于上一层的管理者和下一层的代理之间,每一层的代理只与本层的信息单元相关。

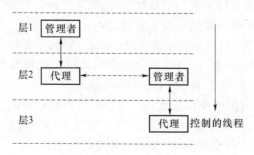

图 9-5　管理操作的传播过程

3. 物理结构

TMN 的物理结构主要描述 TMN 内的物理实体及其接口。图 9-6 给出了典型的 TMN 的物理结构图。

图 9-6 中 OS 表示操作系统,执行 OSF 功能,它实际上是大型的管理网络资源的系统程序。DCN 是 TMN 内支持数据通信功能(DCF)的通信网,由不同类型的子网互联构成。QA 表示 Q 适配器,完成 NE 或 OS 与非 TMN 接口的适配互连。网元 NE 由执行 NEF 的电信设备(或者是其中的一部分)和支持设备组成,它可以包含其他 TMN 功能块。通常 NE 有一个或多个 Q 接口,也可以有 F 接口和 X 接口。工作站 WS 是执行 WSF 的设备,主要完成 F 接口信息与 G 接口信息显示格式间的转换,它实际上是一个操作和显示终端,网络运营者和用户能通过 WS 参与部分网络管理。

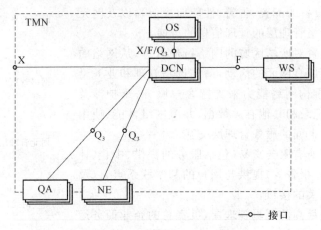

图 9-6 典型的 TMN 的物理结构

为了确保不同厂家的设备互通,需要规定标准的 TMN 接口,包括对协议栈、协议所携带的消息做出统一的规定,这是实现 TMN 的一个关键问题。Q 接口有不同类型,以 $Q_x(x=1,2,3)$ 表示,其中 Q_1、Q_2 接口仅含 OSI 下 3 层功能,适用于较简单的网元,而 Q_3 接口则具备全部 7 层功能,适宜交换节点的复杂设备。

9.1.2 TMN 的功能

TMN 管理功能是 TMN 管理服务中最基本的部分。TMN 共有如下五大管理功能。

1. 性能管理

性能管理主要提供有关网络通信设备状况,负责采集误码性能、缺陷和各监视项目数据并进行统计处理。性能管理主要具有以下功能。

(1) 性能数据采集/监视:由网元中的代理(如管理网元设备的网元数据处理板)对被管设备性能参数进行数据采集/监视,管理者定时向网元中的代理发出采集性能的指令,监视当前的网元设备性能,包括 15 分钟和 24 小时的性能情况。

(2) 性能门限设置:利用操作系统管理者可以设置网元设备的各项性能参数门限值,一旦设定的性能参数门限被突破,网元中的网元数据处理板将自动产生超门限事件报告给管理者。性能门限设置包括 15 分钟和 24 小时的性能门限设置。

(3) 性能数据屏蔽:管理者可以设置对网元的某些性能参数不检测。

(4) 历史性能查询:用户可根据历史时间标记(历史 15 分钟和 24 小时)、网元、单板、性能类别等查询条件进行查询或将这些条件组合进行查询。

(5) 性能数据统计分析:用户能根据组合条件对性能数据进行统计分析。统计结果以报表、图等多种形式表示。

2. 故障(或维护)管理

故障(或维护)管理是指能够对不正常的电信网运行状况进行检测、隔离和校正的一系列功能。故障管理的过程是:检测故障信号—收集故障信号—识别故障信号—故障定位—告警。故障管理主要具有以下功能。

(1)告警监视

告警监视对网络运行中出现的事件和状况进行检测和报告,包括网元、单板、输入信号等。告警指示这些事件和状况的结果。

(2)告警严重程度设置

利用操作系统管理员可以设置告警严重程度。需要选择网元、检测点、单板、严重程度等。告警严重程度可分为 5 级:

* 紧急告警(critical),指使业务中断并需要立即采取故障检修的告警;
* 主要告警(major),指影响业务并需要立即采取故障检修的告警;
* 次要告警(minor),指不影响现有业务,但需要采取故障检修以防止恶化的告警;
* 提示告警(warning),指不影响现有业务,但有可能成为影响业务的告警,可根据需要采取故障检修;
* 清除(cleared),指不影响业务可以予以清除的告警。

(3)告警屏蔽

告警屏蔽是操作系统管理员通过设置屏蔽掉某个不需要告警的事项,阻止其不停地告警。

(4)历史告警监视

历史告警监视包括:告警记录的浏览,查询某一时间段、某些网元、某些单板的告警记录,故障信息汇总。

3. 配置管理

配置管理涉及网络的实际物理安排,主要实施对 NE 的控制、识别和数据交换,为传送网增加或去掉 NE 和通道/电路,对 NE 的状态进行监视和控制,对 NE 进行配置、检查和测试等功能。它主要包括如下两方面。

(1)网络拓扑管理:创建、删除网元;创建、删除网元间的连接,描述网络拓扑;系统支持自动发现被管设备;自动处理被管设备从网络拓扑中的移入和移出。

(2)网元安装配置:设置网元属性;设置网元中各单板的类型、工作方式、工作状态等。

4. 账目管理

账目管理能够度量网络服务的使用及其费用,主要是收集账目记录和设立使用服务的计费参数。

5. 安全管理

TMN 应该为网络的安全提供周密的安排,一切未经授权的人都不得进入网络管理系统。安全管理的主要内容如下。

(1)用户管理:系统只允许合法的用户对系统进行操作,具体功能是创建、删除、查询用户信息,更改用户标识,设定用户有效期,失效提示。

(2)口令管理:对任一用户,都有唯一确定的口令,可以对用户口令进行设置、更改和清除。

(3)操作权限管理:用户登录时将对用户的操作级别进行验证,并根据权限级别赋予其相应的操作权限;不同的用户级别具有不同的权限,系统管理员可以对系统进行配置操作,包括子网创建删除、网元创建、连接管理、ECC配置、安全管理等;系统维护员可以进行网管系统的日常维护,包括业务配置数据的修改、事件设置/性能门限的修改、维护测试等;系统监视员可以监视系统的告警/性能数据的改变,不允许对系统做任何修改操作;系统管理员可以创建、修改、删除、查询用户,系统维护员和系统监视员只能查询用户;系统只有一个系统管理员,系统维护员和系统监视员可以有多个。

(4) 操作日志管理:系统记录用户所进行的对系统有影响的操作。

9.2 OTN管理网

OTN管理网(OMN)实际就是TMN的子集。它可以细分为一系列的OTN管理子网(OMSN),这些OMSN由一系列分离的ECC及相关的站内数据通信链路组成,并构成整个TMN的有机部分。具有智能的网元和采用嵌入的ECC是OMN的重要特点,这两者的结合使TMN信息的传送和响应时间大大缩短,而且可以将网管功能经ECC下载给网元,从而实现分布式管理。可以说,具有强大的、有效的网络管理能力是OTN的基本特点。

OMN、OMSN和TMN的关系如图9-7所示。OMN是TMN的一部分,专门负责管理OMN网元,OMN又由多个OMSN组成。图9-8所示为一个具体应用示例,可以有助于理解三者之间的相互关系。图9-8中ONE表示OTN网元,而GNE表示网关网元,经Q接口与OS相连。OMSN内部各个ONE经ECC互连。

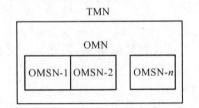

图 9-7　OMN、OMSN 和 TMN 的关系

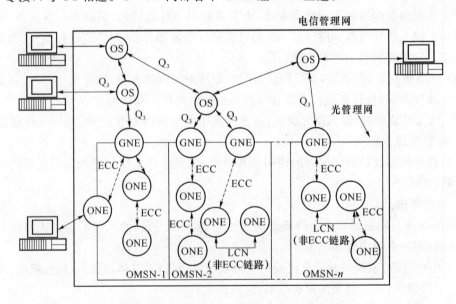

图 9-8　OMN、OMSN 和 TMN 的关系示例

9.2.1　OTN 的管理要求

TMN 作为一种标准的网管设计方案,可以实现分层网络结构的管理,提供与其他管理系统的开放式接口,支持分布式网络管理和集中式网络管理。另外,TMN 具有通用的结构,并且可以拓展新的网络层和新的管理功能。正是由于 TMN 具有上述诸多优点,在TMN 概念的基础上设计 OTN 的管理系统的结构是一种理想的选择。

OTN 的管理既可以采取集中方式,也可以采取分布方式。在集中式网管系统中,只能有一个控制器执行网络的管理功能;在分布式网管系统中,则可以由多个控制器共同完成网络的管理能力。分布式管理方案通常比集中式管理方案更为健壮,但从维持网络目录数据库的一致性和实现网络局部或全网的分布恢复的角度分析,分布式管理方案也更加复杂。

由于光传送层和业务层分别处于不同的层次,构成服务层/客户层的关系,对于实际运行的光传送网,它既可以承载标准的 SDH 信号,也可以承载 PDH 信号或其他任何不受限的数字信号或模拟信号,因而光传送网的网管系统也应与其传送的信号(目前主要是 SDH 信号)的网管分离,至少在网元层要彻底分开。两套网管系统平行,分别通过 Q_3 接口同时送给上层的网络管理层。这样可以增加光传送网承载业务的多样性,真正发挥光传送网技术"业务透明"的特点。

光传送网和 SDH 传送网相比较,光传送网对网络管理提出了一些特殊要求。

(1) 由于 OTN 中客户信号的传送、复用、选路、监视等处理功能主要在光域上进行,因此光传送网的管理方式必须适应光层管理的特点和要求。

(2) 在光传送网中引入了一些不同于 SDH 传送网的管理实体,如光放大器(EDFA/SOA)、色散管理(DB)、光交叉连接(OXC)和光分插复用(OADM)设备等,需要对这些设备进行有效的管理,从而实现光通道的链接。

(3) OTN 的一个重要优点就是它的协议透明性,即在单一的物理构架中可以同时存在多种形式的协议流,因为无法预知网络使用的协议,所以光传送网需要有自己的管理信息结构和开销方案,其网管应是独立的。

(4) OTN 的最终目标是实现可以支持各种传送业务的统一的光传送平台,因此 OTN 的管理需要考虑与现有的 SDH 网管的配合问题。

ITU-T G.874 建议给出了有关光传送网网元管理的规范,其中网元可完成光传送网一个或多个层网络的传送功能。光层网络的管理和客户层网络的管理是分开的,以便可以不考虑客户的类型而采用同样的管理方法。建议中对故障管理、配置管理、性能管理、记账管理、安全管理的管理功能进行了规范。

对光传送网管理功能的基本要求仍然同 TMN 一样要求具备五大功能,即性能管理、故障管理、配置管理、安全管理、记账管理等,其中记账管理、安全管理与光层基本无关,需要增加的管理功能主要集中在故障管理、配置管理和性能管理上。其中,故障管理包括对光传送网异常状态的监测、隔离和校正;配置管理包括光连接的建立、保护倒换和网元内部的资源控制;性能管理包括光层性能数据的采集与分析。

9.2.2 OTN 管理信息的通道——开销通道

在传送网中,不同的网络单元之间交换信息以及与管理系统的连接都需要信令信息。SDH 的帧结构中包含了专门用于管理功能的开销字节,可以直接传送相关的信令信息。对光传送网而言,为保持客户信号传送的透明性,其管理开销通道的实现不同于 SDH 网采用的方式。目前已经提出多种实现全光网管理信息的传输方案。从短期应用的角度出发,可以选择直接利用现有的、分离的信令网作为全光网信令传递的手段;考虑到全光网长远的发展趋势,最好是能够由光传送网自身实现传送信令的功能。

具体的全光网开销通道的实现方案包括带内和带外两种形式。带内开销通道可以通过数字封包技术来实现(见第 4 章)。带外方式的开销通道可以利用额外的光频率实现,即采用带外专用波长传递用于管理的开销信息。

对于 OCh 层某些开销信息,需要采用随路方式传送,理由如下:

① 避免净负荷和开销的路由分配错误;

② 避免扩容问题,因为当增加光通道后,各个 OCh 能够提供自己的开销。

1. 光监控信道

在光传送网中,光监控信道(OSC)就是在光传输段层的传送实体间传递开销信息的光载波。光监控信道终结于光传输段层,但它可携带多种开销信息,并且某些开销可被其他层网络使用。

光传输段层和光复用段层的所有开销信息都可放到光监控信道中。其优点是可以减少用于网络监视所牺牲的光带宽,同时也避免了在密集波分复用系统中占用净负荷的光带宽。

对于光监控信道,ITU-T 建议采用的载波波长是 $(1\,510\pm10)$ nm。光监控信道的传输速率采用 2.048 Mbit/s。光监控信道由帧定位信号(FAS)和净负荷组成,如图 9-9 所示。光监控信道的净负荷可分为两类信息:维护信号和管理消息。

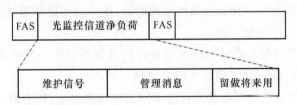

图 9-9 光监控信道的帧结构

维护信号是在网元之间进行交换的。网络层的管理开销基本上都可以放到维护信号段传输。管理消息实现了数据通信通道,用来在网元与操作系统之间传递管理数据,采用的是面向消息的协议。网元管理信息都是通过管理消息的数据通信通道传输的。

为了实现 OTN 的管理,光传送模块(OTM)是由光信道载波组(OCG)加光监控信道(OSC)所构成(见图 4-3 OTM 的复用映射结构)。OTM 开销信号 (OOS)中的 OTS、OMS 和 OCh 开销如图 9-10 所示。实现通用管理通信的通信通道开销(COMMS-OH)在网元间提供一般的管理通信。值得说明的是,OTM 中的开销有关联开销和非关联开销两类。其中,关联开销和业务信号一起组帧传送,两者不可分离,如 OTUk、ODUk、OPUk 的开销就是关联开销;而非关联开销在业务信号帧结构之外,两者分开传送,如OTS、OMS、OCh 的开销就是非关联开销。

从图 9-10 可以看出,OTS、OMS、OCh 层的开销内容各不相同,以完成不同层次的管理功能。

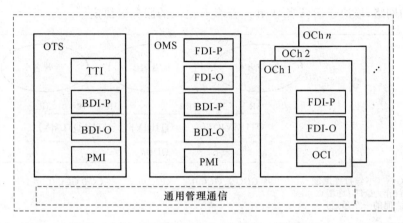

图 9-10　OOS 中的 OTS、OMS、OCh 开销

① OTS 开销有:OTSn-TTI(OTS 路径踪迹标识符),OTSn-BDI-P（OTS 净荷后向缺陷指示),OTSn-BDI-O(OTS 开销后向缺陷指示),OTSn-PMI（OTS 净荷丢失指示）。其中,OTSn-TTI 用来传输一个 64 字节的 TTI,用于 OTSn 的段监控;对于 OTSn 段监控来说,OTSn-BDI-P 和 OTSn-BDI-O 信号分别用来向上游方向传送在 OTSn 终端宿功能检测到的 OTSn 净荷信号失效状态和 OTSn 开销信号失效状态;OTSn-PMI 是一个向下游传送的信号,用来指示上游在 OTS 的源没有净荷加入,以便压制相应的信号丢失状态的报告。

② OMS 开销有:OMSn-FDI-P（OMS 净荷前向缺陷指示),OMSn-FDI-O(OMS 开销前向缺陷指示),OMSn-BDI-P（OMS 净荷后向缺陷指示),OMSn-BDI-O(OMS 开销后向缺陷指示),OMSn-PMI（OMS 净荷丢失指示）。其中,对于 OMSn 段监控来说,OMSn-FDI-P 和 OMSn-FDI-O 信号分别用来向下游方向传输 OMSn 净荷信号失效状态和 OMSn 开销信号失效状态;OMSn-BDI-P 和 OMSn-BDI-O 信号分别用来向上游方向传送在 OMSn 终端宿功能检测到的 OMSn 净荷信号失效状态和 OMSn 开销信号失效状态,OMSn-PMI 是一个向下游传送的信号,来指示上游在 OMS 的源没有净荷加入,以便压制相应的信号丢失状况的报告。

③ OCh 开销有:FDI-P（光通道净荷前向缺陷指示）、FDI-O（光通道开销前向缺陷指示）、OCI（OCh 断开连接指示）。OCI 是一个向下游传送的信号,指示上游在一个连接功能中矩阵连接是断开的(该状态是作为执行一个管理命令的结果)。

2. 通用通信通道

OTN 支持 3 种通用通信通道(GCC),分别为 GCC 0、GCC 1、GCC 2。

GCC 0 占用光通道传送单元(OTUk)开销的两个字节,如图 4-12 所示,在 OTUk 终端点之间作为一个单独的消息通道传送。

GCC 1 和 GCC 2 分别占用光通道数据单元(ODUk)开销的两个字节,如图 4-9 所示,将在任意两个网元之间作为一个单独的消息通道传送。

图 9-11 显示了一个包含两个运营者的假想的网络(以包含两个运营者的网络为例)。运营者 A 给运营者 B 提供了一个 ODUk 业务(也就是说,运营者 B 传送开始和终结于运营者 A 的域的 ODUk 帧)。根据 ITU-T 建议,只有 ODUk 开销(如路径监视等)的子集可以保证通过运营者 B 的网络,其他的开销(如串联连接监视开销)以及 GCC1 和 GCC 2 能否通过运营者 B 的网络,取决于运营者 A 和运营者 B 之间的服务级协定。

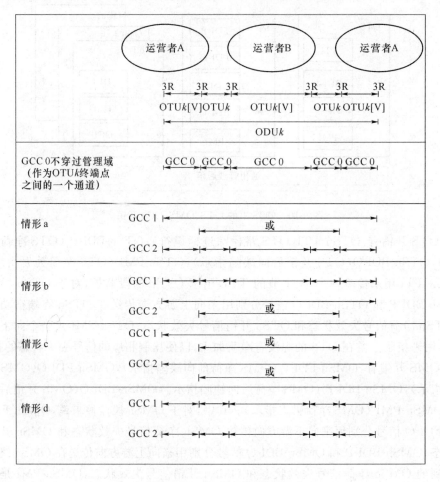

图 9-11　GCC 约定示意图

由于在接口任一端的一个域间接口都支持 3R 再生点,所以 GCC 0 是 OTUk 终端点之间的一个通道,不穿过管理域。下面以图 9-11 的情形为例进行说明。

① 情形 a:表示运营者 A 和运营者 B 之间约定只允许 GCC 1 通过运营者 B 的网络,在这种情形下,运营者 B 在它自己的网络之内可以使用 GCC 2。

② 情形 b:表示运营者 A 和运营者 B 之间约定只允许 GCC 2 通过运营者 B 的网络,在这种情形下,运营者 B 在它自己的网络之内可以使用 GCC 1。

③ 情形 c:表示运营者 A 和运营者 B 之间约定允许 GCC 1 和 GCC 2 两者通过运营者 B 的网络,在这种情形下,运营者 B 不能使用 GCC 1 或 GCC 2。

④ 情形 d:表示运营者 A 和运营者 B 之间约定不允许 GCC 1 和 GCC 2 通过运营者 B 的网络,在这种情形下,运营者 B 在它自己的网络之内可以同时使用 GCC 1 和 GCC 2。

　　光传送网的管理是未来电信网络管理的重要研究课题。目前,光传送网的管理技术尚处于发展阶段,相关的标准和规范还不完善。对于光传送网网元节点设备(WDM 终端设备、OXC、OADM、光放大设备)的管理内容应具备 TMN 的五大管理功能,即性能管理、故障(或维护)管理、配置管理、账目管理、安全管理。

思考与练习题

1. TMN 有哪五大管理功能?
2. OTN 管理信息的通道的作用是什么?
3. 通用通信通道有哪些? 有什么作用?
4. OTN 管理的网元主要有哪些?

第10章

IP over WDM

IP 业务的飞速增长以及 WDM 技术所提供的巨大带宽潜力,促使下一代网络的体系结构正向着 IP over WDM 架构的方向发展。IP over WDM 是一个不断发展和延伸的网络概念,需要分阶段根据具体业务需求和技术可行性、成熟性进行网络的构建和应用。目前与其密切相关的关键技术和新型技术正在进一步的发展和完善之中,如光网络节点结构和组网功能的完善、以 IP 为代表的分组数据业务与光网络的融合传送技术、多种不同层面的网络智能控制与管理集成技术等。因此,对 IP over WDM 网络技术的研究具有非常重要的理论和实际意义。

10.1 IP over SDH

宽带 IP 网推动了高速路由技术的发展,而高速路由器的出现则省去了中间的 ATM 层,可以实现直接在 SDH 传输网上发送 IP 数据包,这就是 IP over SDH,也简称为 POS (Packet over SDH)技术。

10.1.1 IP over SDH 基本原理

目前,各发达国家和我国的骨干网基本上都是采用 SDH 传输体制,这为 Internet 主干网实施 IP over SDH 创造了良好的条件。

IP over SDH 是一种将 IP 与 SDH 网络结合起来的数据通信体系结构,以 SDH 网络作为 IP 数据网络的物理传输网络。IP over SDH 使用链路及 PPP(Point to Point Protocol)协议对 IP 数据包进行封装,把 IP 分组根据 RFC 1662 规范简单地插入到 PPP 帧中的信息段,再由 SDH 通道层的业务适配器把封装后的 IP 数据包映射到 SDH 的同步净荷中,然后经过 SDH 段层和传输层,加上相应的开销,把净荷装入一个 SDH 复用帧中,最后到达光层,在光纤中传输。IP/PPP/HDLC/SDH/Optical 的协议堆栈和功能如图 10-1 所示。

IP over SDH 技术是通过 SDH 提供的高速传输通道直接传输 IP 分组,它定位于电信运营级的数据骨干网,其网络主要由大容量的高端路由器经由高速光纤传输通道连接而成。IP over SDH 保留了 Internet 作为 IP 网的无连接特征,形成统一的平面网,简化了网络的体系结构,提高了传输效率,降低了成本,易于实现 IP 组播和兼容不同技术体系,实现网间互连,更适合于组建专门承载 IP 业务的数据网络。IP over SDH 可以使用 2 Mbit/s、45 Mbit/s、155 Mbit/s、622 Mbit/s,甚至 2.5 Gbit/s 以上的接口。与 SDH 设备相连的路由器可根据所传的 IP 业务速率来选用,并且应保证路由器与 SDH 设备之间的互操作性。

图像	语音	数据	上层多种类型的业务
IP			客户数据包：IPv4、IPv6
PPP			IP多协议封装；差错检验；链路初始化控制
HDLC			PPP分组定界
SDH通道			通道复用和带宽管理；连接验证；差错检验
SDH复用段			高速复用；线路故障分段和保护切换；其他传送网维护功能
SDH再生段			高速传输；再生器故障分段；其他传送网维护功能
Optical			Optical

图 10-1　IP/PPP/HDLC/SDH/Optical 的协议堆栈和功能

IP over SDH 以链路方式支持 Internet 网络,不能参与 Internet 网络的寻址,它的作用是将路由器以点到点方式连接起来,提高点到点之间的传输速率,因而没有从总体上提高 Internet 网络的性能。这种 Internet 网络的本质仍是一个由 SDH 同步传输链路连接起来的路由器网。Internet 网络整体性能的提高将取决于路由器技术是否有突破性进展,因而这种技术的核心是千兆比特和太兆比特高速路由器。目前千兆比特高速路由器在技术上已有突破,可实现第 2 层交换与第 3 层选路的综合,但同时也带来了设备的复杂性。然而,这种突破性技术尚不能广泛应用于普通路由器,因而除非全网路由器都能采用千兆比特路由器技术,否则仍难以从整体上提高 Internet 网络的水平。所以,IP over SDH 主要是在骨干网上用以疏导高速率数据流。

IP over SDH 技术的实现除了需要高速路由器外,还需要 PPP 协议、数据链路协议等相关协议的支持。

PPP 协议是针对点对点链路设计的链路层协议,由 IETF RFC 1661 定义,其帧格式如图 10-2 所示。对于 IP over SDH 而言,主要涉及 PPP 中有关数据封装的部分,即首先将 IP 包封装入 PPP 帧中,然后将 PPP 帧放入 SDH 的虚容器中。PPP 的封装方案效率高,适于在 SONET/SDH 通道上采用。使用 PPP 对 IP 数据包进行封装,并采用 HDLC 的帧格式,即使用 PPP/HDLC 协议的 IP over SDH,如图 10-3 所示。PPP 提供多协议封装、差错控制和链路初始化控制等功能,而 HDLC 帧格式负责同步传输链路上的 PPP 封装的 IP 数据分组的定界。

协议类型	信息净荷	填充

(a) PPP协议的结构

标识 01111110	地址 11111111	控制 00000011	协议类型	信息净荷	FCS	标识 01111110
1 B	1 B	1 B	1或2 B	可变长度2或4 B		1 B

(b) PPP完整的帧格式

图 10-2　PPP 的帧格式

在 IP/PPP/HDLC/SDH 中,使用的基于 HDLC 的帧定界协议存在一些问题,主要表现在用户使用 HDLC 帧时,网管需要对每一个输入、输出字节都进行监视。当用户数据字节的编码与标志字节相同时,网管需要进行填充、去填充操作。这种填充、去填充操作使实现变得复杂,引起网络带宽管理问题。为此,Lucent 提出了简化的数据链路协议(SDL),其帧格式如图 10-4 所示。SDL 协议可使用户对同步或异步传送的可变长的 IP 数据包进行高速定界,可适用于 OC-48/STM-16 以上速率的 IP over SDH,使用 SDL 协议的 IP over SDH 如图 10-5 所示。SDL 协议主要应用于点到点的 IP 传送,可用于任何类型的数据包(如 IPv4、IPv6 等)。与 HDLC 相比,SDL 更容易应用于高速链路。

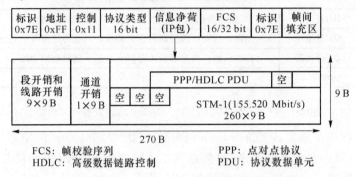

FCS: 帧校验序列   PPP: 点对点协议
HDLC: 高级数据链路控制   PDU: 协议数据单元

图 10-3   使用 PPP/HDLC 协议的 IP over SDH

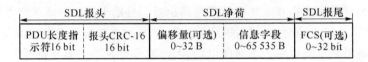

图 10-4   SDL 的帧格式

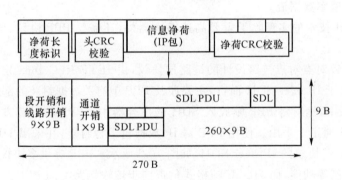

图 10-5   使用 SDL 协议的 IP over SDH

10.1.2   IP over SDH 网络结构

IP over SDH 的网络结构如图 10-6 所示,SDH 传送网为 IP 数据包提供点到点的链路连接,而 IP 包的寻址由路由器来完成。因此这要求高端路由器要有丰富的 SDH 光接口,以便路由器在 SDH 传送网平台上的高效运转。

10.1.3   IP over SDH 技术特点及面临的问题

从网络技术发展来看,相对于 IP over ATM,IP over SDH 具有较高吞吐量、较低协议开销、较高带宽利用率和较高的传输效率。IP over SDH 目前适用于新兴的、以 IP 业务为主的 Internet 网络提供商在骨干网上疏导高速率数据流,吉位线速路由交换机直接通过

SDH 接口连接到宽带网络上提供骨干传输功能,在广域骨干网上简单易行地提供大容量 IP 传送业务。

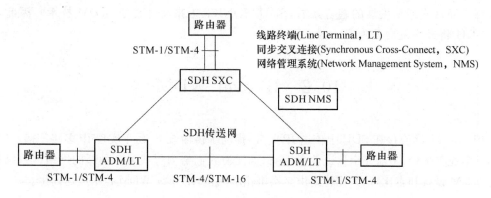

图 10-6　IP over SDH 的网络结构示意图

IP over SDH 技术主要有以下优点。

① IP over SDH 技术是将 IP 数据包通过 PPP 协议直接映射到 SDH 帧结构上,省去中间的 ATM 层,简化了 IP 网络体系结构,提高了数据传输效率,降低了网络的成本和复杂性。

② 将 IP 网络技术建立在 SDH 传输平台上,保留了 Internet 的无连接特性,可以很容易地跨越地区和国界,兼容各种不同的技术和标准,实现网络互联。

③ 符合 Internet 业务的特点,有利于实施 IP 多点广播技术,合理利用网络带宽。

④ 可以充分利用 SDH 技术的各种优点(如自动保护切换 APS),保证网络的可靠性。

⑤ 能利用 SDH 技术本身的环路,故可利用自愈合能力达到链路纠错;同时又利用 OSPF 协议防止设备和链路故障造成的网络停顿,提高网络的稳定性。

⑥ 在环路上的路由交换机可以使用光纤环双侧的通道来共享 IP 流量,可以使带宽利用率加倍,从而大大降低成本。

但是,IP over SDH 方案在提供更大带宽利用率的同时,却失去了灵活管理虚链路带宽的能力。因此,基于 TDM 的 SDH 网络对提供基于分组的 IP 业务仍存在许多问题,主要有以下几个。

① 目前只有业务分级(CoS),而不能像 IP over ATM 技术那样提供业务 QoS,拥塞控制能力较弱,因此尚不适用于多媒体业务平台。

② 需要通信的数据设备必须建立一个具有固定带宽的点对点电路,但由于数据传输的带宽是可变的,这导致了带宽不匹配问题。

③ IP over SDH 技术的协议层数目较多,导致在应用、操作、差错检测、解析、网络规划和网络恢复等方面的技术较为复杂。

④ 目前尚不支持虚拟专用网(VPN)和电路仿真,网络扩充性能较差,不如 IP over ATM 技术那样灵活。

⑤ 对大规模的网络,需处理庞大、复杂的路由表,而且路由表查找困难,路由信息占用较大的带宽。

目前,国内外广泛建设的 SDH 环境为 IP over SDH 的实施创造了良好的条件。随着千兆高速路由器的进一步成熟和IP业务量的进一步增大,对IP over SDH 的应用会越来越广泛。但是,在一段时期内,IP over ATM、IP over SDH 将会共存互补,各有其最佳应用场合和领域。而从光通信发展的趋势来看,SDH/SONET 未来将让位于 WDM 技术。因此,IP over SDH 将最终发展成为 IP over WDM。

10.2　IP over WDM

IP over SDH 直接在 SDH 上传送 IP 业务,提高了传输效率,易于实现 IP 多路广播。但它不适于多业务平台,不能完全保证业务 QoS,这促使人们努力寻找另一种新的网络体系结构。随着 WDM 设备和吉比特、太比特路由交换机相继问世,IP over WDM 技术应运而生。

10.2.1　IP over WDM 基本原理

IP over WDM 也称光因特网,是指直接在光网上运行的因特网。它是一种由高性能 WDM 设备和吉比特、太比特路由交换机组成的数据通信网络,综合利用 IP 技术和基于 WDM 的光网络技术,交换机与路由器之间可通过光纤直接相连或连至光网络层。

IP over WDM 充分利用 WDM 技术所带来的巨大传送带宽和高速路由交换机的强大交换能力,合理地在 IP 层与光层之间实现流量工程、保护恢复、QoS 和网络管理等的优化配置,形成一种简单高效的网络体系结构。这里,高性能网络路由器替代了传统的提供控制波长接入、交换、选路和保护倒换等功能的 ATM 和 SDH 交换及复用设备。光网络层(即服务层)可为包括 SDH 网元和网络互联设备在内的客户层设备提供波长路由。采用 IP over WDM,可减少网络各层间的中间冗余部分,减少 SDH/SONET、ATM 和 IP 等各层间的功能重叠,减少设备操作、维护和管理费用。同时,由于省去了 ATM 层和 SDH 层,IP over WDM 的传输效率高,额外开销低,简化了网管,并可与 IP 的不对称业务量特性相匹配,充分利用带宽,大大节省网络运营商的成本,从而间接地降低了用户获得多媒体通信业务的费用。显然,这是一种最直接、最简单、最经济的 IP 网络体系结构,非常适用于超大型 IP 骨干网。

IP over WDM 的基本原理是:光纤直接与光耦合器相连,耦合器把各波长分开或组合,输入和输出端都用简单的光纤连接器。在发送端,将不同波长的光信号组合(复用)送入一根光纤中传输;在接收端,又将组合光信号分开(解复用)并送入不同终端。IP over WDM 由于使用了指定的波长,结构更灵活,并具有向光交换和全光选路结构转移的可能。

IP over WDM 网络的主要部件除了激光器、光纤、光放大器和光耦合器外,还包括光再生器、光转发器、光分插复用器、光交叉连接器和高速路由交换机。G.655 光纤因其色散的非线性效应小,最适合于 WDM 系统。高性能激光器是 WDM 系统中最昂贵的器件。光放大器主要采用 EDFA,它能同时放大 WDM 所有波长,但对平坦增益的要求较高。光耦合器用于将各波长组合在一起或分解开来,起复用和解复用作用。长途 WDM 系统中需要电再生中继器,再生分为 R1、R2 和 R3 三类。光转发器用于变换来自路由器或其他设备的光信号,并产生要插入光耦合器的正确波长光信号。光分插复用器和光交叉连接设备在长途 WDM 系统中运用较广泛。光交换机可使 ADM 和交叉连接设备做动态配置。

1. IP over WDM 的分层模型

IP over WDM 的分层模型主要由数据网络层、光网络层及适配和管理功能组成。数据网络层提供数据的处理和传送;光网络层负责提供通道;层间适配和管理功能用于适配数据网络和光网络,使数据网络和光网络相互独立。数据网络层的主要设备包括 ATM 交换机和路由器等;光网络层的主要设备有 WDM 终端、光放大器及光纤等。在 IP over WDM 光因特网中,高性能的数据互连设备(如交换机和路由器等)可直接与光纤相连,也可以连接在向各类客户(如 ATM 交换机、路由器或 SDH 网元设备等)提供光波长路由的光网络层上。

2. IP over WDM 的协议模型

IP over WDM 的协议模型包括客户层(IP 层)协议、IP 适配层协议、光通路协议、WDM 光复用段协议和 WDM 光传输段协议等。客户层协议包括 IPv4 和 IPv6 等协议;IP 适配层协议用于进行 IP 多协议封装、分组定界、差错检测以及服务质量控制等;光通路协议包括数字客户适配、带宽管理(比特率和数字格式透明)和接续确认等功能;光复用段功能包括带宽复用、线路故障分段、保护切换以及传送网维护功能;光传输段功能包括高速传输和光放大器故障分段等功能。

10.2.2　IP over WDM 网络结构

1. 3 种 IP over WDM 网络结构

IP over WDM 光网络的发展可分为 3 个阶段,即 IP over 点到点 WDM、IP over 可重构 WDM、IP over 交换 WDM。

（1）IP over 点到点 WDM

在光交叉连接器及光分插复用器成熟之前,WDM 网络为点到点方式。IP over 点到点 WDM 为第一代 IP over WDM 系统。在此模型中,WDM 系统仅仅作为相邻路由器之间的带宽通道,具有极少的智能。而 SDH 帧结构可以用来在 WDM 通道中传输,IP 分组包可以通过 POS 方案映射到 SDH 帧结构中,进而在 WDM 通道中传输。目前很多厂商已经提供此类商用系统,并且广泛应用在长距离传输网中。这类系统的主要缺点是不能提供直通光路,路由器必须处理达到该节点的所有业务量,尽管其中大部分并非终结于本节点。由于光技术的发展快于电子技术,路由器的处理速度将成为限制此类系统发展的瓶颈。

IP over 点到点 WDM 网络结构中,两个路由器之间需要通过 WDM 链路直接相连。图 10-7 给出了一个示例,网络中任意路由器与和它相邻接的路由器之间的接口都是固定的。在这种网络中,网络拓扑是固定的,网络的配置是静态的,网络管理采用集中式策略,在 IP 层和 WDM 层之间进行的交互也是最少的。

（2）IP over 可重构 WDM

IP over 可重构 WDM 为第二代 IP over WDM 系统。在这类结构中,各个骨干节点均由 IP 路由器和 OXC(或 OADM)组成,从而可以实现直通光路,减轻路由器的处理负担。通过适当配置 OXC 的交叉连接状态,任何一个路由器均可与网内任何其他路由器的任何端口相连。从而实现路由器之间相邻关系的任意配置。因此,路由器与其邻接路由器之间的连接是可以重构的。

在 IP over 可重构 WDM 网络结构中,IP 路由器通过客户端接口连接到 WDM 网络中。图 10-8 给出了本系统的一个示例。在这种结构中,OXC 和 OADM 通过光接口和 WDM 链路连接成一个 WDM 网络。从而,可以构成物理拓扑和虚拓扑(光通道拓扑)。WDM 物理拓扑由 WDM 网元通过光纤互联而成;WDM 虚拓扑则随着波长连接通道的建立而形成。可重构 WDM 技术是一种电路交换技术。另外这里需要指出,在 IP over 可重构 WDM 网络中,IP 交换和波长交换不是在同一层中进行的。很容易看出,这是一种重叠网络。

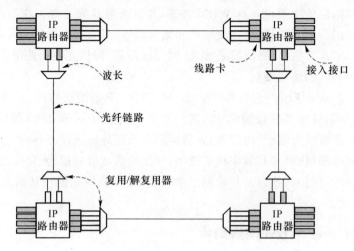

图 10-7　IP over 点到点 WDM 示例

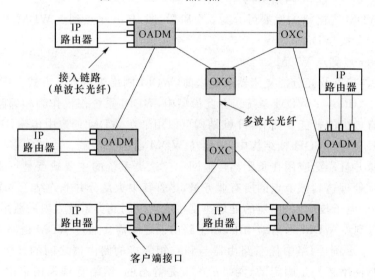

图 10-8　IP over 可重构 WDM 示例

(3) IP over 交换 WDM

在 IP over 交换 WDM 系统中,WDM 层直接提供分组级的交换能力,即光分组交换,这是第三代 IP over WDM 系统。光分组交换由于动态共享、统计复用带宽资源,可以极大提高网络带宽资源利用率,并使网络具有很好的灵活性。另外,光分组交换网络还可以采用高速净荷、低速分组头来解决电子瓶颈问题。并且,在光分组交换中还可以使用 MPLS 协议,从而实现流量工程以及服务质量(QoS)保证。所以,光分组交换将是 IP over WDM 网络的最终理想方案。

IP over 交换 WDM 系统分为如下 3 种:光突发交换(Optical Burst Switching,OBS)、光

标签交换(Optical Label Switching,OLS)和光分组交换(Optical Packet Switching,OPS)。OBS 和 OLS 与传统的 IP 分组交换不同,它们承载的是大型数据分组。IPv4/IPv6 采用尽力而为的基于目的地址的路由策略。在 IP 中引入 MPLS 可以提供 QoS、SLA(Service Level Agreement)等增值服务。OLS 与 MPLS 相似,唯一不同的是它不支持基于目的地址的分组转发。换句话说,OBS 和 OLS 不能识别 IP 分组的信头,因此也不能对 IP 分组进行转发。另外,如前所述,OBS 和 OLS 对于中等粒度的业务支持较好。OPS 的实现与传统的 IP 路由一致,所以它支持所有 IP 层功能。由于光逻辑器件和光缓存器件尚不成熟,OPS 目前在技术上仍然很难实现。

图 10-9 给出了 IP over 交换 WDM 的一个示例。OBS 和 OLS 由 OLSR(Optical Label Switching Router)表示,OBS 和 OLS 之间的主要区别是 OBS 使用大型分组交换(Fat-packet Switching),而 OLS 使用请求数据流交换(Application Flow Switching)。OLS 通常使用带内波长通道承载控制信息,如数据流的头信息。如图 10-9 所示,OLSR 通常在同一个群集中。在这个群集中,只有边缘 OLSR 需要提供对 IP 协议栈的完全支持。边缘 OLSR 同时也提供电域的缓冲,以便于在动态 LSP 建立时 IP 分组包可以在队列中排队等候。OLSR 之间由 WDM 链路互连而成。OPS 与传统的 IP 路由器类似,只是多了一些接口。

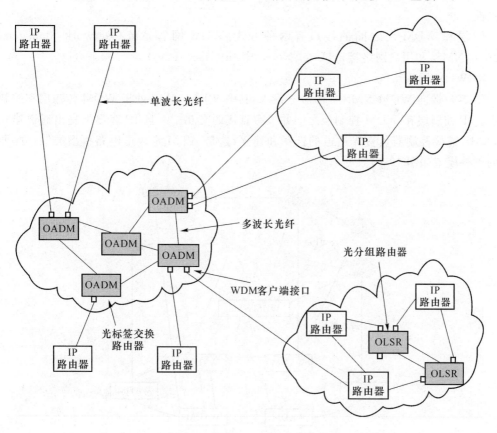

图 10-9　IP over 交换 WDM 示例

对于上述 IP over WDM 光网络发展的 3 个阶段:IP over 点到点 WDM 系统因无法克服节点电子瓶颈问题而不是主要方向;IP over 交换 WDM 系统中的 OPS 因关键器件不成

熟而导致其实用化遥遥无期；IP over 可重构 WDM 系统、OBS 和 OLS 则是正在或即将实用化的方案。

2. IP over WDM 网络互联模型

前面介绍了 IP over WDM 网络组网的几种结构，即 IP 路由器和 WDM 设备之间如何连接，这里将描述在这些网络结构下 IP 网和 WDM 网是如何互通的。

以 IP over 可重构 WDM 为例，在数据平面，IP 数据分组直接在 WDM 光通路上传输，因此，通常是一种重叠模型。这种光通路不同于 MPLS 中的虚通道，当 IP 分组到达 OADM 的客户接口时，相应的光层通路就已经建立好了。在光通路上传播可以确保 IP 数据分组在 WDM 网络数据平面传输时不受任何中间处理。IP over 可重构 WDM 有 3 种互联模型——重叠模型、增强模型和对等模型。

（1）重叠模型

在重叠模型中，IP 业务层充当的是客户的角色，而光层充当的是服务提供者的角色，在这种框架下，光网络为 IP 层提供点到点的连接。IP 业务层和光层是完全独立的两层，IP 和 WDM 有各自的网管系统、路由协议和信令协议。为了在 WDM 网中可以运行 IP 控制协议，WDM 网元必须是 IP 可寻址的，但是 WDM 网元的 IP 地址只在 WDM 网络中具有本地可见性。

IP 层和 WDM 层之间的接口有两种方式：WDM 网管系统（Network Management System，NMS）和用户网络接口（User Network Interface，UNI）。

① WDM 网管系统

IP 客户端向 WDM NMS 提出服务请求，其中 WDM NMS 处于 WDM 传输层和控制层之上。IP 控制层和 WDM 控制层之间并没有直接的交互。一旦 IP 客户端提出通道建立请求，NMS 连接控制器负责光通道的选择和建立，这与 ATM 永久虚电路模型类似。此种情况的重叠模型如图 10-10 所示。

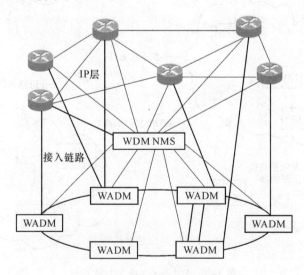

图 10-10 NMS 重叠模型

② 用户网络接口

这种方式下 IP 控制层可以通过 WDM UNI 与 WDM 控制层进行直接交互。端到端的光通路可以动态建立,这就需要 WDM 边缘节点具有信令和带宽预留的功能。重叠模型中,IP 层和光层只进行有限的信息交互。UNI 仅支持光通路的建立和拆除请求,其重叠模型如图 10-11 所示。UNI 服务器位于 WDM 网络边缘,UNI 提供 IP 网和 WDM 网络之间的接口,控制流信息通过 UNI 传递。

目前的多层模型都属于重叠模型,IP 层网元(如路由器)和光层设备(如 OXC)处在两个独立的管理、控制和选路区域内,这两个层面具有独立的控制面,而边缘客户层设备和核心网设备之间不交换网络内部信息(如光网络拓扑信息等)。

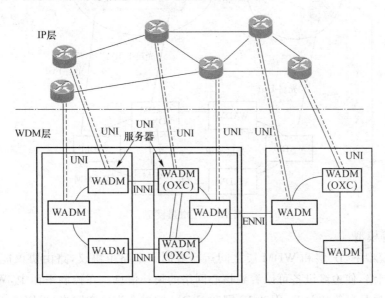

图 10-11　UNI 重叠模型

重叠模型的优点是实现简单、功能分割清晰简单、IP 层可和光网路层独立演进,此外它采用层次化的网络管理。缺点是 IP 路由器之间的连接同时被路由协议所使用,产生大量的控制信息业务,这些业务反过来限制了能够参与网络的 IP 路由器的数量。但是,当运营商利用保密方案作为竞争利器时,重叠模型很容易得到商用。可以预见,重叠模型将是迈向 IP over WDM 的第一步。

(2) 增强模型

在增强模型中,IP 层和光层共享可达性信息。WDM 网元是 IP 可寻址的,并且 WDM 的 IP 地址是全局唯一的。IP 网和 WDM 网可以使用相同的内部网关协议(Internal Gateway Protocol,IGP),比如开放式最短路径优先(Open Shortest Path First,OSPF)协议。IP 域和 WDM 域内运行着独立的路由协议,但 IP 域的路由协议信息会泄露到光域中去。例如,IP 地址可能被指派给光网络单元并且由光路由协议携带以便和 IP 域共享可达性信息,从而实现某种程度的自动发现。因此,增强型模型是一种真正的 IP 域内模型。IP 层和 WDM 层之间的交互遵循外部网关协议(Exterior Gateway Protocol,EGP),比如边界网关协议(Border Gateway Protocol,BGP)。光层的 OSPF 协议和 GBP 协议都需要对传统 IP 层的相关协议进行扩展。IP 层和 WDM 层之间的信令服从域内模型。因此,IP 层和 WDM 层之间运行一个信令协议。

图 10-12 给出了增强模型的示意图。图中有 3 个网络,即 IP 网 a、IP 网 b 和 WDM 网

c。a 和 b 运行着独立的 IGP,WDM 网内运行着扩展的 IGP。a 和 b 之间通过 EGP 互连。IP 网和 WDM 网之间通过具有光层扩展的 EGP 互连。

增强模型是由重叠模型向对等模型发展的一种过渡模型。

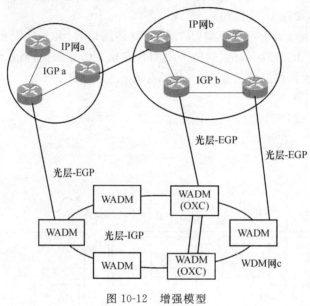

图 10-12　增强模型

（3）对等模型

在对等模型下,IP 层和 WDM 层之间运行着同一个路由协议,路由协议能够扩展到支持大规模的网络,使边缘设备可以看到核心网络的拓扑信息。在控制平面中,WDM 网元设备与 IP 路由器是对等的关系,因此 IP 网和 WDM 网融合为一个网络,采用统一的方式进行控制、管理和流量工程。如图 10-13 所示为对等模型的示例。在这种模型中,路由器和 OXC 处在同一个管理、控制和选路区域内,两个层面上采用统一的集成控制面。对等模型中的路由器和 OXC 相互之间都是对等的实体,并且在光域和 IP 域只运行着一个路由协议,也是一种通用的 IGP 协议,如 OSPF-TE(Open Shortest Path First-Traffic Engineering)或 IS-IS-TE(Intermediate System to Intermediate System Extensions for Traffic Engineering),可以被用来交换拓扑信息。该模型假定所有的 OXC 和路由器都有共同的编址和寻址方案。

相对而言,对等的网络模型突破了传输平台和业务层之间的明显界限,通过将 IP 层和光核心层有机地结合在一起,路由器可以看见核心光网的结构,因此可以做出智能化的路由决策,也就是由 IP 层而不是光核心层来控制光核心网的使用。

10.2.3　IP over WDM 帧结构

IP over WDM 光因特网包括数据网络层、光网络层以及这两层之间的适配和管理功能。从长远看,IP over ATM 和 IP over SDH 都将最终发展成为 IP over WDM,因此对于以后的长期应用来说,为了实现在光纤上直接传输 IP 数据,最关键的问题之一是需要设计出一种合理的帧格式(物理接口),即规范出一种新的最佳 IP 对光路的适配接口。但是,在目前要考虑到多种因素,主要使用以下两种帧结构来实现两种不同的技术路线:SDH 帧结构(或简化)和吉比特以太网(Gigabit Ethernet,GE)帧结构。相应的网络解决方案为 IP/ SDH/WDM 和 IP/GE/WDM 协议结构。

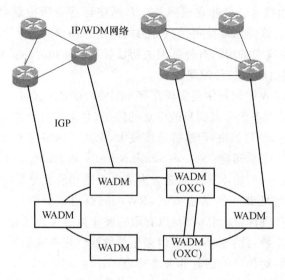

图 10-13　对等模型

1. SDH 帧结构

目前,主要网络再生设备大多采用 SDH 帧结构。在使用 SDH 再生设备和转发器的网络内,来自路由器的 IP 分组必须封装在 SDH 帧内,即转换成 SDH 的帧结构。此种格式下报头载有信令和足够的网络管理信息,便于网络管理。但相比较而言,在路由器接口上针对 SDH 帧的拆装分割(Segmentation And Reassembly,SAR)处理较为耗时,影响网络吞吐量和性能,且采用 SDH 帧结构的转发器和再生器造价昂贵。目前,许多公司正在制定一种新的帧结构标准,称为"Fast-IP"或"Slim SDH",它提供 SDH 帧的许多功能,但在报头位置和如何使帧大小与分组大小匹配方面使用了更新的技术。

2. 吉比特以太网帧结构

目前,在局域网中主要采用吉比特以太网帧结构。此种格式下报头包含的网络状态信息不多,但由于没有使用一些造价昂贵的再生设备,因而成本相对较低。由于使用的是"异步"协议且帧长可变,故对抖动和定时不像 SDH 那样敏感,只要控制好,就不会有明显的分组丢失。同时由于与两端主机的帧结构相同,因而在路由器接口上无须 SAR 和比特填充操作来适配数据帧和传送帧。另外,吉比特以太网的交换设备成本也较低。而且如果广域网、城域网和局域网都使用统一的以太网帧格式,则可以无缝连接,大大简化设备和降低成本。

但是,吉比特以太网帧结构也存在局限性,例如:没有物理层的自动保护倒换(Automatic Protection Switch,APS)能力,对大规模网的保护恢复时间过长;吉比特以太网帧结构采用 8 bit/10 bit 码型,效率损失 20%,对长距离传输不利;第 2 层没有误码监视和故障定位等功能,只具有有限的故障探测和性能管理功能;与现有电信网的互联互通困难。

10.2.4　IP over WDM 路由技术

1. IP 网络的路由

IP 网络的路由是基于 IP 地址的,路由是从网络源节点到目的节点的寻路过程。有两种基本的路由算法:静态路由和自适应路由。自适应路由可进一步分为集中式和分布式,分布式路由算法有两种,即链路状态算法和距离向量算法。

目前,IP 网的路由技术已经非常成熟,在 IP 网中运行着两种重要的路由协议,即内部路由协议和外部路由协议。内部路由协议分为路由信息协议(RIP)和开放式最短路径协议(OSPF)。外部路由协议中常用的有外部网关协议(EGP)和边界网关协议(BGP)。

2. 光网络中的路由和波长分配问题

路由和波长分配(RWA)问题主要实现在有光路径的建立请求时,计算如何在网络的物理拓扑结构中选择一条从业务源节点到目的节点的路由,并为路由经过的链路分配波长。在具体实现时可以综合考虑,统筹解决,但这样难度较大,尤其当网络规模较大时,问题更加突出。由于 RWA 问题是 NP 完全问题(Non-deterministically Polynomial Complete,NPC),为了简化问题,降低复杂性,一般将 RWA 问题分为路由问题和波长分配问题来分别研究。

针对不同的业务特性和连接请求方式,RWA 问题可以分为静态和动态 RWA 问题。静态 RWA 问题的优化目标可以总结为:以有限的波长数尽可能地建立更多的连接,或是使用最少的波长建立一定数目的连接,其可以采用整数线性规划或启发式算法来解决,适用于长期、稳定的连接请求,对传统的话音业务支持较好。

对于动态 RWA,其解决的核心问题是连接请求的阻塞性能,由于较复杂,一般拆分为路由选择和波长分配两个子问题,也可以采用多纤分层图模型一次性解决 RWA 的选路和波长分配问题。

路由选择从整体上可以划分为基于全网信息和基于局部信息两种路由方式。前者是基于端到端的通路来选择路由的,后者是以逐跳方式确定路由的。目前,基于全网信息的路由方式是一种较为成熟的路由策略,主要的算法有固定路由(Fixed Routing,FR)、固定备选路由(Fixed Alternate Routing,FAR)和备选路由(Alternate Routing,AR)等。波长分配子问题需要关注波长表的排序方式,在源宿节点间有多条波长可用的情况下,波长分配算法将负责从中选择一条最合适的波长建立光路。目前,常用的波长分配策略有首次命中(First Fit,FF)和最小负载(Least Loaded,LL)等。

3. IP over WDM 联合路由

在 IP 和 WDM 网络中,其中一个关键的问题就是 IP 层和 WDM 层的联合路由问题,即如何找到一条最优的通道,来为 IP 分组选择路由,将 IP 分组由源路由器穿越多个光传送子网,传送至目的路由器。

目前,IP over WDM 网络的路由策略基本上分为分层路由和联合路由。在 IP/MPLS 层采用动态路由,在光层采用静态和准静态的波长路由 RWA,即 IP/MPLS 层的路由独立于光层的波长路由。在光层的波长路由是用来建立起静态和准静态的逻辑拓扑,在这个逻辑拓扑之上 IP 层再进行动态的 IP 路由。这种分层显然具有很低的网络资源利用率。

联合路由将综合考虑 IP/MPLS 层和 WDM 光层两层的信息,如 IP/MPLS 层和 WDM 层的资源使用信息等来完成 LSP 和光通道的路由及通道的建立。联合路由具有更高的网络资源利用率,并且在变化的动态业务下使得网络具有更好的健壮性和弹性。联合路由的设计目标包括有效的资源利用率、在链路故障时有良好的重路由性能、支持没有流量分割的路由、分布式执行的可行性、重新优化等。

未来 IP over WDM 网络的一个重要需求是动态建带宽保证通路。在 IP/MPLS 网络中,传统的路由方法是在每层独立路由,为了更有效地利用网络资源,联合路由势在必行。联合路由的路由决策是基于掌握了 IP 层和光层的联合拓扑和资源利用信息的情况下进行的。考虑光网络智能化的发展趋势,要求网络必须支持连接的动态建立和拆除,因此需要对多层网络环境下的动态连接建立与资源配置问题进行研究,即重点研究与动态 RWA 相关的关键问题。动态 RWA 策略的研究目标是在一定的网络资源限制条件下,尽量减少网络的阻塞率。

10.2.5　IP over WDM 生存性技术

在 IP over WDM 网络中,网络的生存性问题变得尤为重要,原因是一条光路往往承载了大量的 IP 业务,光路的物理链路出现故障可能导致大量的损失,网络部件失效(如光纤链路断裂)对网络的影响远大于传统网络部件失效带来的影响。同时,网络结构的变化,对网络生存性也提出了许多新的要求和技术问题。

1. 生存策略

生存策略可以分为保护和恢复。保护机制大多数是专门针对单一失败事件而设计的,而恢复机制可以应付多业务失败同时发生的情况。

最常见的保护机制是 1+1 和 1:1。在 1+1 结构中,数据在主路径和次路径中同时传输,在目的地,接收质量更好的信号。因为主路径和次路径在传输同一业务,所以 1+1 机制无法支持额外的业务传输。1:1 保护有两种:一种是需要一条专用的保护路径,但是保护路径被分配用来承载正常环境下的低优先级业务;另一种是保护路径不是专用的,只要在它们相关的工作路径中没有共享的链路,多条保护光路就能够共享同一资源。1:1 保护机制可以扩展成 $M:N$ 保护机制,即使用 N 条保护光路保护 M 条工作链路的业务。两者相比,1+1 机制比 1:1 机制更加快速,也更简单,代价是网络利用率下降。

恢复是一种事后的动态信号恢复,故障警报被触发后,计算并建立第二条路径。恢复机制是基于集成在一个扩展的管理系统中的集中办法,有范围的限制。目前,可以做到快速恢复的分布式恢复机制已经提出,即每一个节点完全或部分负责信令、路由和恢复,解决了范围局限的问题。基本分布式恢复技术有两种:端到端路径恢复和链路恢复。前者在出故障的链路或节点的每个连接源和目的都参与分布式恢复,从而动态地寻址第二条路径。后者也称为本地修复,即进行出错链路或节点的端点计算并建立备选路径。在这两种恢复机制中,如果一条中断的连接无法找到第二条路径,则这条连接就会失败。因此,恢复无法保证100%的修复,且要花费更长的时间来修复服务。恢复机制一般应用于能够共享更多剩余资源的格状网中。

2. IP over WDM 多层生存性问题

网络生存性的实现可以基于两种策略:单层生存性和多层生存性。前者是指在整个网络中使用单一的端到端生存性技术,后者则使用了两个或者多个嵌套生存性技术。

(1) 单层生存性策略

单层生存性策略主要是针对层次结构简单、异构程度较低、业务种类单一的网络,需要考虑保护/恢复是在底层(光层)还是在高层(IP/MPLS 层)的情况。

① 最底层恢复

最底层恢复的基本思想是在最靠近故障的底层(即光层)恢复受损的业务。在图 10-14中,以光纤断裂故障(X_1)为例,无论是在光层还是 IP/MPLS 层的业务都会使用光层的恢复机制进行故障恢复,而当 MPLS 层发生故障(X_3)时,受影响的业务会用 MPLS 的恢复机制进行恢复。

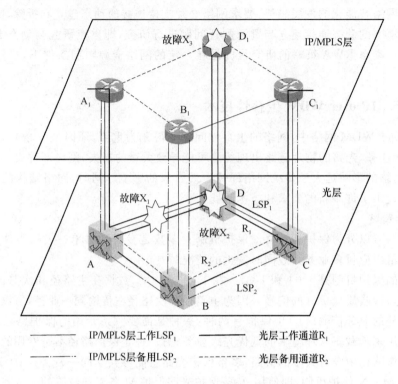

图 10-14　最底层恢复和最高层恢复

最底层恢复方法的交换粒度较粗,需要恢复行为数量少,较为简单,在触发任何恢复行为前,无须穿过多层对故障进行广播。但是,当底层故障时,上层可能会误以为是本层故障而触发不必要的恢复机制,同时底层故障恢复机制也会被激发,这导致两层发生资源竞争,需要各层的恢复协调来克服。而且,在最底层恢复中,每层都会预留一些资源以对受影响的通道进行重新选择路由,即上层的备用容量需要底层容量的保护,因此导致每层都降低了容量的实际利用率。

② 最高层恢复

最高层恢复是指被中断业务的恢复过程发生在最初接入业务的那一层网络中,同时可以解决发生在业务下层的网络故障。在 IP over WDM 网络中,这意味着 IP/MPLS 业务用 MPLS 恢复策略进行恢复,而光层业务用光层的恢复机制进行恢复,而不用考虑故障的类型。

在图 10-14 中,当发生 X_1、X_2 和 X_3 中任意一处故障时,工作 LSP_1($LSR\text{-}A_1$—$LSR\text{-}D_1$—$LSR\text{-}C_1$)之间用备用 LSP_2 进行恢复,而光层的工作光通道 R_1(AD—DC)只有在光纤断裂(X_1)和光层节点故障(X_2)时才受到影响,在这两种情况下,光层连接通过保护通道 R_2 进行恢复。

与最底层恢复相比,最高层恢复的优点包括:恢复粒度细,允许在高层的粒度下为连接提供不同的生存性等级,而且更细粒度的恢复会使得资源利用更有效;不管故障发生在任何层都能保护/恢复业务,可避免不同层次恢复机制的协调。但是,高层的细粒度交换也使得当底层发生故障时的重新选择路由很复杂。

③ 在最低的检测层恢复和在尽可能最高的层恢复

最低检测层的生存性是在离故障发生的源层最近的地方提供。这种方案可使用于恢复的重新选路通道数量少,但由于在多层网络中同时存在着多种恢复方案,需要提供一些互联功能来安排每个恢复方案的责任,否则当低层正在进行恢复的同时高层也检测到信号丢失,而误触发高层恢复机制,会导致高层资源竞争的问题。

尽可能最高的层恢复方法是在离业务源最近的网络层来恢复受影响的业务。由于一个传输网经常承载着几种不同可靠性要求的业务类型,若生存性方案位于高层,就很容易提供多种可靠性的等级,但它也同样存在着与最高层生存性相同的问题。

(2) 多层生存性策略

从以上可以看出,任何单层的生存性机制都不能很好地解决所有网络中出现的故障,因此,有必要实施多层生存性机制间的合作与集成。多层网络的生存性目前面临的主要挑战在于确定各层的恢复机制之间如何通信及依照什么样的规则启动、停止,以及空闲资源在不同层次间的统一分配策略。

目前,层间恢复方案的互联主要有无协调的方法、按序的方法和综合的方法等。无协调的方法又称并行方式,其在层间采用恢复机制,并且层与层之间相互没有协调。这种方案实现和操作比较简单,但会导致不同层并行产生恢复行为,浪费资源。

按序的方法比无协调的方法智能些,如果当前这一层很明确不能完成恢复的任务,则把恢复的责任传给下一层,主要有从下到上和从上到下两种方法。从下到上的方法,是指从检测到故障的最底层开始,如果这一层不能恢复所有的业务量,那么将由更高层来恢复。该方法优点是:可以以合适的粒度采取恢复行为,以及只有在必要时才采取高层细粒度的恢复行为。从上到下的方法,是指先由尽可能的高层发起恢复行为,只有在更高层不能恢复所有被影响的业务量时,才触发底层的恢复行为。该方法的优点是高层很容易根据流量的服务类型区分对待,使得它能尽力先恢复高优先级的流量,缺点是低层自身不容易检测高层是否能够恢复流量(需要外在的信令以达到这个目的)。

综合的方法是基于单个综合的多层恢复机制,这暗示恢复机制要了解所有网络层,它能决定什么时候、在哪一层采取合适的恢复行为。显然,综合方法是最灵活的一种方法,但是灵活性所带来的是算法复杂度的提高。同时,在当前重叠网络中,开发单个恢复机制来控制和了解所有网络层是不可能的。但随着 IP 和 WDM 使用统一的管理平面,向对等模型发展,综合方法将是未来可行的方法。表 10-1 列出了几种生存性策略的性能。

表 10-1　一些生存性策略按照几个特性估计的性能总结

准则	生存性策略				较理想的值
	最底层	检测底层和恢复上层	高层	综合的方法	
交换粒度	粗糙	粗糙	精细	粗糙	粗糙
故障情况	简单	简单	复杂	简单	简单
靠近故障源恢复	是	是	否	是	是
性能、灵活性	低	高	高	高	高
故障覆盖	低	高	高	高	高
协调、管理	低	高	低	低	低
资源	低	高	低	低/高	低

10.2.6　IP over WDM 技术特点及面临的问题

WDM 传送设备自身的技术特点决定了采用 IP over WDM 技术具有如下特点。

① 超大的系统传输容量:WDM 系统可提供 10.92 Tbit/s 的系统容量,支持 40/80/160 波的波道复用,单波道最高可支持 100 Gbit/s 速率。

② 灵活的组网方式:采用 WDM 系统承载 IP 业务,在大量减少数据设备之间的光纤连接路由、节约光纤资源的同时,还可以使原有呈星形分布的数据网网络结构简化为呈链形或环形的网络结构。

③ 灵活的业务调度能力:WDM 系统中 OTM、OADM 站型的应用,可依据 IP 业务网络的需求,实现波长级的 IP 业务调度。同时,随着 ROADM(可重构 OADM)节点设备逐步运用,在大大增强 WDM 系统中的业务调度的灵活性的同时,也会提高 WDM 系统对新业务需求的反应速度。

④ 超长的传输距离:WDM 系统自身具备超长距离传输能力,能够有效减少长距离数据设备的成本建设要求。现在成功商用的超长传输 WDM 系统(ULH),已实现 4 000 km 以上无电中继的传输。

⑤ 丰富的业务接口:WDM 系统能支持 2.5G POS、10G POS、10G WAN、10G LAN 的接口,丰富的接口类型,能满足各种 IP 业务接口类型的传输需求。

⑥ 完善的保护能力:通过 WDM 系统的保护功能,可大大增强 IP 业务网络的安全可靠性。

而 IP over WDM 的技术特点决定了采用 IP over WDM 技术作为承载 IP 业务的解决方案将具备以下各种优势。

① WDM 传输设备能够提供远远大于传统的 SDH 传输设备和 ATM 传输设备的传输容量,IP over WDM 能充分利用光纤的带宽资源,极大地提高了带宽和相对的传输速率。例如,中兴通讯的 WDM 设备能够提供单纤 40/80/160 波的波分复用传输,单波长传送容量可以达到 2.5 Gbit/s、10 Gbit/s、40 Gbit/s、100 Gbit/s 甚至 160 Gbit/s 传输速率,并且可以通过子速率汇聚方式将低速率数据业务汇聚成满带宽传送,有效提高光纤资源利用率。

② WDM 传输设备通过大量减少数据设备之间的光纤连接,可以使原有呈星形分布的数据网网络结构简化为呈线形/环形的网络结构,便于网络的规划和维护操作。

③ WDM 传输设备自身具备强大的超长距离传输能力,能够有效减少长距离数据设备的成本建设要求。

④ WDM 传输设备能够对数据业务传输码率、数据格式及调制方式进行透明传送,IP over WDM 可以传送不同码率的 ATM、SDH/SONET 和千兆以太网格式的业务。例如,中兴通讯的 WDM 设备能有效承载 GE、2.5G POS、10G POS、10G VLAN 等各种类型的数据业务。

⑤ WDM 传输设备拥有完善的光层保护能力,可有效保证所承载数据业务的高网络生存性要求。IP over WDM 不仅可与现有通信网络兼容,还可支持未来的宽带业务网及网络升级,并具有可推广性、高度生存性等特点。例如,中兴通讯的 WDM 传输设备能够全面提供光复用段 1+1、光通道 1+1、光通道 1:N、两纤双向光复用段/通道共享环网保护等多种保护类型。此外,光层保护在倒换时间性能上能提供大大优于 IP 路由器保护恢复性能的 QoS 保证。

但是,目前 IP over WDM 仍有一些问题尚未解决,主要包括以下几个方面。

① 在 WDM 波长上承载 IP 的最佳帧格式还没有确定,目前尚未实现波长标准化,一般取 193.1 THz 为参考频率,间隔为 100 GHz。

② WDM 系统的网络管理应与其他传输的信号的网管分离,但在光域上加上开销和光信号的处理技术还不完善,从而导致 WDM 系统的网络管理还不成熟。

③ 目前,WDM 系统的网络拓扑结构只是基于点对点的方式,还没有形成"光网"。

此外,从 WDM 传送设备自身技术发展现状来看,主要是针对 IP、ATM、TDM 等业务类型实现多业务接入并提供长距离、大容量的解决方案。IP 技术与 WDM 技术的结合,使 IP 数据流直接进入了粒度的光通道,有利于充分综合 WDM 技术大容量与 IP 技术统计复用的优势,真正达到 IP 优化的目的。但另外一方面,在 IP 数据网络与传输网络的融合发展过程中,网络快速重路由、网络业务带宽动态分配、IP 业务性能检测等问题将成为 IP over WDM 技术发展中亟待解决的问题。

10.2.7　IP over WDM 的应用

新一代宽带 IP 网络要建立在现有网络技术基础上,建立在当前最先进的网络传输技术基础上,目前典型的相关技术有 IP over ATM、IP over SDH、IP over WDM 等。

IP over ATM 融合了 IP 和 ATM 技术特点,发挥 ATM 支持多业务、提供 QoS 保证的技术优势。IP over SDH,直接在 SDH 上传送 IP 业务,对 IP 业务提供了完善支持,提高了效率。而 IP over WDM 采用高速路由交换机设备和 DWDM 技术,极大地提高了网络带宽,对不同速率、数据帧格式的业务提供全面支持。

IP 的 3 种传输方案各有优缺点,在实际应用中需要根据具体情况分别对待,若主干网已采用了 ATM 设备,则可以采用 IP over ATM 方案,由于 ATM 端口速率高,有完善的 QoS 保证,产品成熟,因而可提高 IP 网络交换速率,保证 IP 网络的 QoS;若主干网尚未涉及 ATM,则采用 IP over SDH 方案,由于去掉了 ATM,投资少、见效快而且线路利用率高,因而就目前而言,IP over SDH 是较好的选择。而在城域主干网中,IP over SDH 技术相对而言投入较高,采用 IP over WDM 技术会更实用。

IP over WDM 的优势是减少网络各层的中间冗余部分,减少 SDH、ATM、IP 等各层之间的功能重叠,减少设备操作、维护和管理费用,对传送大量 IP 业务是比较理想的。并且 IP over WDM 技术能够极大地扩展现有的网络带宽,最大限度地提高线路利用率,在外围网络吉比特以太网成为主流的情况下,这种技术能真正地实现无缝接入。这预示着 IP over WDM 代表着宽带 IP 主干网的未来,将适用于未来的城域网、高容量普通 IP 业务和未来大型 IP 骨干网的核心汇接。

10.3　IP over 灵活组网的 OTN/ROADM

10.3.1　IP over OTN 概述

在 IP over WDM 架构下,光层发展既面临新需求和新技术的驱动,也面临 IP 层技术发展带来的挑战。一方面,原本由 SDH 网络完成的组网、端到端电路监控管理和保护功能将逐渐主要由 WDM 层面承担,IP 层不断增长的端口速率和容量需求驱动 WDM 向更高传输容量演进;另一方面,IP 层保护技术的发展将直接挑战传送层的保护技术。在 IP over WDM 架构下,首先要解决的是光层的组网、管理和保护问题。因此,光层和 IP 层如何分工和协调,在保障网络可靠性和满足业务 QoS 需求的同时,实现网络总体投资和维护成本的最优化也是光传送网发展面临的一个重要问题,而且,下层的 WDM 层逐渐由点到点 WDM 系统向光传送网络 OTN/ROADM 组网方向演进。这时,Tbit/s 级别的 MPLS Router 是一个高性能、多业务的设备,而 OTN/ROADM 为其提供大容量、长距离、灵活调度的解决方案。

OTN 技术将 SDH/SONET 的可运营、可管理能力应用到 WDM 系统中,同时具备了 SDH/SONET 和 WDM 的优势,并定义了一套完整的体系结构,对于各层网络都有相应的管理监控机制,光层和电层都具有网络生存性机制,可以真正满足运营商所要求的电信级需求。

OTN 是一个基于多波长的传送网络,是 SDH 网络结构从电路向波长的升级,也可以认为是一个类 SDH 的多波长传送网络。OTN 包括多维度的 ROADM 系统、OEO 的 OTN 波长/子波长分插复用系统,能提供波长/子波长交叉调度、波长/子波长的 OTN 开销和端到端管理能力。同时,OTN 将加载 GMPLS 智能控制平面,GMPLS 使 OTN 通过端到端调度,降低了核心路由器业务疏导成本。OTN 强大的保护和恢复能力降低了对核心路由器因为 FRR 保护而造成的轻载压力,同时,大大降低了超大容量情况下骨干 WDM 网络的维护难度。

IP 网络扁平化的趋势以及传输和承载融合的趋势都可以得出同样的结论,那就是 IP 和光传送网络联合组网是网络发展的趋势。光层将由简单的点对点组网方式转向光层联网方式,以改进组网效率和灵活性;光层采用 G.709 接口,并且引入 OTN 的开销功能,提高光传送网的可管理性和互通性;单通路速率和传输链路总容量继续增长;干线 WDM 系统向超长距离传送方向发展;融合 L1 和 L2 的交换和保护功能,提高对 IP 业务的承载效率和保护效率;光联网将从静态联网开始向智能化动态联网方向发展。IP 和光网络在未来几年必将以动态、灵活和智能的网络形式共同承载和传送多类型、多粒度和多质量等级的各种综合业务,从而实现 IP 网和光网络的联合组网。

10.3.2 IP over OTN 联合组网

IP over OTN 联合组网方案的核心思想是通过光网络节点技术的改进,采用具备灵活调度功能的光节点设备(OTN 节点＋MPLS-TP 接口适配映射技术),使 OTN 光网络具有与 IP 网络相同的业务转发功能,实现 IP 数据在光层的调度,即光网络具有 IP 网络核心路由的存储转发功能,从而达到网络资源优化配置的效果,降低网络的建设以及管理维护成本,同时,实现光电两层网络的融合发展,最终实现 IP 网络与 OTN 传送网络在传送平面、管理平面和控制平面的联合组网,构建面向 NGN 的下一代传送网络(NGTN)的核心网络架构,如图 10-15 所示,向下一代真正意义上的智能光网络演进。

具体来说,NGTN 核心网络架构可通过 IP 和 OTN 3 个平面融合的一些关键技术来实现,包括传送平面的 MPLS-TP 技术、控制平面的 GMPLS 和 PCE(集中路由计算)技术、管理平面的集中式管理以及跨层联合网络规划与优化技术。

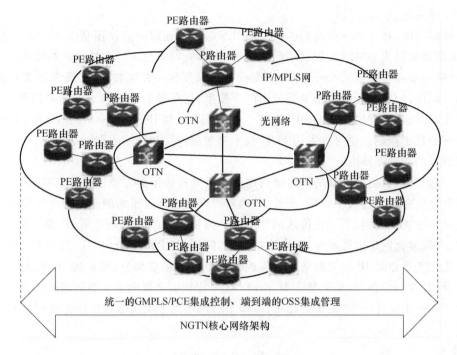

图 10-15　IP over OTN 的联合组网方案

在传送平面,IP/MPLS 和 OTN 之间需要融合互通来共同实现不同 QoS 业务的差异化传送,实现网络资源和功能的优化配置。在传送平面的优化实现技术如图 10-16 所示,根据业务 QoS 分为 3 类分别处理。

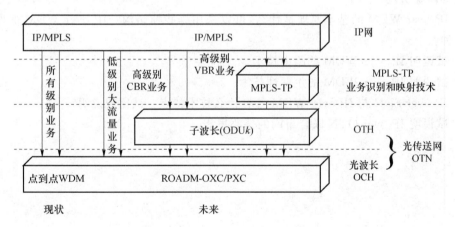

图 10-16　IP over OTN 在传送平面的联合组网方案

(1) 对于承载 QoS 要求最低的大颗粒、海量互联网数据业务,将直接通过 OTN 网络节点的光波长调度层(ROADM 和 OXC 等)实现波长级别的传送和调度功能。

(2) 对于 IP/MPLS 承载的高 QoS 要求的固定比特率(CBR)业务,将适配映射到 OTN 网络节点的子波长(ODUk)层实现交叉汇聚、组网保护和端到端的 OAM 等功能。

(3) 对于 IP/MPLS 承载的高 QoS 要求的可变比特率(VBR)业务,将通过面向连接的 MPLS-TP 技术实现业务识别,到 ODUk 的适配和映射,ODUk 交叉汇聚,组网保护和端到端 OAM 等功能。

在控制平面,在未来一段时间内,IP/MPLS 路由器还将一直使用基于 MPLS 的控制平面,未来发展演进为 GMPLS 控制平面。目前,许多光网络设备已支持基于 GMPLS 的控制平面,并进一步完善了波长/ 子波长(ODUk)的多粒度统一控制技术,实现多层多域的大规模组网。因此,控制平面的技术发展分为两个模型:近期模型是 MPLS 控制平面和 GMPLS 控制平面的互通,远期模型是 GMPLS 统一控制 OTN 和 IP/MPLS(MPLS-TP),并且实现多层多域的集中控制。还可以采用 PCE 技术来解决跨层和跨域的端到端路由计算,获得优化程度更高的端到端路由。

在管理平面,目前运营商的网络运营维护通常是按照不同专业进行分别管理的,不同专业的网管之间完全通过人工协调,随着 IP 网和光网络在传送平面的逐渐融合和控制平面的逐步互通乃至集成控制,下一代传送网(NGTN)网络管理的发展趋势是 IP 和 OTN 实现集中管理,大幅简化网络运维难度,提高维护效率,降低 CAPEX。此外,IP 和 OTN 路由的联合规划优化工具也是 IP 和光网络管理集成的一个重要组成部分,可实现 IP 和光网络的联合规划、设计和网络仿真,成为整个 IP over OTN 管理生命周期中重要的辅助工具,在 OTN 网络中实现一个最优的 IP 层虚链路拓扑(即下层网络为上层网络提供的逻辑连接)。

思考与练习题

1. IP over SDH 的基本原理是什么? IP over SDH 的实现需要哪些技术和协议的支持? 请具体说明。

2. IP over WDM 的基本原理是什么,可以采用哪些帧结构? IP over WDM 的网络结构有几种?

3. 试说明 IP over WDM 的路由技术。

4. 试说明 IP over WDM 的生存性技术。

5. IP over SDH 与 IP over WDM 各有什么技术特点? 试比较说明。

6. 试说明 IP over OTN 联合组网的核心思想。

第11章

智能光网络

自动交换光网络(Automatic Switch Optical Network, ASON)是一种光传送网络的组网新技术,是构建下一代光网络的核心技术之一,目前已经成为"智能光网络"的代名词。它直接在光纤网络上引入了以 IP 为核心的智能控制技术,被誉为是传送网概念的重大突破。随着智能控制技术的发展,从基于 GMPLS 分布式节点的智能控制平面,到基于 GMPLS/PCE 的集中式路径计算服务,再到基于 Openflow 的集中与开放式控制,光网络的智能化经历了从分布到集中与分布结合再到集中的发展过程,基于软件定义的光网络技术成为未来演进的重要方向。

11.1 ASON

11.1.1 ASON 概述

ASON 的概念最早是在 2000 年 3 月日本召开的会议上,由国际电信联盟标准化部门(ITU-T)的 Q19/13 研究组正式提出的,并由此形成了 G. ason 的建议草案。之后,在各界的共同推动下,智能光网络相关标准的制定工作进展迅速。目前,有关 ASON 的体系结构、网络功能需求、路由架构、分布式连接管理以及自动发现机制等建议已经发布,人们对智能光网络的认识也已基本达成一致。

ASON 在 ITU-T 的文献中定义为:通过能提供自动发现和动态连接建立功能的分布式(或部分分布式)控制平面,在 OTN 或 SDH 网络之上,实现动态的、基于信令和策略驱动控制的一种网络。

ASON 的特性在于它首次在传输网络中引入了信令的概念,同时将数据网和传输网管理的优点融合在一起,进而实现了实时动态网络管理。ASON 控制技术的应用带来了许多新的网络特征,提供了更多的网络功能。与传统的光传输网络相比,ASON 具有以下特点。

(1) 控制为主的工作方式

ASON 的最大特点是从传统的传输节点设备和管理系统中抽象分离出了控制平面。自动控制取代管理成为 ASON 最主要的工作方式,其好处在于处理速度快、实时化、与数据业务相适应。

(2) 分布式智能

ASON 的重要标志是实现了网络的分布式智能,即网元的智能化,具体体现为依靠网元实现网络拓扑发现、路由计算、链路自动配置、路径的管理和控制。业务的保护和恢复等。通过引入分布式智能,一方面连接的建立采用分布式动态方式,各节点自主执行信令、路由和资源分配;另一方面 ASON 设备可自动发现物理上、逻辑上与之有关系的网元。此外,在网络出现故障时,ASON 还可利用分布式算法快速执行保护恢复等。

(3) 多层统一与协调

在传统光网络中,各个层网络是独立管理和控制的,它们的协调需要网管系统的参与。在 ASON 中,网络层次细化,体现了多种粒度,但多层的控制却是统一的,通过公共的控制平面来协调各层的工作。多层控制时涉及层间信令、层间路由和层发现,还有多层生存机制。采用多层统一处理的方法,可以帮助 ASON 实现自动化的功能。

(4) 面向业务

ASON 业务提供能力强大,业务种类丰富,能在光层直接实现动态业务分配,不仅缩短了业务部署时间,而且提高了网络资源的利用率。更重要的是,ASON 支持客户与网络间的服务水平协议(SLA),可根据业务需要提供带宽,也可根据客户信号的业务等级(CoS)来获得所需要的保护等级,是面向业务的网络。

ASON 将动态交换引入了光传送层,促进了传输和交换的融合,是具有高灵活性和高扩展性的基础网络设施。ASON 从 IP、SONET/SDH、WDM 环境中升华而来的,将 IP 的灵活和效率、SONET/SDH 的保护超强生存能力以及 WDM 的容量,通过创新的分布式控制系统有机地结合在一起,形成以软件为核心的,能感知网络和用户服务要求的,能按需直接从光层提供业务的新一代光传送网络。

ASON 的优势在所提供的业务和经济收益上有着充分的体现。例如,ASON 可从光域提供多种新型的高速、增值业务,基于波长的业务可扩展性好,格式透明,能随新应用的产生而不断推陈出新。以波长业务为基础,业务提供商构思了多种增强业务,这些业务都能根据现有的和将来的以数据为中心的组网应用而扩展,如波长批发、波长出租、带宽运营、光虚拟专网(OVPN)等。以往的技术不足以支持这些业务,而 ASON 恰恰可以将这些设想变为现实。

① 超宽带业务和非标准带宽业务

超宽带业务可以提供大于光波的宽度,非标准的带宽业务(如 STS-6)可以使 IP 映射到合适的 SDH 的带宽,提高 SDH 网络的带宽利用率。

② 按需带宽业务

根据用户 SLA 要求,通过"点击"方式方便地使用户配置自己的带宽,如根据一天的流量变化提供不同大小的带宽,还可以配置持续时间和保护恢复等级。

③ 动态虚拟环配置和端到端电路配置业务

电路和交换保护环的动态调整,提供根据用户的流量大小、方向动态调整的功能,以适应数据业务的流量动态变化,改善拥塞情况,提高数据网络的 QoS。

④ 虚拟光网络业务

虚拟光网络可以使客户充分利用全配置的光网络,并且不需要额外的通信花销。虚拟光网络使得网络运营商可以分割网络的物理资源提供给每一个末端用户,使用户像对自己的网络一样进行配置、安全监视和管理。同时,运营商可以根据用户的接入情况优化网络的带宽,建立更宽范围的虚拟光网络业务。虚拟光网络使得运营商可以将在物理上共享的资源卖给每一个不同的客户,并且允许每个用户管理和配置虚拟光网络。

11.1.2 ASON 体系结构

ASON 与传统光传送网相比,突破性地引入了更加智能化的控制平面,从而使光网络能够在信令的控制下完成网络连接的自动建立、资源的自动发现等过程。其体系结构主要表现在具有 ASON 特色的 3 个平面、3 个接口以及所支持的 3 种连接类型上。

1. ASON 的 3 个平面

图 11-1 所示为 ITU-T 提出的 ASON 网络体系结构模型,整个网络包括 3 个平面,即控制平面、管理平面以及传送平面,通过数据通信网(DCN)联系着 3 个平面,DCN 是负责实现控制信令消息和管理信息传送的信令网络。

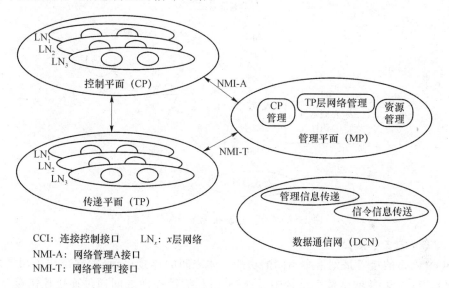

CCI: 连接控制接口 LN_x: x 层网络
NMI-A: 网络管理A接口
NMI-T: 网络管理T接口

图 11-1 ASON 体系结构

与现有的光网络相比,ASON 中增加了一个控制平面。控制平面是整个 ASON 的核心部分,由分布于各个 ASON 节点设备中的控制网元组成。控制网元主要由路由选择、信令转发以及资源管理等功能模块组成,而各个控制网元相互联系共同构成信令网络,用来传送控制信令信息。控制网元的各个功能模块之间通过 ASON 信令系统协同工作,形成一个统一的整体,实现了连接的自动化,并且能在连接出现故障时进行快速而有效的恢复。

ASON 通过引入控制平面,使用接口、协议和信令系统,可动态地交换光网络的拓扑信息、路由信息和其他控制信息,实现了光通道的动态建立和拆除,以及网络资源的动态分配。ASON 的另一个重要特征是管理功能的分布化和智能化。传统的光传送网管理体系被基于传送平面、控制平面和信令网络的新型多层面管理结构所替代,构成了一种集中管理与分布智能相结合、面向运营者的维护管理需求与面向用户的动态服务需求相结合的综合化的光网络管理方案。ASON 的管理平面与控制平面技术互为补充,可以实现对网络资源的动态配置、性能监测、故障管理以及业务管理等功能。

ASON 传送平面由一系列的传送实体组成,是业务传送的通道,可提供用户信息端到端的单向或者双向传输。ASON 传送网络基于格状(Mesh)网络结构,光传送节点主要包括光交叉连接(OXC)和光分插复用器(OADM)等设备。另外,传送平面结构具有分层的特点,它由多个层网络(如光通道层、光复用段层和光传输层)组成。

图 11-1 显示了控制、管理、传输平面之间的一般关系,每一个平面在功能上是相对独立的,但它们之间也需要进行信息的交互。

图 11-2 表示了管理/控制平面和传输资源之间的关系。最下面的部分是物理传送资源,表示真正的物理设备。这些实物在 ITU-T 的标准 G.805 中被称为原子功能。被管理对象(MO)表示管理系统(管理平面)看到的设备映射。MO 通过设备内部的管理信息(MI)参考点来实现和设备中标准功能模块之间的交互。值得注意的是,被管理对象呈现给管理层的视图与管理协议没有任何关系,与管理信息和使用的协议也无关。

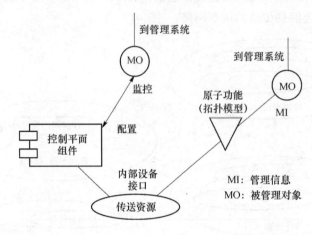

图 11-2　管理/控制和传送资源的关系

2. ASON 的 3 个接口

ASON 网络的接口是网络中不同的功能实体之间的连接渠道,它规范化了两者之间的通信规则。在 ASON 网络体系结构中,控制平面和传送平面之间通过连接控制接口(CCI)相连,而管理平面则通过网络管理接口 A(NMI-A)和网络管理接口 T(NMI-T)分别与控制平面及传送平面相连。3 个平面通过 3 个接口实现信息的交互。

通过 CCI,可传送连接控制信息,建立光交换机端口之间的连接。CCI 中的信息交互主要分成两类:从控制节点到传送平面网元的交换控制命令和从传送网元到控制节点的资源状态信息。

通过 NMI-A,网管系统对控制平面的管理主要体现在以下几个方面:管理系统对控制平面初始网络资源的配置;管理系统对控制平面控制模块初始参数配置;连接管理过程中控制平面和管理平面之间的信息交互;控制平面本身的故障管理;对信令网进行的管理,以保证信令资源配置的一致性。对控制平面的管理主要是对路由、信令和链路管理功能模块进行监视和管理,使用的管理协议包括简单网络管理协议(SNMP)等,也可以使用厂家自己定义的接口协议。

通过 NMI-T,网管系统实现对传送网络资源基本的配置管理、性能管理以及故障管理。传送平面的资源管理接口主要参照电信管理网(TMN)结构管理,使用的网络管理技术包括 SNMP 和公共管理信息协议(CMIP)等,也可以使用厂家定义的接口协议。对传送平面的管理主要包括几个方面:基本的传送平面网络资源的配置;日常维护过程中的性能监测和故障管理等。

3. ASON 的 3 种连接

ASON 网络体系结构是一种客户/服务器关系结构(即重叠网络模型),其显著特点是客户网络和提供商网络之间有着很明显的边界,它们之间不需要共享拓扑信息。客户方通过向网络提供方发送连接请求,可在网络中动态地建立一条业务通道。

在 ASON 网络中,根据不同的连接需求以及连接请求对象的不同,提供了 3 种类型的连接:永久连接(Permanent Connection,PC)、软永久连接(Soft Permanent Connection,SPC)和交换连接(Switched Connection,SC)。

永久连接如图 11-3 所示,它沿袭了传统光网络中的连接建立形式。PC 的路径由管理平面根据连接请求以及网络资源利用情况预先计算,然后管理平面沿着计算好的连接路径通过 NMI-T 向网元发送交叉连接命令进行统一指配,最终通过传送平面各个网元的设备的动作完成通路的建立过程。在这种方式下,ASON 网络能很好地兼容传统光网络,实现两者的互联。由于网管系统能全面地了解网络的资源情况,故 PC 能按照流量工程的要求进行计算,可更合理地利用网络资源,但是连接建立的速度相对较慢。

软永久连接的建立是由管理平面和控制平面共同完成。这种连接的建立方式介于 PC 和 SC 之间,它是一种分段的混合连接方式。在 SPC 中,用户到网络的部分由管理平面直接配置,而网络部分的连接通过管理平面向控制平面发起请求,然后由控制平面完成,如图 11-4 所示。在 SPC 的建立过程中,管理平面相当于控制平面的一个特殊客户。SPC 具有租用线路连接的属性,但

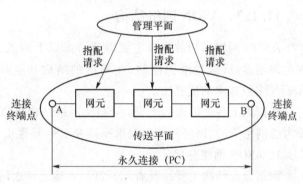

图 11-3　ASON 中的永久连接

同时却是通过信令协议完成建立过程的,所以可以说它是一种从通过网络管理系统配置(永久连接)到通过控制平面信令协议实现(交换连接)的过渡类型的连接方式。

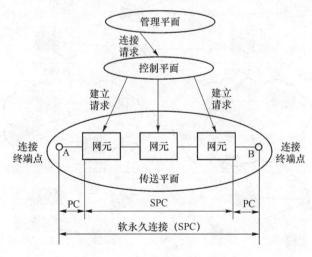

图 11-4　ASON 中的软永久连接

交换连接是一种由于控制平面的引入而出现的全新的动态连接方式。如图 11-5 所示,SC

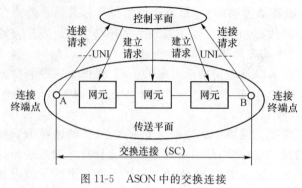

图 11-5　ASON 中的交换连接

的请求由终端用户向控制平面发起,在控制平面内通过信令和路由消息的动态交互,在连接终端点 AB 之间计算出一条可用的通道,最终通过控制平面与传送网元的交互完成连接的建立过程。在 SC 中,网络中的节点能够像电话网中的交换机一样,根据信令信息实时地响应连接请求。交换连接实现了在光网络中连接的自动化,且满足快速、动态的要求,符合流量工程的标准。这种类型的连接集中体现了 ASON 的本质特点,是 ASON 连接实现的最终目标。

11.1.3　ASON 网络结构

ASON 网络结构的选择主要需要考虑以下因素:光传送网的现网结构和规模;光传送网的规划建设、运行维护体制;业务网的结构和业务需求;网络安全性和多厂商竞争性;ASON 多域技术的成熟性。

根据以上各种因素的不同,ASON 网络结构可以采用不同的分层结构和组网方案,主要考虑网络分层、网络分域以及单平面和双平面等几个方面的因素。

1. ASON 网络分层

网络分层结构主要涉及省际、省内、本地光传送网的组织结构和网络扁平化。针对运营商现有的三层网络结构和未来网络扁平化的发展趋势,目前 ASON 网络可采用三层组网的模式,即和现有运营商的网络分层保持一致,如图 11-6 所示。

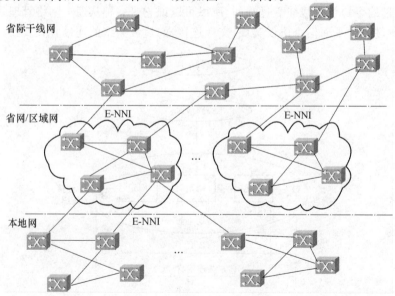

图 11-6　ASON 网络结构

ASON 网络分为 3 个层面,即 ASON 省际干线传输网、ASON 省内干线传输网和 ASON 本地传输网络。

省际 ASON 网除了包括现有的省会节点外,还可以将国际出口节点、省内网的第二出口点、业务需求较大的部分沿海发达城市纳入,进行统一的调度管理。各层 ASON 网络独立组织控制域,各层网络之间通过 E-NNI 进行互连,以实现跨层的端到端调度。

省内 ASON 传送网覆盖各省内的主干节点,为省内主要城市间提供传输电路,连接各本地 ASON 网络。省内 ASON 传送网采用网状网结构,采用单控制域结构。

本地/城域光传送网建设 ASON 网络,应根据城市或地区的规模及业务发展的情况。国内运营商把城市类型大体分为以下 4 种:特大型城市、大型城市、中型城市、小型城市。现阶段,ASON 网络主要应用在特大型或者大型城市的城域核心层网络。未来随着业务的开展和技术的成熟,再逐步延伸到汇聚层和接入层。本地/城域 ASON 传送网以网状网结构为主,初期也可采用环网结构。

在业务调度颗粒方面,对于省际和省内层面,ASON 网络的调度颗粒为 VC4 或 VC4-nc/v,提供 STM-1/4/16/64、GE/10 GE 业务的调度和传送。少量 STM-64、10 GE 业务可以通过 ASON 传送,10 G 业务量较大时,应通过 WDM 系统承载。2 M/34 M 业务应在业务落地点进行汇聚后,在 ASON 网络内进行传送。对于本地/城域 ASON 网络的调度颗粒为 VC4、VC4-nc/v、VC12、VC12-nv,提供 E1、E3、STM-1/4/16/64、GE/10 GE 业务的调度和传送。

初期 ASON 采用单厂家单平面结构。考虑到网络安全性和厂家竞争性因素,在网络容量需求较大时,可以引入不同厂家建设第二平面。

2. ASON 网络分域

ASON 通过引入控制域的概念,可以允许运营商根据多种策略来构建 ASON 网络,使网络具备了良好的规模性和可扩展性。根据 ASON 网络的分层结构,可以对各层面 ASON 网络划分控制域。多个控制域之间通过 E-NNI 接口进行互连,实现跨 ASON 域的端到端资源管理。

目前 E-NNI(外部网络节点接口)标准化情况尚不成熟,只能实现跨域的业务调度,但不能实现跨域的保护恢复,目前可行的跨域保护方式主要是静态的 1+1 复用段保护(Multiplex Section Protection,MSP)保护。从国内外多域应用情况来看,世界范围内组建的 ASON 网络,都采用的是单控制域的方案,最大的 ASON 网络是 AT&T 的国家骨干网,共包含 150 个左右的节点。ASON 建设初期暂不进行多域组网。未来根据 E-NNI 标准的成熟情况,在适当时候进行 E-NNI 多域组网的互操作性试验,逐步引入多控制域的组网结构。

11.1.4　ASON 智能光传送节点技术

智能光传送网节点是构建新一代信息网络基础设施的核心设备。针对不同的智能化发展方向和应用场合,智能光节点设备的总体需求不同。面向广域网络的智能光传送节点设备应满足如下需求:大容量、无阻塞的交叉连接结构,突破现有光传输系统在交换容量和端口数目上的限制,能够实现快速的、远距离的端到端的连接提供,满足带宽网络业务需求。面向城域网络的智能光传送节点应满足如下需求:多粒度、多业务类型的接入能力,支持动态灵活的接口操作;强大的业务整合能力,实现业务从网络边界向网络核心的汇聚。

智能光传送节点设备应在组网应用中体现动态、灵活、高效的特点,具有良好的可扩展性和可靠性,在可管理性、实时性、安全性方面也具有优势。节点结构通过模块化设计,具有很强的可配置性,增加了网络的可重构性。

1. 光交换节点结构

光交换结构基本上可以分为以下 3 种类型或其结合:波长选路型、广播与选择型和空分型。光交换技术在第 3 章中已做了专门的论述,其是指不经过任何光/电转换,在光域直接将输入光信号交换到不同的输出端的技术。光交换技术可以分为光路光交换和分组光交换,前者可利用光分插复用器、光交叉连接等设备来实现,后者对光部件的性能要求更高。由于目前光逻辑器件的功能还较简单,不能完成控制部分复杂的逻辑处理功能,因此国际上现有的分组光交换单元还要由电信号来控制,即所谓的电控光交换。

实现光节点传送平面交叉连接的功能和特性与一定的体系结构紧密相关。根据光信号的分割复用方式,光的交叉连接可分为空分、时分和波分 3 种,由于现有光器件性能和技术水平以及成本因素的限制,"波分+空分"的交叉连接体系结构是比较成熟的光节点传送平面实现方案,即首先通过波长解复用器将每个光纤链路中的各波长通道分开,然后通过空间开关矩阵完成这些波长通道的交叉连接,最好再通过波长复用器将所需波长通道合路到相应的光纤链路中去。

在上述的基础上,为满足多带宽粒度(波长、波带、光纤)交叉连接的需要,同时提供灵活组网需要的业务分插。波长交换、信号再生等功能,可以建立多层次的光节点传送平面体系结构——光纤级交叉连接、光波长通道级交叉连接、本地交叉连接及适配处理层。其中本地交叉连接及适配处理层完成本地业务的上/下路,同时实现波长交换、信号再生、汇聚、广播等功能。

根据当前的技术状况,传送平面交叉连接结构可以基于光和电两种方式实现。光交叉连接具有速率和协议透明性,便于平滑升级;但目前缺乏光层的性能监测手段,对信号性能的监测和管理能力差,只能对小于波长通道的带宽颗粒进行梳理。光交叉连接的核心器件是光开关,对其特性的要求是低的插入损耗、低的串扰,相对较快的开关速度和低成本的、可靠的制造工艺。目前的主流技术主要有微电子机械开关(MEMS)、热光开关、气泡型(Bubble)光开关、液晶开关、传统的机械光开关。

当前核心光网络中仍然是光/电/光的方案。电交叉连接不具有速率和协议的透明性,也不具有平滑的升级性;但电层可以处理丰富的开销,对信号性能的监测和管理能力强,而且能够实现信号的电再生,能对子波长通道级别的带宽颗粒进行梳理。电交叉连接的核心器件是电交叉连接芯片,技术和工艺成熟,成本低。但需要相应的光/电、电/光收发模块配套,涉及高速信号电路设计及互连。

ASON 的传送平面是采用全光交换的节点构成,还是采用光电光交换的节点结构,在光通信领域一直有争议。ITU-T 关于 ASON 的总体需求框架标准 G. 8080 中明确支持:ASON 节点应具有多粒度交叉、多业务接入的能力,实际上应是一种具有疏导交叉功能的节点。如果把智能光网络看成是可运营的网络,那么必须能够灵活地为用户提供业务服务,因此在未来相当长的一段时间内,ASON 节点不太可能是全光的,业务接入、汇聚最好由电的交叉连接来完成。对于 ASON 的传送平面的核心交换结构,全光方式和光电混合方式各有其优缺点,在目前情况下,两者都可满足 ASON 所规定的节点功能需求,而且两者互为补充。在组网时应根据网络具体的情况(包括具体应用环境和传输模式)采用不同的方式。

2. 多粒度光交换技术

伴随着带宽需求的快速增长,对光器件和光系统的性能和规模要求不断提高,光交叉连接器结构也将变得越来越复杂。结合了空分、波分以及时分等多种交换方式的多粒度交换技术的出现,不仅可以简化网络节点结构及其控制系统,降低设备和运维成本,而且能够提高网络的灵活性和可扩展性,从而使运营商有能力为用户提供快速、便捷、优质、高效个性化的服务。

多粒度交换将能够提供从分组、帧(信元)、时隙、波长、波带以及光纤等多种带宽粒度的交换。多粒度交换节点直接在光层上按需动态分配资源,通过公共的控制平面灵活地提供服务,而且可根据网络和相关服务的需要提供各种服务等级和保护机制。多粒度交换技术除继承了光传送网的主要特点外,还具有以下突出优点:

① 简化节点结构,简化控制系统,降低成本;

② 支持流量工程,支持业务疏导,可有效提高资源的利用效率;

③ 恢复和复原能力,使网络在出现问题时仍能维持一定质量的业务,可以实现业务的快速恢复;

④ 将光网资源与数据业务分布自动联系在一起,可根据用户需求动态分配带宽;

⑤ 可以支持新的业务类型,诸如按需带宽业务和光层虚拟专用网(OVPN)等。

鉴于多粒度交换的上述优点,IETF、ITU-T 和 OIF 等国际化标准组织已经针对多粒度交换的特点对原有的 MPLS 技术进行了扩展,提出了能够支持多粒度交换的 GMPLS。

为了支持 ASON 多粒度的业务接入和交叉连接,必然要求光层和电层具有相应的交叉连接能力:在光层支持波长级以上颗粒度的交叉连接,而在电层支持子波长速率的业务汇聚和交叉能力。

多粒度光交换节点完成对光纤端口级、不同光纤中双向任意光波带级、波长级、数字VC级等不同颗粒度带宽光信号的交叉连接和智能控制功能的实现。多粒度光交换节点传送模块的整体功能模型如图 11-7 所示。

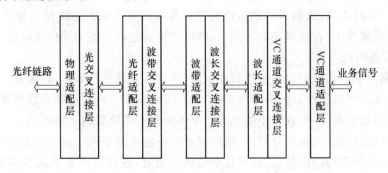

图 11-7　多粒度光交换节点功能模型

从实现上看,物理适配层完成对输入光信号进行放大、链路级功率调整,以及输出光信号的放大以满足传输要求,并在链路级监测其性能;光纤交叉连接层完成以光复用信号为单元(即光纤级)的交叉连接,这适用于在本节点不需要上下的光纤链路,如完成链路级的保护倒换等。光纤适配层将线路上传输的多波长信号分割为若干波带(波长组),对波带信号进行功率管理并监测其性能;波带交叉连接层则完成以波带为单位的交叉连接处理。如果有波长通道在本节点需要处理,通过波带适配器将波带信号解复用,并逐个波长进行功率平衡及复用,并在光层监测其性能等;波长交叉连接层完成波长通道级的交叉连接、分插复用、保护恢复处理等功能。本地业务需要上下路的波长通道通过波长适配层导入电的 VC 交叉连接层,进行 VC 粒度的容量交叉和业务梳理等功能。波长适配层完成 DWDM 要求的特定波长生成,支持虚波长通道的波长变换以及电再生处理等,这种分层结构使得各层功能比较单一,处理方便,整个节点的模块性增强,性价比提高。

11.1.5　ASON 路由与生存性技术

1. ASON 中的路由技术

（1）ASON 路由功能结构

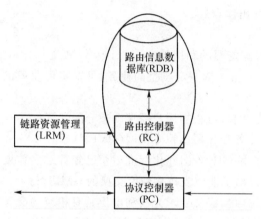

图 11-8　ASON 路由功能组件关系图

ASON 的路由功能组件主要包括:与协议无关的组件,如链路资源管理器(LRM)和路由控制器(RC);与协议相关的组件,如协议控制器(PC)。RC 主要用于处理路由的抽象信息,而 PC 依据信息经过的参考点(如 E-NNI、I-NNI)来处理与协议相关的信息,并将路由原语传递给 RC。图 11-8 给出了路由功能组件之间的关系图。

（2）三种路由模式

针对多域网络环境中动态光通道的建立,ASON 智能光网络中提出了 3 种路由模式:层次路由、源路由和逐跳路由。在层次路由中,子网层次的每一级主节点负责本级子网的选路,每级主节点之间按照层次结构的关系相互作用来选择路由。在源路由模式中,从源节点开始,连接每经过一个路由域,其入口节点要负责本路由域中的路由选择,并负责判断连接所需进入的下一个路由域的入口节点,这样逐个路由域进行选路,直到最终到达目的节点所在的路由域。逐跳路由模式与源路由模式大致相同,区别在于:在逐跳路由方式下,路由的选择是以节点为单位逐跳选择路径的。

（3）分层路由的实现

网络中路由域的划分可以是基于管理权限,也可以是基于技术,可以是基于地理部署位置,也可以是基于网络层次。网络中的路由域由子网、连接子网的链路和这些链路的端点组成,它们可递归地分割,一直到最小的包含 2 个子网和 1 条链路的子路由域。当在同一层次中的路由域再次进行其内部的分割时,就形成了下一层次的子路由域。在多个路由中,域和域之间只传递概括后的路由信息,而不是全部路由信息,这样可以有效减少网络路由负荷,提高网络伸缩性和可管理性。

路由域划分以后,每一个路由域都要通过路由执行器(RP)来提供服务,每个 RP 负责控制一个路由域,进行通道的计算等。而 RP 又是依靠 RC 的联合来实现的。

路由域可以分层包含,在路由等级中每个路由域与一个独立的 RP 相关联。路由等级中的每一层面可以使用支持不同路由模式的 RP。RP 的实现可以是基于分布式的路由控制器。RC 提供路由服务接口,即为 RP 定义的服务接入点。RC 同时负责路由信息的协调和分发。RC 的实现可以是一组分布式的实体,这一组实体称为一个路由控制域(RCD)。RCD 之间交换的路由信息属性包含了 RC 分发接口之间交换的路由信息的共同语义,并允许每个域内使用不同的表达方式。

(4)动态路由的实现

在 ASON 中,动态路由的实现是基于 GMPLS 约束的路由模型,如图 11-9 所示,通过使用 GMPLS 控制平台的不同模块显示了光通道路由和信令过程。

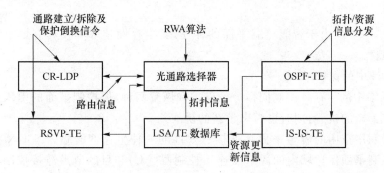

图 11-9　ASON 智能光网络中的路由模型

这里,内部网关协议(IGP)〔如具有流量工程的开放最短路径优先(OSPF-TE)和中间系统-中间系统(IS-IS-TE)协议〕与光属性和流量工程(TE)属性的扩展结合在一起,允许节点交换有关光网络的拓扑信息、资源可用性和策略信息,通过正确地定义在一个 LSA/TE 数据库里维护的链路状态通告(LSA)可以做到这一点。路由和波长分配(RWA)算法可以被用来选择有特别的资源和/或策略约束的光通道,该算法可以利用存储在 LSA/TE 数据库里的拓扑和资源信息。一旦选择了一条光通道,节点就会调用信令协议来建立连接,具有流量工程的资源预留协议(RSVP-TE)和/或基于约束路由的标签分发协议(CR-LDP)可用来发送光通道建立的信令信息。图 11-9 里的光通道选择器为一个给定的连接请求计算一个光通道或者多个不同的光通道,其目标可以是优化某个网络参数,如网络资源利用率。

2. ASON 中的生存性技术

(1)ASON 的生存性特点

ASON 网络中的生存性机制具有智能化、多样化的特点。智能化主要体现在控制平面的引入,在于具有智能控制功能的通用多协议标签交换(GMPLS)协议族的使用,特别是对于保护、恢复机制在信令、路由和资源管理等方面的支持;而多样化则体现在 ASON 格状网络结构对于多种保护、恢复方式的支持,适合于多种生存性机制的实现。

ASON 的体系结构设计了一个基于 GMPLS 协议族的控制平面,而 GMPLS 协议通过扩展,增加了与恢复相关的信令和路由等机制来实现 ASON 生存性的要求。同时,ASON 的生存性机制也引入了一些特有的约束,其特点如下。

① 备用路由和主路由必须在物理上相分离,可以是完全不相交的路径或仅仅绕过了故障链路。

② 在光域中的连接由其通道上各节点的交叉连接倒换来实现,无法建立零带宽的备用通道,这对于有限的网络带宽资源的分配将是一个极大的挑战。格状网拓扑中为了实现恢

复资源的共享,选路时必须考虑各链路的空闲容量、共享相同恢复通道的主通道组以及它们所有可能产生的故障等信息。

③ ASON 中控制信道和数据信道物理上的分离还使得它的生存性机制必须单独地考虑控制平面的故障恢复机制和相应的信令支持。

④ GMPLS 控制平面需要具有相应的竞争解决策略,以避免在故障恢复时产生资源冲突;其他的约束还包括节点/标签交换路径(LSP)的包含/排除、传输时延以及波长连续性限制等。

由此可见,ASON 由于智能控制平面的存在,其生存性技术不仅具有更重要的意义而且更富有挑战性。

(2) ASON 中的保护/恢复

ASON 网络中的生存性机制同样分为保护和恢复两种,但控制平面的引入为网络生存性的实现带来了新的机遇,同时也带来了新的挑战。

保护是指利用空闲的容量来提高连接有效性的一种生存性措施。ASON 控制平面的保护发生在控制平面保护域内的源节点连接控制器(CC)和目的节点连接控制器之间。保护机制的操作可在源和目的节点之间进行协调。当故障发生时,保护并不包括重新寻找路由或者在中间的 CC 建立额外连接的过程。这也就是保护和恢复的主要区别。

呼叫的恢复是指使用空闲容量通过改变路由来对故障连接进行恢复。与保护机制相比,一部分甚至所有的用来支持连接的子网端点(SNP)都会在恢复过程中发生变化。控制平面的恢复与重路由域相关。重路由域是指一群呼叫和连接控制器的集合,这些控制器对基于域的重路由共同进行控制。重路由域边缘的组件可协调通过重路由域的所有呼叫/连接,来进行基于域的重路由操作。一个重路由域必须完全包含在一个路由域中,而一个路由域可能完全地包括几个重路由域。因此,同重路由域相关的网络资源也完全地包含在一个路由域中。当一个呼叫/连接在重路由域中被重新寻址路由时,在重路由域的边界之间会进行基于域的重路由操作。

对于一个单独的域,一个域内重路由服务在重路由域中的源和目的组件(连接呼叫控制器)之间进行协商,一个域内的重路由服务的请求不会跨越域的边界。当涉及多个重路由域的时候,每一个域的边缘组件会为每个跨越重路由域的呼叫激活重路由服务。一旦呼叫建立,在呼叫路径上的每一个重路由域都会知道为了这个呼叫需要哪一个重路由服务被激活。

ASON 是基于格状拓扑结构的,故现有的多种生存性机制都可以在 ASON 中实现。不同的生存性策略对故障的恢复过程基本相同,典型的包括以下几个阶段:故障检测、故障定位、故障通知和故障恢复等。故障检测在光域中主要采用光信号丢失的方法来确定,控制信道的故障还可以利用链路管理协议(LMP)的 Hello 消息来检测。其他恢复阶段可由 ASON 控制平面来完成,因此,要求控制平面必须具有相应的信令、路由机制来发布链路状态信息、预留恢复资源以及建立恢复 LSP 等,其中故障定位可利用 GMPLS 中 LMP 所提出的定位机制来进行,故障通知可由 GMPLS 的信令协议〔例如具有流量工程的资源预留协议(RSVP-TE)中的快速通知机制〕来负责,故障恢复工作包括 LSP 回复(即将业务切换回原主通道)、资源的释放以及通道的拆除等,都可由 GMPLS 信令的扩展来实现。

11.1.6　ASON 演进策略

ASON 演进路线可分为 3 个阶段。

（1）第一阶段

集中式网络管理系统和部分网络的控制平面相结合,如图 11-10 所示。这一阶段中,在现有核心网络首先升级,引入 ASON 集中控制系统,实现流量工程和带宽按需自动配置等部分智能,并向管理系统提供接口。同时改造原有的管理系统,实现集中的管理系统上配置智能控制系统。这一阶段强调充分利用管理系统,实现多域、多厂商、多运营商环境下的互操作,实现传统网络和引入 ASON 控制平面的网络的互连。而核心层获得基于网格状网的灵活、强大的智能,在这种配置下,连接的建立将采用软永久连接（SPC）方式。

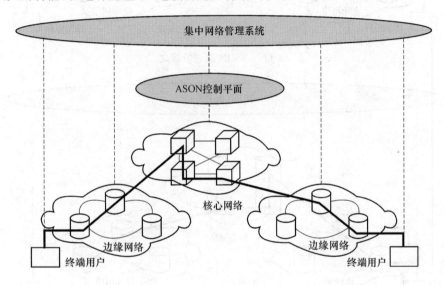

图 11-10　ASON 演进阶段之一

（2）第二阶段

利用标准接口实现完全控制平面的连接调度,如图 11-11 所示。在这一阶段,网络的不同部分不同程度发展了控制平面。用户网络可能发展了一个简单的 UNI（用户网络接口）代理,通过 UNI 实现与服务提供商网络控制平面的互连互通。在服务提供商网络中,不同域各自独立升级的控制平面将通过 E-NNI（外部网络节点接口）互连。这样,通过各种接口,网络中建立起了端到端的信令机制,可以从终端客户发起 SC 连接建立。网管系统可以在 ASON 与传统网络的互连互通时发挥作用。

（3）第三阶段

利用统一的控制平面实现分布式智能,如图 11-12 所示。在 GMPLS 技术的进一步成熟的基础上,特别是 NNI（网络节点接口）信令协议最终实现标准化的前提下,控制平面可扩展到全网范围统一实现,控制智能的实现也更为强大和全面。网管系统将演变成网络资源的管理监控系统和业务的政策服务器,提供诸如网络性能,故障处理和资源监控等功能,并将继续在未来 ASON 中发挥必不可少的重要作用。

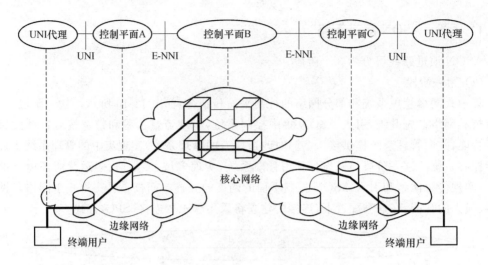

图 11-11　ASON 演进阶段之二

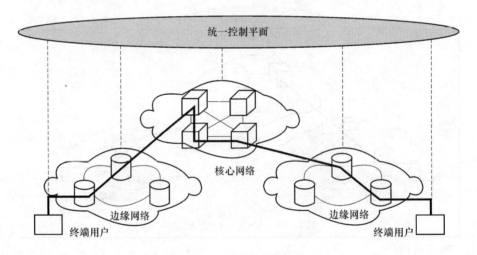

图 11-12　ASON 演进阶段之三

11.1.7　ASON 在传输网中的应用

1. ASON 在核心光网络中的应用

核心光网络智能化是未来网络发展主要趋势，目前 ASON 在核心光网络中的主要应用是设计透明的光交换结构，获得较低的传输时延，并在信令协议上具有协议独立性等特点。在核心光网络中，ASON 的主要作用是：控制、传输和处理太比特级的业务；实现网络的动态重构和可扩展性能；支持新型的服务类型，如带宽按需分配和光虚拟专用网络等。

智能核心光网络由智能光传输设备、智能光交换设备和智能光终端设备组成，如图 11-13所示。智能光网络能够保证网络的可靠性和提供灵活的信号路由平台，尽管现有的通信都采用电路交换技术，但发展中的智能光网络却需要智能交换技术来完成路由功能以及实现网络的高速率和协议透明性。智能光交换技术为进入节点的高速信息流提供动态光域处理，只是将属于该节点及其子网的信息上/下路并交由电路交换设备继续处理，这样做具有以下几个优点：首先，可以克服纯电子交换的容量瓶颈问题；其次，可以大量节省建网和网络升级成本;最后,可以大大提高网络的重构灵活性和生存性,以及加快网络恢复的时间。

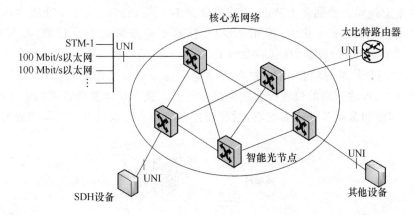

图 11-13　智能核心光网络结构

ASON 在核心光网络中的应用,需要解决以下几个问题。

① 需要为控制平面选择一种组网方案,如重叠模型或对等模型。

② 需要对 IP 控制技术进行扩展,提供一个智能的控制平面。

③ 在多层的网络环境中,需要采用虚拓扑技术,进行多层的流量整合和虚拓扑的重新配置。

④ 支持包括格状拓扑在内的复杂网络环境下灵活、快速的网络保护恢复能力。

2. ASON 在城域光网络中的应用

目前对城域光网络的要求是:支持多协议和光透明性、提供快速自动的端到端服务、业务互通、高 QoS、低成本连接、支持 VPN 和各种网络生存性要素等。ASON 所具有的解决带宽快速部署、端到端配置、保护/恢复、提供 QoS/SLA 和分布式的网络控制能力,可以满足城域网的上述需求,特别适合在城域网应用。

城域网络中主要是 4 种技术:SDH、ATM、Ethernet、WDM。早期的城域网大多采用 SDH 来建设。在城域网中引入智能,主要从以下几个方面进行考虑。

① 在控制层面,引进具有灵活指配、网络拓扑自动发现、快速自愈等功能的智能控制协议。

② 在业务层面,支持多协议、光透明传输、可扩展、高 QoS、支持 VPN 和各种网络生存性要素。

③ 在传输层面,扩展具有优化数据流传输新特性的 SONET/SDH 的使用。

ASON 的引入,使城域光网络具有智能化,能够提供软永久光连接、多种生存性和光恢复机制、支持以太网数据流、实现可变的带宽调整等。智能城域光网络结构如图 11-14 所示。

ASON 体系结构中物理层网络考虑了 SDH 和 OTN(光传送网)两种情况,目前城域网的主要传输网络是 SDH,所以城域网引入 ASON 主要解决的是如何在 SDH 网络上增加控制平面,将 ASON 的功能和现在城域网中流行的几种技术相结合。

大的城域传送网一般分为核心层、汇聚层和接入层 3 层结构。核心层提供城域骨干节点之间的连接,其业务具有网状均匀分布、业务颗粒大的特点,最适合 ASON 技术的应用。

为支持数据业务,核心层的 ASON 设备要求提供数据透传功能,提供多业务的承载。汇聚层负责将本地交换局连接到骨干节点,以多业务颗粒汇聚、传送、调度和处理为核心。由于电路调度频繁,资源需求变化大,采用 ASON 技术也是非常适合。目前,汇聚层多采用 MSTP(多业务传送平台)设备,具有以太网 L2 交换和汇聚功能,所以增加 ASON 控制平面需要考虑和 MSTP 技术的结合,作为过渡方案也可以采用智能代理的模式,将汇聚层和核心层统一管理,实现端到端的快速配置和网络生存性。接入层主要负责端局业务的接入,以细颗粒传送、调度和多业务处理为核心,对智能控制功能的要求可以视需求和成本而定。

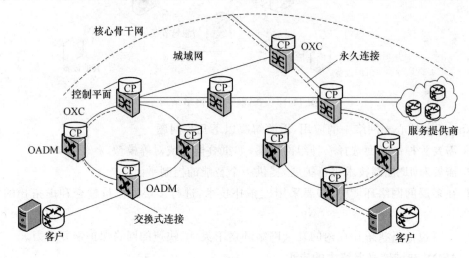

图 11-14　智能城域光网络结构

另外,如果城域网采用 WDM 技术,并且在汇聚层组成 OADM 环网,对 ASON 的应用将更加有利。

11.2　GMPLS

控制平面是 ASON 网络的核心,ASON 的智能就是建立在 ASON 网络中控制平面引入的基础上。为了能适应 ASON 动态地提供网络资源和传送信令的要求,需要对传统的 MPLS 进行扩展和更新。GMPLS 正是 MPLS 向光网络扩展的产物,专门应用于 ASON 控制平面的具体实现。GMPLS 可以用统一的控制平面来管理多种不同技术组件的网络,从而为简化网络结构、降低网络管理成本和优化网络性能提供重要保证。

11.2.1　GMPLS 概述

GMPLS 是 MPLS 的扩展和延伸,更准确地说,是 MPLS-TE 的扩展。由于 GMPLS 主要是扩展了对传输网络的管理,而传输网络的主要业务为点到点业务,这与 MPLS-TE 的业务模型非常相似,因此 GMPLS 主要借助 MPLS-TE 的协议栈,将其加以扩展而形成。

GMPLS 协议族包括 3 个主要组成部分:链路管理协议(LMP 和 LMP-WDM)定义链路管理功能;路由扩展协议(OSPF-TE 和 ISIS-TE)定义域内路由功能;标签分发协议(RSVP-TE 和 CR-LDP)定义信令功能。这些协议族定义完整的协议状态机制和管理信息库。

GMPLS 要求所有网络节点都必须运行 GMPLS 才能实现 GMPLS 功能。

　　基于 GMPLS 的统一控制平面增加了网络的智能性,使得相互连接的网络单元更好地工作。所有的网络单元在 GMPLS 的控制下,对等地协同工作,动态地建立跨越不同类型网络的标签交换路径,从而节省高昂的网管维护费用,为在短时间内提供高带宽和新的增值服务提供了保障。

　　GMPLS 的引入,不仅带来了网络的智能化,同时也使传统网络的 4 层结构简化为 2 层结构,即由 IP over ATM over SDH over WDM 结构简化为 IP via GMPLS over WDM 结构,跨过 ATM 和 SDH 两层,直接实现 IP over WDM,这使得传输网络操作更简单,更适合数据业务传输。GMPLS 促进了网络层次的简化,使网络从最基础的传输层走向融合,推动了传输网络和交换网络的统一。

　　GMPLS 具有两种应用模型:覆盖模型和匹配模型。在覆盖模型中,路由器是光纤域的一个客户机,只与邻接的光纤节点直接作用,实际的物理光通路由光纤网络而不是路由器来决定。而在匹配模型中,IP/MPLS 层的作用就像一个光传输层的完全匹配,特别是 IP 路由器可以确定包括通过光纤设备在内的连接的整个路径。无论匹配模型还是覆盖模型,GMPLS 的目标是扩展从路由器到光纤域的 MPLS 范围,其传输决定基于时间槽、波长或物理端口(在 GMPLS 技术中被称为"隐式标记"),而不是信息包的分界线。GMPLS 通过支持新种类的 LSR(包括密集波长分割多路复用器、分插多路复用器和光纤交叉连接)使这样的连通域匹配成为可能。

　　GMPLS 可以帮助业务供应商动态提供带宽和容量,改善网络恢复能力并降低运营开支。此外,由于 GMPLS 支持开放标准,电信商可以在建设网络时使用符合标准的最优设备。

11.2.2　GMPLS 节点结构

　　GMPLS 架构的主要特点是实现了控制平面和传送平面的物理分离,而控制平面又包含信令平面和路由平面。虽然控制平面使用的技术仍然是基于 IP 的,但是传送平面使用的技术可以多种多样,可以是各种类型的流量(分组、TDM 等)。GMPLS 光纤网络中节点接口如图 11-15 所示。

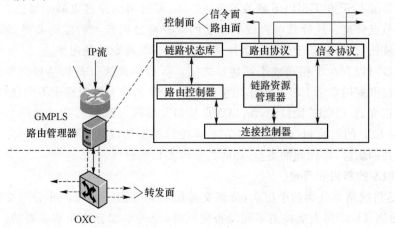

图 11-15　网络节点结构示意图

　　基于图 11-15 的节点结构,GMPLS 定义了 5 种接口类型来实现各类业务的统一,分别是:分组交换接口(Packet Switch Capable,PSC)、第二层交换接口(Layer2 Switch Capable,L2SC)、时隙交换接口(Time Division Multiplexing Capable,TDMC)、波长交换接口(Lambda Switch Capable,LSC)、光纤交换接口(Fiber Switch Capable,FSC)。其中,PSC 可识别数据分组的边界,并且根据数据分组的分组头对数据分组进行有目的的转发;L2SC 可识别帧或者信元的边界,并基于帧结构或者信元的头部信息,对该帧或者该信元进行转发;TDMC 根据时间片信息进行数据转发;LSC 根据波长进行交换;FSC 可以在真实的物理空间进行交换,也就是对光纤进行交换。

11.2.3　GMPLS 关键技术

1. GMPLS 的标签和标签交换路径

(1) GMPLS 的标签

　　为了支持电路交换(主要是 SDH)和光交换(包括 LSC 和 FSC),GMPLS 设计了专用的标签格式,标签应该支持对光纤、波带、波长甚至时隙的标识。与相关的接口相对应,GMPLS 还定义了对应于 PSC 和 L2SC 的分组交换标签、对应于 TDMC 的电路交换标签和对应于 LSC 和 FSC 的光交换标签。其中,分组交换标签与传统 MPLS 协议中的标签的定义是相同的;而电路交换标签和光交换标签为 GMPLS 新定义,包括建议标签、设定标签、请求标签以及通用标签。

　　建议标签由准备建立 LSP 通道的上游节点发出,告知下游节点建立这个 LSP 通道所希望的标签类型。设定标签用于将建立某个 LSP 所需的标签类型限制在一定范围内,下游节点根据设定标签中的信息有选择地接收标签。请求标签用于 LSP 路径的建立,由 LSP 上游节点发出,向下游节点申请建立 LSP 的资源。通用标签是在 LSP 建立完成后,用于指示沿 LSP 传输的业务的情况。

(2) GMPLS 的 LSP 分级

　　GMPLS 的 LSP 分级技术是为了解决光网络带宽分配的离散性和粗粒度问题,实现网络资源的最大化利用。在 LSP 的不同接口中,等级从高到低依次为 FSC、LSC、TDMC、L2SC、PSC。LSP 分级是指低等级的 LSP 可以嵌套在高等级的 LSP 中,即大量具有相同入口节点的低等级 LSP 在 GMPLS 域的节点处汇集,再透明地穿过更高一级的 LSP 隧道,最后再在远端节点分离。这样就可将较小粒度的业务整合成较大粒度的业务,减少 GMPLS 域中用到的波长数量,有助于处理离散性质的光带宽,提高资源利用率。

　　LSP 分级可以存在于相同或不同接口之间。所谓相同接口是指某种类型的接口可以使用相同的技术复用多个 LSP。而不同接口是指 LSP 的嵌套可存在于不同接口之间,例如 PSC 接口可嵌套到 TDMC 接口中,而 TDMC 接口又可嵌入到 LSC 中。使用 LSP 分级技术时,要求每条 LSP 的起始和结束都必须在相同接口类型的设备上,且在每个方向上都必须共享一些公共的属性,如相同的类型、相同的资源类别集合等。

2. GMPLS 的路由和寻址

　　GMPLS 将网络划分为两个层次:分组交换层和非分组交换层。非分组交换层还可以细分,特别是当 TDM 与光交换由不同设备完成时,进一步细分是非常必要的。例如,一般交换网络中有 4 个网络云,分别是 PSC 网络云、TDM 网络云、LSC 网络云和 FSC 网络云,

4 个网络云可以被看成 4 个自治系统(AS)。每个 AS 又可分成多个路由域,每个路由域可运行不同的内部路由协议(GMPLS 定义了两种扩展的 IGP 协议:OSPF-TE 和 ISIS-TE)。每个非分组交换层可以自成为一个 AS,各自治系统间的路由信息交换可由边缘路由器上运行域间路由协议来实现(如 BGP4)。

GMPLS 规定了两种寻址方式:显式路由和逐跳路由。显式路由类似于源路由技术,在入口处指定路径中的每个节点;而逐跳路由则是由中间的每个节点自行决定下一个出口节点。很显然,逐跳路由模式要求中间的每个节点拥有全路由,它对设备路由处理能力的要求是非常高的。所以为了降低对传输网络设备的要求,GMPLS 指定显式路由(包括宽松型和严格型)作为设备必须具备的能力,将逐跳路由作为可选能力。

3. GMPLS 链路管理

(1) 链路绑定和无编号链路

随着新业务不断增多,未来网络的两个交换设备之间可能有上百条光纤,每条光纤上又有上百条波长通路。为每一条光纤、每一条波长通路和每一条时隙通路都分配一个 IP 地址是不可能的,因为这样会大大减少 IP 地址空间和加重管理负担。为了解决这个问题,GM-PLS 采用了两种机制,即链路绑定和无编号链路。链路绑定的具体做法是提取并行链路的一些共性,并将这些共性作为一条绑定链路的属性,它的好处是大大减少了链路状态数据库的大小,降低了维护开销。无编号链路是为了减少 IP 地址的使用而提出的,具体做法是用一个二元组[Router ID,Link Number]来表示链路的地址。其中,链路号的通告需要扩展相应的路由协议。

(2) 链路管理协议

GMPLS 定义专门的链路管理协议(LMP)来管理两节点间的链路,其内容包括控制信道管理、链路属性关联、链路连接性验证和故障隔离/定位。其中后两项为可选项。

① 控制信道管理

控制信道用于在两个邻接节点间承载信令、路由和网络管理信息。GMPLS 通过控制信道接口来管理和配置控制信道(每个控制信道接口可以包含多个控制信道),完成使用哪一个控制信道来传输信息。控制信道可以采用显式配置,也可以采用自动配置。

② 链路属性关联

链路属性关联可以进行链路绑定,可以修改、关联和交换链路的流量工程参数。交换链路属性可以动态改变链路的特性,增加链路、改变链路保护机制、改变端口标识符等。

③ 链路连通性的验证

链路连通性验证用于验证数据链路的连通性,它通过发送 Ping 类的测试消息逐一验证所有的数据链路(包括链路束中的每一个组成链路)。

④ 链路故障管理

链路故障管理通常包括故障检测、故障通告和故障定位。故障检测应在接近失败的业务层上进行,但由于全光设备对速率和格式都是透明的,传统的故障检测方法不再适用,因此,必须开发光层的故障检测机制。为了把故障定位到两个相邻节点间的链路上,检测到数据链路失败的下游节点应给其相邻的上游节点发送一条 ChannelStatus 消息,通告检测到了一个故障。收到消息的上游节点必须发送一条 ChannelStatusAck 消息来表明收到了 ChannelStatus 消息。上游节点应该关联这个故障并应确定本地是否能检测到这个故障。

如果在上游节点的输入端或其内部可以检测到故障,则故障就被定位了。

4. GMPLS 信令机制

为了适应光网络,GMPLS 在继承 MPLS 信令的基础上,对原有的协议进行了扩展。这些更新和扩展主要包括以下方面。

① 与 MPLS-TE 的信令过程相同,GMPLS 的 LSP 建立过程也是由上游节点向目的端发出"标签请求消息"和目的端返回"标签映射消息"。所不同的是,"标签请求消息"中需增加对所要建立的 LSP 的说明,包括 LSP 类型、载荷类型和链路保护方式等。

② 为了达到优化的目的,上游节点可以向下游节点推荐建议标签(下游可以不采纳建议标签)。建议标签可大大减少在收发端建立双向 LSP 的时间,减少信息传输的延迟时间。

③ 支持双向 LSP 是 GMPLS 信令的一个重要特征。双向 LSP 规定两个方向的 LSP 都应具有相同的流量工程参数,都采用同一条信令消息,两个 LSP 同时建立,这样就显著降低了 LSP 的建立时延和控制开销。

④ 为了快速处理故障,GMPLS 采用了故障通告机制,即采用通告消息来通告故障的邻近节点处理故障,这样可防止一些中间节点处理这些通告消息,避免故障点的状态被改变。通告消息已经被加入到 RSVP-TE 中,不会替换 RSVP 中已存在的错误通告信息。

5. GMPLS 链路保护与恢复

GMPLS 的链路保护/恢复类型支持 1+1、1∶1 等方式。节点发现故障后,需要发送 Notify 消息通知上、下游节点释放资源。为了提高整个过程的速度,需要同时向上游和下游节点传送消息,两个方向并行删除资源。当沿途节点收到此消息后,继续往下传送,同时删除本地资源。为加快消息传播的速度,节点必须先传送消息,再处理本地资源。

资源释放完后,则由源节点重新发起建立所有的链路。重建时应先查找本地路径保护/恢复信息,得出一条新的备份链路,再发出 LSP 建立请求,重建新的链路。为缩短保护时间,保护/恢复链路应通过相关算法预先算好或提前备份。同时,路径建立的消息散布和资源预留也应同时进行。链路保护/恢复过程如图 11-16 所示。

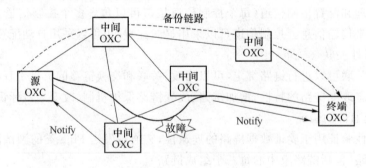

图 11-16　链路保护/恢复

6. GMPLS 流量工程

GMPLS 流量工程最核心的实现方法是利用约束路由计算显式路径,利用显式路径方式建立标签交换路径、利用标签交换路径进行流量分配,即采用约束显式路由技术来实现路径选择、负载均衡、自愈恢复、路径优先级等机制。

(1) 路径选择

GMPLS 采用显式路由的方式为 IP 分组选一条从源节点到目的节点的路径,网络中的核心节点不需要再为 IP 分组选择路由,仅需根据支持流量工程的信令协议中携带的路由信息将信令信息转发到下一节点。

(2) 负载均衡

GMPLS 可以使用两条或多条 LSP 来承载同一个用户的业务流,合理地将用户业务流分摊在这些 LSP 之间。

(3) 路径优先级

在网络资源匮乏的时候,应保证优先级高的业务优先使用网络资源。GMPLS 通过设置 LSP 的建立优先级和保持优先级来实现。

(4) 自愈恢复

GMPLS 自愈恢复是 GMPLS 流量工程的一种重要应用特性,是指在网络发生故障时,如何及时进行故障切换,保障网络应用不受影响。GMPLS 的自愈恢复实现包括 4 种方式:链路或节点保护、路径保护、路由重新计算、备份路径恢复。

11.3　PCE

在大规模的多层多域光网络中,实现路径计算需要特定的计算单元并且能在多个不同的域间进行合作,为此,IETF 标准化组织提出了路径计算单元 PCE(Path Computation Element)的概念。

11.3.1　PCE 概述

在多层多域光网络中,以电路交换为基础的 ASON 路由技术难以支撑复杂的约束条件(如波长一致性、接口交换能力、时隙复用规范、光束的物理损伤约束等)下的路由计算,存在着网络利用率低、路由器 CPU 计算能力受限等缺点。为此,IETF 提出路径计算单元 PCE 架构(RFC 4655)及一系列相关的 RFC 标准,用于解决上述复杂的路径计算问题。

PCE 是网络中专门负责路径计算的功能实体,与现有多协议标签交换/通用多协议标签交换(MPLS/ GMPLS) 协议兼容,具有体系结构灵活的优点,能够减少路由器 CPU 的负荷,提高资源利用率及网络运行效率和质量。G.7715.2 提出了 PCE 在 ASON 环境中的应用,从中可以看出当前 ASON 路由技术发展的现状及其对 PCE 技术的需求。PCE 顺应了当前网络的需求,在 ASON 路由技术中将发挥越来越重要的作用。

ITU-T 的 ASON 发展已日臻成熟,而 PCE 作为相对独立的功能实体,具有灵活的体系结构,既可以内嵌到管理平面,也可以作为集中服务器融合到智能网络中,适用于域内、域间以及不同运营商之间等多种网络环境,实现端到端路径计算。在 ASON 控制平面中引入 PCE 结构,可以解决多域环境下端到端路径计算的问题。

11.3.2　PCE 的结构模型

PCE 是一个用于路径计算的软件或硬件功能实体,由路径计算引擎(Path Computation Engine,PCEN)、带流量工程的链路状态数据库(Traffic Engineering Database,TED)和 PCEP(Path Computation Element Communication Protocol)协议引擎三个功能模块构成,

它可以基于已知的网络拓扑结构和约束条件,根据 PCC(Path Computation Client)的请求计算出一条满足约束条件的最佳路径。PCE 在网络中的结构模型共分为五大类,分别如下。

(1) 内置 PCE 模型

内置 PCE 是指在路由器/标签交换路由器(Label Switch Router,LSR)中实现 PCE 功能,通过路由协议交换 TE 信息构造 TED。PCE 根据 TED 计算路径,以响应连接建立请求。PCE 节点和其他路由器之间的邻接关系可以直连或通过各种隧道机制形成,如图 11-17 所示。

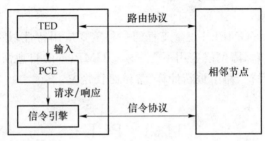

图 11-17　内置 PCE 节点模型

(2) 外置 PCE 模式

外置 PCE 的特点是独立于网元设备。源端节点收到服务请求后,首先向 PCE 请求一条路径,PCE 返回计算得到的路径后,源端节点再通过信令协议建立业务,如图 11-18 所示。

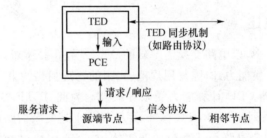

图 11-18　外置 PCE 节点模型

(3) 多 PCE 路径计算

多 PCE 路径计算是指多个 PCE 协作并计算一条路径。在这种结构中,第 1 个 PCE 向源端节点只返回部分路径,中间网元继续向下一个 PCE 请求计算剩余路径,如图 11-19 所示。在这种情况下,PCE 可以是外部的,也可以是和网元设备集成在一起的。

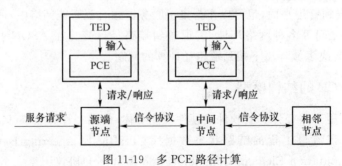

图 11-19　多 PCE 路径计算

（4）具有 PCE 间通信的多 PCE 路径计算

对于多 PCE 路径计算问题，可以引入 PCE 间的通信与合作，通过 PCE 间的合作，PCE 可以让源端节点请求其他 PCE 来帮助计算，如图 11-20 所示。采样 PCE 来计算流量工程路径只是将设备的路径计算功能独立出来。

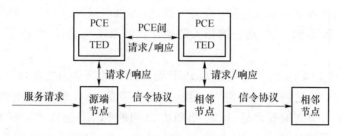

图 11-20　具有 PCE 间通信的多 PCE 路径计算

PCE 在网络中的应用可以分为集中模式和分布模型。集中模式下，一个域内部只有一个 PCE，这里的域可以是一个 IGP 域、一个 AS，也可以是网络的一部分。域内所有的路径计算都由这个 PCE 来完成。在分布模式下，一个域内部可能有多个 PCE，路径的计算可能由一个 PCE 完成，也可能由多个 PCE 完成，路径计算客户 PCC 可以连接到一个 PCE 上，也可以自由选择连接到某个 PCE 上。

（5）基于网络管理系统的 PCE 应用模型

网络管理系统（Network Management System，NMS）使用管理平面机制来发送请求，并使用 TE MIB（流量工程管理信息）模块进行数据编码。NMS 来构建显式路径，并提供给源端 LSR 来自操作人员的使用信息，之后 PCE 再返回 NMS 一条路径，如图 11-21 所示。

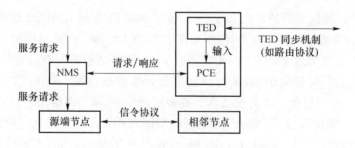

图 11-21　基于 NMS 的 PCE 应用模型

11.3.3　PCE 的通信协议

一个路径计算客户 PCC 可能会收到多个客户计算单元 PCE 的信息，路径计算根据收到的路径计算请求信息，从若干个 PCE 中选择一个合适的路径计算单元 PCE 作为其路径计算的默认 PCE。当路径计算客户 PCC 在需要计算流量工程路径时，将相关的路径计算请求发送给该默认的 PCE，由其完成流量工程 TE 链路的计算，路径计算单元 PCE 完成路径计算后，将相应的路径计算结果返回给路径计算请求客户 PCC，PCC 根据路径计算结果建立相应的路径。

路径计算客户 PCC 和路径计算单元 PCE 之间的通信通过 PCE 的通信协议 PCEP 来完成。PCEP 包括 PCE／PCC 之间的协议和 PCE／PCE 之间的协议。PCE／PCC 之间的协议主要用来完成路径计算请求的发送以及路径计算响应的接收;PCE/ PCE 之间的协议主要用来完成 PCE 之间的自动发现以及 PCE 之间 TED 的同步,也用于多 PCE 协调情况下的路径计算请求与响应。

PCEP 采用 TCP(Transmission Control Protocol)作为传输控制协议。PCEP 承载了 PCC 和 PCE 之间各种交互报文,这些报文包括:能力协商报文、PCC 向 PCE 发送的各种路径计算请求报文、PCE 向 PCC 返还的相关路径计算结果以及 PCC 和 PCE 之间传递的各种报错报文等。

路径计算客户 PCC 在路径计算单元 PCE 发送路径计算请求之前,需要在 PCC 和 PCE 之间建立 PCEP 连接,这种连接的建立过程为:首先建立 PCC 和 PCE 的连接,然后进行相关的能力协商,能力协商通过之后,PCC 和 PCE 之间的 PCEP 连接就连接好了。其中,路径计算客户 PCC 和路径计算单元 PCE 之间的能力协商包括:PCEP 协议版本号、PCC 和 PCE 之间连接的保活时间、最大保活时间等内容。

PCC 向 PCE 的路径计算请求包括下列信息:路径的源地址和目的地址;带宽和 QoS(服务质量)参数请求;使用或者避免使用的资源以及共享风险链路组(SRLG);需要的不相交路径数量以及是否能接受准不相交路径;链路资源的弹性、可靠性和健壮性;相关策略的信息。

PCE 完成链路计算后,向 PCC 返回一条或多条路径。如果路径计算失败,PCE 将向 PCC 返回尽可能多的关于失败原因的反馈信息,以确保下一次的路径计算请求可以得到正确的路径计算结果。

11.3.4　GMPLS/PCE 的结构模型

随着 GMPLS 控制平面的提出和发展,产生了基于 PCE 与 GMPLS 组合的网络控制平面结构,如图 11-22 所示。在 ASON 控制平面引入 PCE 实体,PCE 与控制平面的光连接控制器(OCC) 相连,并通过 PCEP 与 OCC 进行交互,将网络中的所有信息保存到 TED 中。然后 TED 不断更新,保持同步性,从而保证路径计算的准确性。PCE 已成为解决多域网络/多层网络中路由问题的一项关键技术。在多层网络中,基于多层网络一致的拓扑结构和限制,PCE 计算出最优路径,完成 ASON 域间、层间 TE 和路径最优化。以层间多 PCE 计算为例,每一层都有一个 PCE,通过 TED 同步,各层 PCE 协作,结合不同层的网络信息,计算出跨层的端到端路径。

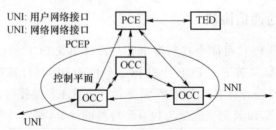

图 11-22　基于 GMPLS/PCE 的网络控制平面结构

基于 GMPLS/PCE 的节点结构分成内置式和外置式两种,分别如图 11-23 和图 11-24 所示。内置式 PCE 与 GMPLS 控制平面的 LSR 完全集成,如 ASON 中的路由控制器

（Routing Controller，RC）便是一种内置 PCE。外置式 PCE 则完全独立于 LSR 节点，一方面 PCE 采用 PCEP 协议作为路径计算请求与应答的接口，另一方面 PCE 采用 OSPF 或 IS-IS 路由协议作为收集网络资源的接口。外置式 PCE 因为采用了服务型架构，所以具有较低的模块耦合性，比内置式 PCE 有更加广泛的应用前景。

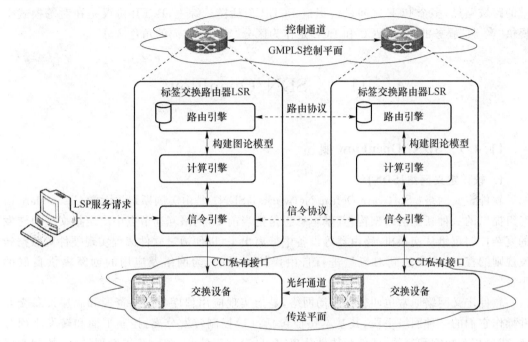

图 11-23　GMPLS 控制平面与内置 PCE 的部署及节点功能模型

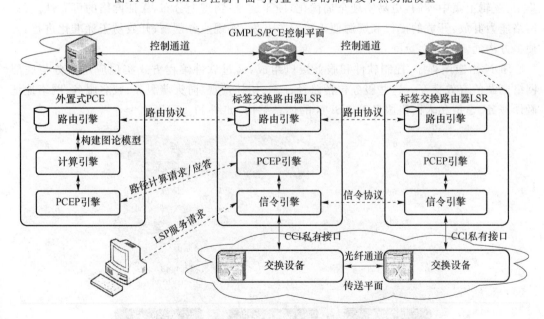

图 11-24　GMPLS 控制平面与外置 PCE 的部署及节点功能模型

对于外置式 PCE，在 PCE 和 PCE 之间 PCC 与 PCE 之间均采用 PCEP 协议进行通信。PCEP 协议采用 4189 端口号，以 C/S 方式建立 TCP 连接，当 PCEP 会话建立之后，转变为基于 TCP 网络流的 peer-to-peer 对等模式。在控制平面和 PCE 通信时,LSR 节点扮演路径计算客户端 PCC 角色;在 PCE 和 PCE 之间通信时,PCE 实体可以具有 PCC 和 PCE 双重角色,当一个 PCE 向另一个 PCE 发起路径计算请求时,发起方作为 PCC,服务方作为 PCE,例如在跨域路径计算的过程中,服务于不同域的多个 PCE 之间经过交互协作最终得到端到端的跨域路径,多个 PCE 之间最终形成 PCEP 会话链。综上,PCEP 协议是在对等模式下提供"客-服"服务的协议,PCC 和 PCE 是作为区分"客-服"方向的角色区分。

11.4 SDN/OpenFlow

11.4.1 SDN/OpenFlow 概述

1. 软件定义网络(SDN)

软件定义网络(Software Define Networks,SDN) 是由美国斯坦福大学 Clean slate 研究组提出的一种新型网络架构,其基本思想是把当前 IP 网络互连节点中决定报文如何转发的复杂控制逻辑从交换机/路由器等设备中分离出来,以便通过软件编程实现硬件对数据转发规则的控制,最终达到对流量进行自由操控的目的,为网络及应用的创新提供良好的平台。

软件定义网络通常也叫软件驱动网络,是指实现应用程序与网络资源和底层设备交互并操作它们的一种网络手段,其基本特征包括:(1)控制转发分离:控制平面和转发平面分离,减少相互影响和制约;硬件和软件分离,各自专注于特长,独立演进发展。(2)控制逻辑集中:逻辑上集中控制,更易实现全局优化,便于运维;物理上分布,保证网络的可靠性。(3)网络能力开放:开放的接口和资源便于第三方开发,实现业务创新;开放易于标准化进程,方便多方沟通。

SDN 由应用程序、控制软件和服务接口组成,通过软件编程方式实现应用服务与底层网络资源的有效交互。这些服务包括路径计算、拓扑发现、防火墙服务、域名服务、网络地址翻译服务、虚拟私人网络服务等。SDN 的体系架构,如图 11-25 所示。

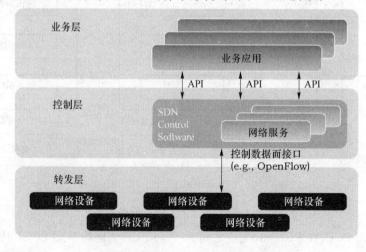

图 11-25 软件定义网络体系结构

由图 11-25 可知,自底向上,SDN 体系架构分为基础设施层、控制层和应用层三层。其中,控制层中控制软件与基础设施中的交换/路由等网络设备经由控制数据面接口(也被称为南向接口)交互,与应用层各种 APP 经由开放 API(也被称为北向接口)交互;网络基础设施充当原交换/路由设计中的转发面角色,也被称为 OpenFlow 交换。OpenFlow 交换由流表、安全通道和 OpenFlow 协议三部分组成,是整个 OpenFlow 网络的核心部件,主要管理数据层的转发。OpenFlow 交换接收到数据报文后,首先查找流表,找到转发报文的匹配,并执行相关动作。若找不到匹配表项,则把报文转发给控制层,由控制器决定转发行为。控制器通过 OpenFlow 标准协议更新 OpenFlow 交换中的流表,从而实现对整个网络流量的集中管控。控制层通过对底层网络基础设施进行资源抽象,为上层应用提供全局的网络抽象视图,并由软件实现,摆脱硬件网络设备对网络控制功能的捆绑。应用层通过控制层提供的开放接口,对控制层提供的网络抽象进行编程,以操控各种流量模型和应用的网络流量,使得应用产生的流量对网络感知,实现网络智能化。

目前,SDN 的标准化工作还处于起步阶段,部分协议相对成熟,总体标准的研究还刚刚开始。从事 SDN 相关技术和协议研究的标准化组织主要是 IETF/IRTF、ONF 和 ITU-T,涉及的相关标准化技术有 OpenFlow、NETCONF/YANG、ALTO、PCE 等。

2. OpenFlow 协议

OpenFlow 是美国斯坦福大学于 2007 年提出的一种支持网络创新研究的新型网络交换模型,该模型通过开放的流表支持用户对网络处理行为进行控制,从而为新型互联网体系结构研究提供新的实验途径。

OpenFlow 是网络操作系统和网络设备间的通信协议,业界公认的主要 SDN 协议,由开放网络基金会(ONF)主导,目前已经发布了 1.3 版本。使用 OpenFlow 协议建立软件定义网络,可以将网络作为一个整体而不是无数的独立的设备进行管理。OpenFlow 交换机将原来完全由交换机/路由器控制的报文转发过程转化为由 OpenFlow 交换机和控制器共同完成,从而实现了数据转发和路由控制的分离。控制器可以通过实现规定好的接口操作控制 OpenFlow 交换机中的流表,从而达到控制数据转发的目的。

OpenFlow 网络由 OpenFlow 交换机、FlowVisor 和 Controller 三部分组成。OpenFlow 交换机进行数据层的转发;FlowVisor 对网络进行虚拟化;Controller 对网络进行集中控制,实现控制层的功能。OpenFlow 网络的结构如图 11-26 所示。OpenFlow 的核心思想是将原本完全由交换机/路由器控制的数据包转发过程,转化为由 OpenFlow 交换机(OpenFlow Switch)和控制服务器(Controller)分别完成的独立过程。

OpenFlow 交换机是整个 OpenFlow 网络的核心部件,主要管理数据层的转发。OpenFlow 交换机接收到数据包后,首先在本地的流表上查找转发目标端口,如果没有匹配,则把数据包转发给 Controller,由控制层决定转发端口。OpenFlow 交换机由流表、安全通道和 OpenFlow 协议三部分组成。流表由很多个流表项组成,每个流表项就是一个转发规则,表征如何处理该流。安全通道是连接 OpenFlow 交换机到控制器的接口,使用 OpenFlow 协议传输控制命令和数据分组。OpenFlow 协议定义了一种开放的、标准的 C/S 通信协议,用来描述控制器和交换机之间交互所用信息的标准,以及控制器和交换机的接口标准。协议的核心部分是用于 OpenFlow 协议信息结构的集合。如图 11-27 所示,OpenFlow 交换机通过 OpenFlow 协议与控制器进行通信。

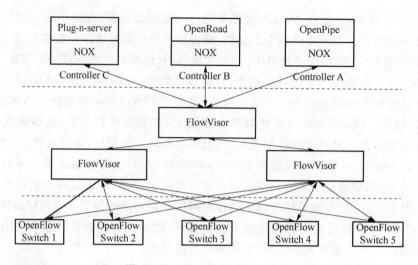

图 11-26　OpenFlow 的网络结构

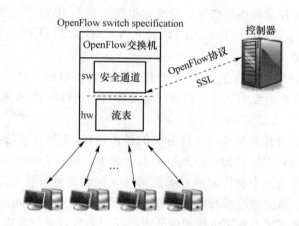

图 11-27　OpenFlow 交换机的组成原理

OpenFlow 使传统的二层和三层交换机具备细粒度流转发能力,即传统的基于 MAC 的网络分组转发,基于 IP 的路由转发,被拓展到了基于多域网络分组头描述的流转发。同时,传统的控制层面从转发设备中剥离出来,所有转发行为的决策从交换机自身"迁移"到了某个集中控制器上。

目前,OpenFlow 已经在美国斯坦福大学、印第安纳大学、Internet2、欧洲 OFLEIA、日本 JGN2plus、韩国 NetOpen 网络服务平台以及其他的诸多科研机构中部署。美国斯坦福大学展开了有关 OpenFlow 协议、控制器可伸缩性、监测调试工具链、网络虚拟化、分组电路融合等方面的研究。国内的清华大学和北京邮电大学也较早参与并跟进 OpenFlow 使能的 SDN 相关技术研究,前者侧重于网络源地址有效性验证、IPv6 支持、网络安全和无线嵌入式 OpenFlow/MPLS 技术等方面,后者侧重于光网络基于 OpenFlow 的统一控制面研究。英国 Essex 大学提出了一种由光流、光流元素和可编程 Open-Flow 控制器使能的 Open-Flow 网络结构,该结构具有操作任何用户定义的网络协议和场景的能力,能够提供智能的、用户控制的和可编程的光网络服务。

2012 年 11 月,ONF 研讨会上从节点单元、光层交换、控制组网等不同角度对 SDN 展开讨论。在物理层面上,提出了可灵活实现调制格式控制、速率调整以及 OSNR 等物理损伤补偿的软件定义架构;在光器件层面上,实现了可调整光路带宽和调制格式、FEC 类型以及输出告警的软件定义光收发机,完成了可编程波长范围、输出功率和告警类型的可变增益放大器,讨论了可软件定义端口数量配置、波长范围和插入损耗的波长选择开关和光交叉连接器;在控制组网层面上,包括可编程控制网元配置与自动发现,网元状态检测、虚拓扑设计与重构,以及建拆光路与网络保护与恢复等重要的管控功能。为了满足光网络控制的需要,在 OpenFlow 最新版本协议匹配域中加入了与光传输相关的参数。

11.4.2　基于 SDN/OpenFlow 的光网络

光纤通信在过去的几十年间飞速的发展,各种节点、系统和组网技术层出不穷,单信道速率达到太比特每秒,通信规模与容量获得了空前提升。作为中国最为重要的电信基础设施之一,光网络在支撑社会信息化、宽带化建设方面起着举足轻重的作用。近年来,由于人-机-物信息交互量与日俱增,光网络的动态性和灵活性进一步增强,光网络的发展不再局限于简单的"刚性带宽管道"思维,而是出现了波长柔性化、业务增值化的趋势与特征,传统自动交换光网络/通用多协议标签交换(ASON/GMPLS)架构已不能满足这一要求,迫切需要探索新的智能光网络发展途径。针对这种情况,北京邮电大学张杰教授和赵永利博士借鉴网络中流量工程的概念,提出了频谱工程和业务工程两类需求挑战。

(1)频谱工程

流量工程是网络研究的一项重要内容,可以解决将分组数据流高效率地映射到物理拓扑上的任务,并且能够改善业务质量,增强网络运行的效果和性能。流量工程主要描述的是针对时间域分组处理的策略和方法,不涉及与频谱相关的内容。传统波分复用技术受到固定频谱间隔、固定调制格式等限制,存在频谱利用不灵活和效率低下的缺点,难以满足未来大带宽、高突发的分组数据传送要求。灵活栅格技术的出现,使得光网络中频谱资源走出了固定分配模式,向按需带宽的弹性切片化方向发展。如何实现对频谱资源的利用能够像在时间域上的处理那样灵活,成为亟待解决的技术挑战,这类需求统称为频谱工程问题。

(2)业务工程

以 ASON/GMPLS 为代表的智能光网络解决方案,其核心是交换自动化,侧重于针对连接建拆处理过程的控制,包括路由、信令、发现和链路资源管理等功能。然而,连接并不等同于业务,业务的完成还包含丰富的业务提供逻辑。随着技术的发展,智能光网络控制架构逐渐由 GMPLS 演进到 GMPLS/PCE,但无论是 GMPLS 还是 GMPLS/PCE 架构,在实现网络控制时,由于缺少映射抽象变得过于复杂,想要实现多域多层网络的统一管控非常困难。云计算和数据中心应用的出现,提出了虚拟化、可编程等新的挑战,推动光网络由控制平面智能向业务处理智能方向发展。传统光网络存在"重控制、轻业务"的问题,难以满足这一趋势要求,如何围绕以业务智能化为核心构建网络控制功能,迫切需要在机理上实现创新与突破,这类需求统称为业务工程问题。

为了应对上述两项需求,扩展现有 ASON/GMPLS 是一种可能的做法。由于需要引入业务感知、损伤分析、层域协同、资源虚拟等新的策略与规则,ASON/GMPLS 控制"胖平面"化的趋势更加明显,由此导致网络控制功能越来越复杂。如果能够将部分智能性进一步从控制平面中剥离出来,这样将有利于提高光网络的整体资源利用效率,并增强更为灵活的业务提供能力。

软件定义网络(SDN)的出现为解决以上难题提供了一种行之有效的实现方案。SDN 技术具有可编程能力的优点,能够很好地适应光网络统一、灵活、集成的控制需求。软件定义光网络的架构实现了由控制功能与传送功能的紧耦合到控制功能与运营功能的紧耦合、以连接过程为核心的闭合控制到以组网过程为核心的开放控制的模式转变,代表了未来光网络技术新的发展方向。

1. 软件定义光网络的架构

基于 SDN/Openflow 的光网络称为软件定义光网络,是通过硬件的灵活可编程配置,

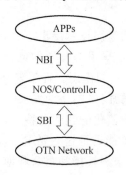

图 11-28　基于 SDN/OpenFlow
的光网络架构

实现传送资源可软件动态调整的光传送架构,架构如图 11-28 所示,其采用了 SDN 的架构,支持网络能力开放和第三方管控,支持异构网络互联,其管理控制、路径计算等功能与设备解耦,集中于 SDN 控制器中,且具有开放的南向/北向接口。软件定义光网络的核心技术包括:具有灵活可变的光、电功能模块,构建高速、低功耗可编程的光系统,支持 OpenFlow 标准控制接口以及开放式应用接口(API),利用可编程传送控制器(Programmable Transport Controller)实现光网可编程化以及资源云化,从而为不同的应用提供高效、灵活、开放的管道网络服务。

2. 软件定义光网络的控制平面

当前智能光网络中基于 GMPLS/PCE 的控制平面结构如图 11-29 所示,GMPLS 协议分布运行于各节点的控制平面上,PCE 统一集中路径计算和资源分配,基于信令进行连接建立,且自定义私有接口。

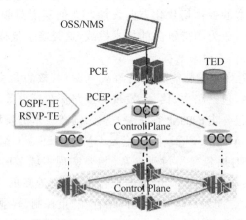

图 11-29　基于 GMPLS/PCE 的智能光网络控制平面

软件定义光网络的控制平面如图 11-30 所示,其采用了一种新型的网络控制单元,即 Programmable Transport Controller。该控制器通过与网络设备层的标准化 OpenFlow 控制接口,提供跨多设备形态的统一控制,实现从动态云业务到基于 Flex OTN、Flex TRX、Flex ROADM 的弹性管道端到端统一控制,方便增值业务的快速即时提供;通过与应用层

的开放式 API,使应用可以驱动网络,快速即时重构网络硬件系统,实现可编程化的光网络,满足用户动态实时性以及个性化服务需求;通过集中式的控制理念,使业务多层流量疏导更加智能、可控,全网资源利用率得以最大化提升,业务端到端质量得到有效保证,让用户得到最完美的体验。这种基于集中式管理、标准化控制以及开放式 API 的软件定义管理方式,使传送网从哑管道转变成智能管道,管道作为业务的一部分为运营商提供"OaaS"增值服务(Optical as a Service)。

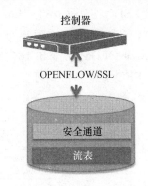

图 11-30　软件定义光网络
的控制平面

与基于 GMPLS/PCE 的控制平面相比,软件定义光网络的控制平面具有以下特点:(1)转发面节点能力和网络资源向控制器开放;(2)集中的控制器与转发面分离;(3)基于统一的流表进行转发和动作;(4)开放的南向接口 SBI。

事实上,SDN 控制器可由现有(如图 11-29 所示)控制平面/PCE 基础上进一步开放接口和集中管控逐步演进实现,是控制平面的增强而非替代。

3. 软件定义光网络的传送平面(可编程光传送网络)

与传统的光网络不同,超 110 G 时代的 OTN 光传送网络引入了多载波光传输技术、Flexible Grid 技术和更强的相干 DSP 处理能力,从而具备可配置/编程特性。可编程意味着可根据需要而改变,传送层的可编程能力和特征是以组件的可编程能力为基础,从而使得节点设备具备灵活的可编程特性,并将这些可编程能力向上层开放,使得整个光传送网络具备更强的软件定义特征,提升光网络整体性能和资源利用率,支持更多的光网络应用。软件定义光网络的传送平面如图 11-31 所示。

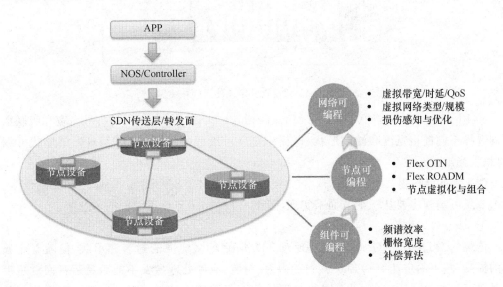

图 11-31　软件定义光网络的传送平面(可编程光传送网络)

（1）组件可编程

组件可编程从硬件上来说,包括两个方面。

① SDO(Software Defined Optics Module)光模块,如图 11-32 所示,线路侧根据不同的链路状态选择不同的频谱效率和补偿算法。其中,频谱效率可编程是指 Nysquist/O-OFDM/e-OFDM 可变和 16QAM/QPSK/BPSK 可变;补偿算法可编程是指损伤补偿算法可变、FEC 类型和格式可变。

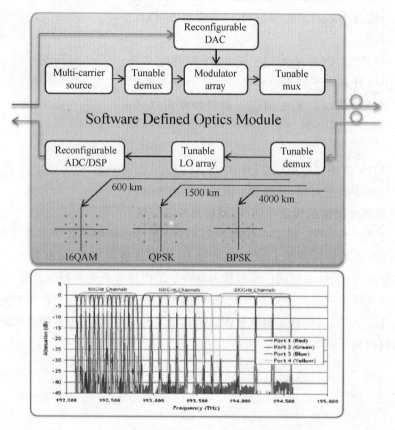

图 11-32　软件定义的光模块

② Flexible Grid 器件(Tunable Mux/Demux,WSS),根据不同的信号谱宽和级联数量不同选择不同栅格宽度和滤波形状,即栅格宽度可编程($N \times 12.5$ GHz)、光谱形状可编程(可编程光滤波)。

（2）节点可编程

节点可编程主要从三个方面来实现,图 11-33 给出了节点可编程的示意图。

① Flex OTN 技术

传统的 OTN 通过 GMP 技术实现对 TDM/IP 等多业务的封装和承载,但随着业务速率的提升,基于固定速率 OTUk 接口的映射、封装、成帧处理愈发不能满足运营商对超带宽和灵活可配置带宽的需求,且不同的 OTUk 需要不同的硬件与之对应,同时,也无法与具备可软件编程的光物理层(Flex Transceiver)单元相适配。Flex OTN 在原有 OTN 的基础上,引入灵活 OTN 处理,与可编程光层完美结合,既扩展了 OTN 的灵活性,同时又与现网兼容,很好地满足了对未来多业务灵活、高效率的承载。

Flex OTN 由于传送容器大小可编程和电交换粒度可编程(TDM/Packet),可实现灵活的速率适配和复用,其中,传送容器大小可编程指的是可采用不同的映射方式,如 Flexible ODUC/OTUC $N*110\,G$,以及采用不同的传输速率,如 $N*110\,G/200\,G/400\,G$。

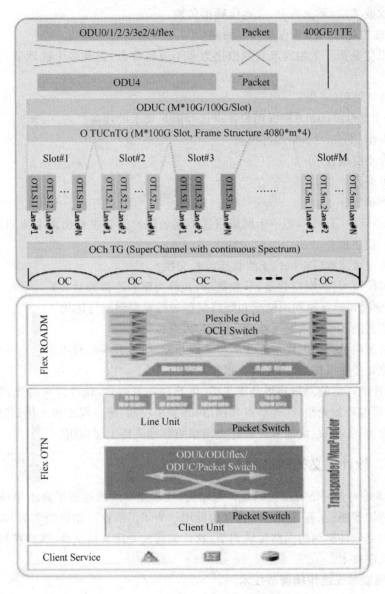

图 11-33 节点可编程示意图

② Flex ROADM 技术

ROADM 即可配置的 OADM 单元,是光网络中不可或缺的重要光层物理单元,能够在光层实现波长通道的交换和上下路。随着 400 G/1 T+的出现,为了进一步提升频谱资源利用率,原有固定通道间隔被打破,Flex ROADM 应运而生。Flex ROADM 可以实现极小的带宽间隔,实现任意带宽任意光通道之间的无损交换;结合 Flex OTN 技术和可编程的光组件,更进一步,在光层可实现更精细的子波长调度,通过光层直接旁路,减小昂贵的上层交换设备的使用,降低运营商 TCO 以及网络整体功耗。

Flex ROADM 包括光交换粒度可编程和光路资源可编程,其中,光交换粒度可编程是指有两种交换粒度:多载波、波长级和多载波光层子波长级;光路资源可编程是指频谱组合、相邻通道无滤波效应,频谱拆分、非连续频谱传输。

③ 节点虚拟化/组合(节点规模可编程)

节点虚拟化是指一个物理节点虚拟化为多个逻辑节点,以及多个物理节点组合为一个逻辑节点。

(3) 网络可编程(应用)

① 虚拟带宽专线(BoD)根据用户需求选择满足要求的连接

➢ 带宽类型(TDM/Packet)可编程

➢ 带宽大小可编程

➢ 时延可编程

➢ QoS 可编程

② 传送即服务(TaaS),将一个网络根据不同的用户需要虚拟出多个不同的逻辑子网,向不同的客户提供服务

➢ 网络类型可编程(Packet、子波长或波长交换)

➢ 网络规模可编程(端口数量、节点数量、光纤类型和连接数量等)

③ 根据全网频谱资源利用情况和线路损伤进行资源调配与优化

➢ 实现信道间和信道内非线性联合补偿,提升传输性能

➢ 实现基于频谱资源的路由算法和频谱碎片整理,提升频谱利用率

➢ 全面感知传输损伤,为上述优化提供依据

综上,光传送网络的发展趋势是更灵活、更开放和更高效,软件定义的光网络主要具有以下特点:①可编程的光组件、光节点和网络;②集中控制,统一调度和优化;③开放的接口,支持第三方管控;④高效、灵活和开放让光网络更好地支持上层应用。

11.4.3 软件定义光网络的关键技术

SDN 技术是对光网络智能化的延伸与增强,代表光网络的控制平面由单纯的交换智能向同时考虑传输智能、业务智能的综合方向发展。为了适应这一角色的变革,未来软件定义光网络需要攻克软件驱动的光路传输调节、软件编程的光路灵活交换、软件扩展的光路自动联网等 3 项关键技术。

1. 软件驱动的光路传输调节技术

在传统 ASON/GMPLS 方案中,主要关注的是光路连接属性,即如何控制节点开关单元的状态,实现由源节点到宿节点之间端到端光路的智能建拆过程。其假设前提为"光通道的信号质量都是有保障的,所有链路和信道都具有标准的传输特性"。该方案只是满足了光路连接性的动态需求,对物理属性的动态调整与控制没有给出具体的解决方案。即,ASON/GMPLS 控制平面只是控制了光层开关的动作,而不包括其他可性能调节的光传送系统设备。然而实际光网络中物理损伤决定了信号传输质量,在选路和资源分配过程中都不能忽略,损伤感知(IA)技术成为重要研究内容之一。

IA 技术提出以后,人们开始更多关注光路自身的物理属性。在基于 IA 的选路和资源分配算法中,即使可以找到一条符合连接需要的光路系统,如果其物理损伤的积累已不能满足信号传输性能要求,同样该路由不能被网络所接受使用。可见,IA 技术不仅需要解决当前光路选择的可能性问题(指在拓扑上能够找到合适的路径并分配可用资源),还要满足可行性的要求(指光路的物理损伤不影响到信号传输质量)。

随着软件定义光学的发展,光纤通信系统中的模块与器件性能具备了可调节能力。光收发机的波长、输入输出功率、调制格式、信号速率、前向纠错码(FEC)类型选择等,以及光放大器的增益调整范围等参数都可以实现在线调节。光路已经发展成为物理性能可感知、可调节的动态系统。例如,我们可以根据需要改变光路的调制格式和编码列类型,以延长光信号的传输距离,或者减少占用的频谱资源。

2. 软件编程的光路灵活交换技术

从业务需求上看,光网络应具备动态灵活地提供不同传输速率、不同带宽粒度的信号交换能力。波分复用系统中单波长 40 G、110 G 等传输接口已经不能满足当前路由器丰富的应用需要,支持子波长级别和超波长级别的交换能力成为实现多业务接入灵活性的迫切要求。传统基于固定波长间隔的可重构光分插复用(ROADM)技术只能提供波长通道的调度处理,难以满足各类业务不同的通信速率和带宽需求。

波长间隔无关的可编程 ROADM 技术在全光交换过程中的应用打破了传统波长通道 50 GHz、110 GHz 的间隔划分,可支持全光汇聚与疏导,为实现高谱效率、速率灵活的光路配置和带宽管理提供了全新思路。发展软件编程的光路交换技术,满足灵活栅格分配的要求,提出大容量、多维度、多方向的全光分插复用节点方案,设计具备方向无关、波长无关、竞争无关和栅格无关等特征的高度可重构节点交换结构,并通过采用高性能的可编程光路选择滤波集成组件等技术,支持网状网中不同间隔和码型信号的灵活交换处理。

3. 软件扩展的光路自动联网技术

由于互联网应用迅猛增长,不同带宽粒度和性能要求的业务类型加载到光网络上,通过虚拟化实现业务到网络层面的高效映射、承载与调度变得十分重要。业务的多样性和时变性要求传送网具有更加灵活的带宽接入能力,这就意味着未来传送网需要提供多种粒度的业务接口,并能够为高度动态化的业务需求分配相应资源。同时,网络的分层、分域在很大程度上解决了大规模光网络的可扩展性,但是多层多域光网络本身仍旧面临着一定的体系扩展性问题,即在时间或者空间上扩展后,如何保证端到端的业务性能,具体包括路由可达性、路径计算收敛时间、建路时间、生存性和资源利用率等方面的性能。当前的多层多域网络架构不能很好地解决网络扩展所带来的问题,亟须在新的体系架构上取得突破。

从基于网管的统一调度系统到基于分布式节点的智能控制平面,再到基于 PCE 的集中式路径计算服务,光网络的智能化经历了从集中到分布再到集中与分布结合的发展过程,面向软件扩展的光路自动联网技术成为未来演进的重要方向。为了突破大规模组网过程中所面临的"组网控制复杂与资源利用低效"问题,光网络控制体系势必需要完成"封闭"到"开放"的根本性改变,形成以"开放式灵活控制"为核心特征的软件定义光网络,其主要功能在于依托网络单元的软件可编程特性,即根据用户和网络状态需求,利用可编程控制的器件、算法、策略、协议,定制内核可高度重构化的网络支撑系统,提供开放式的管理与业务适配接口,实现异构网络资源的归一化调度与业务应用的高质量保证。

思考与练习题

1. ASON 有哪些技术特点和优势？
2. 简要说明 ASON 的体系结构和网络结构。
3. ASON 中的多粒度交换技术有哪些优点？简要说明多粒度交换节点的功能模型。
4. 简要说明 ASON 的路由与生存性技术。
5. GMPLS 有哪些关键技术？

缩 略 语

ADM	Add-Drop Multiplexer	分插复用器
AON	All Optical Network	全光网络
APS	Automatic Protection Switch	自动保护倒换
AR	Alternate Routing	备选路由
AS	autonomous system	自治系统
ASON	Automatic Switching Optical Network	自动交换光网络
ATM	Asynchronous Transfer Mode	异步传输模式
AWG	Arrayed Waveguide Grating	阵列波导光栅
BDP	Burst Data Packet	突发数据分组
BCP	Burst Control Packe	突发控制分组
BGP	Border Gateway Protocol	边界网关协议
CC	Connection Controller	连接控制器
CCI	Connection Control Interface	连接控制接口
CD	Chromatic dispersion	色度色散
CMIP	Common Management Information Protocol	公共管理信息协议
CTPS	Composite Type Photonic Swithing	复合型光交换
CoS	Class of Service	服务类型
CRC	Cyclic Redundancy Check	循环冗余检验
CP	Control Plane	控制平面
CR-LDP	Constraint Routing based-Label Distribute Protocol	基于约束路由的标签分发协议
DCN	Data Communication Network	数据通信网
DCSL	Data Convergence Sublayer	数据汇聚子层
DOS	Digital Optical Switches	数字式光开关
DP-QPSK	Dual Polarization Quadrature Phase Shift Keying	双极性正交移相键控
DWDM	Dense Wavelength Division Multiplex	密集波分复用
ECC	Embed Control Channel	嵌入式控制通道
EDFA	Erbium-Doped Fiber Amplifier	掺铒光纤放大器
EGP	Exterior Gateway Protocol	外部网关协议
E-NNI	External Network-Network Interface(E-NNI)	外部网络-网络接口
ETDM	Electrical-Time-Division Multiplexing	电时分复用
FAR	Fixed Alternate Routing	固定备选路由
FC	Fiber Channel	光纤通路
FDL	Fiber Delay Line	光纤延迟线
FEC	Forward error correction coding	前向纠错编码

FF	First Fit	首次命中
FR	Frame Relay	帧中继
FR	Fixed Routing	固定路由
FSC	Fiber-Switching Capability	光纤交换能力
FCS	Frame Check Sequence	帧检验序列
GE	Gigabit Ethernet	吉比特以太网
GFP	Generic Framing Procedure	通用成帧规程
GMPLS	General Multi-Protocol Label Switch	通用多协议标签交换
HDLC	High-level Data Link Control	高级数字链路控制
IETF	Internet Engineering Task Force	因特网工程任务组
IGP	Interior gateway protocol	内部网关协议
IMDD	Intensity-Modulation Direct Detection	强度调制直接检测
I-NNI	Internal Network-to-Network Interface	内部网络-网络接口
IP	Internet Protocol	因特网协议
IPv4	Internet Protocol version 4	因特网协议版本 4
IPv6	Internet Protocol version 6	因特网协议版本 6
IS	Interferometric Switches	干涉式光开关
IS-IS-TE	Intermediate System-Intermediate System-Traffic Engineering	基于流量工程的中间系统-中间系统路由协议
ITU-T	International Telecommunication Union-Telecommunication Standardization Sector	国际电信联盟电信标准化部门
LAN	Local Area Network	局域网
LAPS	Link Access Procedure-SDH	SDH 上的链路接入规程
L2SC	Layer2 Switch Capable	第 2 层交换能力
L2VPN	Layer2 Virtual Private Network	第 2 层虚拟专网
LDP	Label Distribute Protocol	标签分发协议
LER	Label Edge Router	标记边缘路由器
LL	Least Loaded	最小负载
LMP	Link Management Protocol	链路管理协议
LN	layered Network	分层网络
LRM	Link Resource Manager	链路资源管理器
LSA	Link-State Advertisement	链路状态通告
LSC	Lambda-Switch Capable	波长交换能力
LSL	Link Sublayer	链路子层
LSP	Label Switched Path	标签交换路径
LSR	Label Switched Router	标签交换路由器
LT	Line Terminal	线路终端
MAN	Metropolitan Area Network	城域网
MEMS	Micro-electromechanical System	微电子机械系统

MI	Managed Information	管理信息
MO	Managed Object	管理对象
MP	Management Plane	管理平面
MPλS	Multiprotocol Lamda Switching	多协议波长交换
MPLS	Multi-Protocol Label Switch	多协议标签交换
MPLS-TE	Multi-Protocol Label Switching-TE	基于流量工程的多协议标签交换
MSP	Multiplex Section Protection	复用段保护
MSTP	Multi-Service Transport Platform	多业务传送平台
MZI	Mach-Zehnder Interferometer	马赫-曾德尔干涉仪
MZM	Mach-Zehnder Modulator	马赫-曾德尔调制器
NMI	Network Management Interface	网络管理接口
NMI-A	Network Management Interface-A	网络管理 A 接口
NMI-T	Network Management Interface-T	网络管理 T 接口
NMS	Network Management System	网络管理系统
NNI	Network Node Interface	网络节点接口
NSL	Network Sublayer	网络子层
OADM	Optical Add/Drop Multiplexer	光分插复用器
OAM	Operation Administration and Maintenance	操作、管理和维护
OBS	Optical Burst Switching	光突发交换
OC-48	Optical Carrier 48(2480Mbit/s)	光载波速率 2 480 Mbit/s
OCH	Optical Channel Layer	光通道层
OCh	Optical Channel	光通道
OCC	Optical Channel Carrier	光通道载波
OCCo	Optical Channel Carrier -overhead	光通道载波开销
OCCp	Optical Channel Carrier-payload	光通道载波有效载荷
OCCr	Optical Channel Carrier with reduced functionality	简化功能的光载波
OCG	Optical Carrier Group	光载波组
ODU	Optical Channel Date Unit	光通道数据单元
OIF	Optical Internetworking Forum	光互联网论坛
OFDM	Orthogonal Frequency Division Multiplexing	正交频分复用
OLS	Optical Label Switching	光标签交换
OLSR	Optical Label Switched Router	光标签交换路由器
OMPLS	Optical Multi Protocol Label Switching	光标记分组交换
OMS	Optical Multiplexing Section Layer	光复用段层
OMU	Optical Multiplex Unit	光复用单元
OPS	Optical packet Switching	光分组交换
OPU	Optical Channel Payload Unit	光通道净荷单元
OS	Optical Switching	光开关

OSI	Open Systems Interconnection	开放系统互连
OSPF	Open Shortest Path First	开放式最短路径优先
OSPF-TE	Open Shortest Path First-Traffic Engineering	基于流量工程的开放式最短路径优先协议
OTN	Optical Transport Network	光传送网
OTP	Optical Transparent Packet	光透明分组
OTS	Optical Transmission Section Layer	光传输段层
OVPN	Optical Virtual Private Network	光层虚拟专用网
OXC	Optical Cross-Connect	光交叉连接
PC	Permanent Connection	永久连接
PC	Protocol Controller	协议控制器
PBC	Polarization Beam Combiner	偏振合束器
PBS	Polarization Beam Splitter	偏振分束器
PDH	Plesiochronous Digital Hierarchy	准同步数字系列
PDU	Protocol Data Unit	协议数据单元
PHB	Per Hop Behavior	逐跳行为
PIC	Photonic Integrated Circuits	光子集成电路
PLC	Planar Lightwave Circuits	平面光波导回路
PMD	Polarization Mode Dispersion	极化模色散
PM-QPSK	Polarization-multiplexed Quadrature Phase Shift Keying	偏振复用正交相移键控
POS	Packet over SDH	基于 SDH 传输的分组
PPP	Point to Point Protocol	点对点协议
PSC	Packet-Switch Capable	分组交换能力
QAM	Quadrature Amplitude Modulation	正交幅度调制
QoS	Quality of Service	服务质量
RC	Route Controller	路由控制器
RCD	Routing Control Domain	路由控制域
RFC	Request For Comments	请求注解(由一系列草案组成)
ROADM	Reconfigurable optical add-drop multiplexer	可重构光分插复用器
RIP	Routing Information Protocol	路由信息协议
RP	Routing Performer	路由执行器
RSVP	Reserved Source Verification Protocol	资源预留协议
RSVP-TE	Resource Reservation Protocol-TE	基于流量工程的资源预留协议
RWA	Routing and Wavelength Assignment	路由和波长分配协议
SAR	Segmentation And Reassembly	拆装分割
SC	Star Coupler	星形耦合器
SC	Switched Connection	交换连接
SDH	Synchronous Digital Hierarchy	同步数字系列

SDL	Simple Data Link	简单数据链路
SLA	Service-Level Agreement	服务水平协议
SNMP	Simple Network Management Protocol	简单网络管理协议
SNP	Sub-network Point	子网端点
SOA	Semiconductor Optical Amplifier	半导体光放大器
SONET	Synchronous Optical Network	同步光网络
SPC	Soft Permanent Connection	软永久连接
STM-1/ STM-4/ STM-16	Synchronous Transport Module level-1/ level-4/ level-16	SDH 信号标准速率等级 1/4/16，对应的速率为 155.52/622.08/2 488.32 Mbit/s
STS-6	Synchronous Transport Signal level-6	同步传送信号速率等级 6 (311.04 Mbit/s)
SXC	Synchronous Cross-Connect	同步交叉连接
TAG	Tell-and-Go	单向预约方式
TAW	Tell-and-Wait	双向预约方式
TDM	Time Division Multiplexing	时分复用
TDMC	Time Division Multiplexing Capable	时分复用能力
TE	Traffic Engineering	流量工程
T-LSP	Transport-LSP	传送 LSP
TMN	Telecommunications Management Network	电信管理网
T-MPLS	Transport-MPLS	传送 MPLS
TP	Transport Plane	传送平面
TWC	Tunable Wavelength Converter	可变波长转换器
UDP	User Datagram Protocol	用户数据报协议
UNI	User-Network Interface	用户网络接口
VC	Virtual Container	虚容器
VLAN	Virtual Local Area Network	虚拟局域网
VPN	Virtual Private Network	虚拟专网
VWP	Virtual Wavelength Path	虚波长通道
WADM	Wavelength Add/Drop Multiplexer	波长分插复用器
WAN	Wide Area Network	广域网
WB	Wavelength Blocker	波长阻塞器
WC	Wavelength Convertor	波长转换器
WCSL	Wavelength Channal Sublayer	波长汇聚子层
WDM	Wavelength-Division Multiplexing	光波分复用
WP	Wavelength Path	波长通道
WSS	Wavelength Selective Switch	波长选择开关

参 考 文 献

[1] 毛谦. 我国光通信技术和产业的最新发展[J]. 光通信研究,2014(1):1-4.

[2] 韦乐平. 光网络技术发展与展望[2008-09-19]. http://www.c114.net.

[3] 蒋水林. 2009 年我国宽带发展前瞻困境中孕育新突破. 中国信息产业网-人民邮电报,2008-12-26(6).

[4] 赵文玉. 光传送网(OTN)技术应用分析. 通信世界周刊,2008,9(9)22-23.

[5] 顾畹仪,等. 光传送网. 北京:机械工业出版社,2003.

[6] R. Gaudino,D. J. Blumenthal. A Novel Transmitter Architecture for Combined Baseband Data and Subcarrier-Multiplexed Control Links Using Differential Mach-Zehnder External Modulators. IEEE Photon. Technol. ,Lett. ,1977,9 (10):1397-1390.

[7] R. Ramaswami. Optical networks:a Practical Perspective. London:Academic Press,1998.

[8] H. T. Mouftah. Photonic Switching Technology. New York:IEEE Press,1999.

[9] F. Callegati. Exploitation of DWDM for Optical Packet Switching With Quality of Service Guarantees. IEEE J. Select. Areas Commun. ,2002,20(1):190-201.

[10] 胡剑,李刚炎. 基于 MEMS 的光开关技术研究[J]. 半导体技术,2007(4):53-55.

[11] 赵继德,李立良. 全光网络中的 MEMS 光开关[J]. 激光杂志,2005,26(3): 10-12.

[12] 李运涛,陈少武,余金中. 光开关矩阵控制和驱动电路及集成技术的研究进展 [J]. 激光与红外,2005,35(1):29-30.

[13] 姚敏,朱华,曹菊英. 双折射光子晶体光纤中基于脉冲俘获的全光开关的研究 [J]. 佛山科学技术学院学报,2006,24(4):12-15.

[14] 潘爱军,严高师. 光开关技术的发展及应用[J]. 自动化信息,2005,10(3):77-78.

[15] 黄章勇. 新型光无源器件. 北京:北京邮电大学出版社,2003.

[16] 蒋溢,马彬,周属衡,等. 基于光突发交换的下一代光互联网技术[J]. 半导体光电,2004,25(4):287-292.

[17] 仇英辉,纪越峰,徐大雄. 光突发交换中的路由技术[J]. 电信科学,2004(1): 21-24.

[18] 唐建军,纪越峰. 波长路由光突发交换及其关键技术[J]. 光通信技术,2004(6): 48-49.

[19] 李景聪,王勇,殷洪玺,等. 光突发交换技术[J]. 光通信研究,2001(5):19-21.

[20] 杨毅军,范戈,于金辉,等. 光突发包交换关键技术概述[J]. 光纤与电缆及其应用技术,2003(4):42-45.

[21] 彭鹏,潘玉燕,王峻峰,等. 混合光突发交换网络的研究[J]. 通信学报,2005,26 (11):34-36.

[22] 曾智龙. GMPLS——IP 与 WDM 无缝结合的关键[2008-10-20]. http://www.china-pub.com/computers/emoook/1611/info.htm.

[23] 王喆,罗进文. 现代通信交换技术[M]. 北京:人民邮电出版社,2008.

[24] 余重秀. 光交换技术[M]. 北京:人民邮电出版社,2008.

[25] 任海兰,刘德明. 光通信信号处理[M]. 北京:电子工业出版社,2006.

[26] 张倩,段高燕,等. 基于光载波抑制的光标记交换新技术[J]. 光通信技术,2007,3(1):61-62.

[27] 黄善国,顾畹仪,张永军,张沛. IP 数据光网络技术与应用[M]. 北京:人民邮电出版社,2008.

[28] 杨淑雯. 全光光纤通信网[M]. 北京:科学出版社,2004.

[29] 刘宏利. OTN——All IP 时代的宽带传送网. 人民邮电报,2007-07-17(8).

[30] 秦元东. G.709 光传送网(OTN)的基本应用[2006-10-8]. http://www.c114.net.

[31] 赵勇. 可重构的 OADM(ROADM)的演进方案[J]. 中兴通讯技术,2005,5(2):12-13.

[32] 黄海清,李维民. ROADM 结构与技术的演进[J]. 光通信技术,2012(10).

[33] 黄海清,李维民,杨种山. 下一代 ROADM 的结构与技术[J]. 光通信技术,2013(5).

[34] 原荣. 光正交频分复用(OFDM)光纤通信系统综述[J]. 光通信技术,2011(8).

[35] 伍伟池,张多英. 光正交频分复用的关键技术研究[J]. 光通信技术,2013(11).

[36] 杨奇,张晓吟. 基于 OFDM 调制和 Nyquist 滤波的超宽通道大容量光传输[J]. 光通信研究,2012(6).

[37] 胡苗青,汤磊,伍仕宝. 全光 OFDM 信号的产生技术[J]. 光通信研究,2012(2).

[38] 余建军. 100G/超 100G 技术进展和现网传输试验[J]. 中兴通讯技术,2012(6).

[39] D. Hillerkuss, et al. Single-laser 32.5Tbit/s Nyquist WDM transmission, Optical Communications and Networking, IEEE/OSA Journal of, Vol. 4, No. 10, 2012, pp.715-723.

[40] 贺志学,罗鸣,李超,杨奇,杨铸,余少华. 30.7Tbit/s 相干光 PDM 16QAM OFDM 80km SSMF 传输[J]. 光通信研究,2012.12,(6):1-4.

[41] Xiang Liu, S. Chandrasekhar, P. J. Winzer, T. Lotz, J. Carlson, J. Yang, G. Cheren, and S. Zederbaum. 1.5-Tb/s Guard-Banded Superchannel Transmission over 56 * 100-km (5600-km) ULAF Using 30-Gbaud Pilot-Free OFDM-16QAM Signals with 5.75-b/s/Hz Net Spectral Efficiency [A]. 2012 OSA [C],2012.

[42] A. Sano, T. Kobayashi, S. Yamanaka, A. Matsuura, H. Kawakami, Y. Miyamoto, K. Ishihara, and H. Masuda. 102.3-Tb/s (224 x 548-Gb/s) C- and Extended L-band All-Raman Transmission over 240 km Using PDM-64QAM Single Carrier FDM with Digital Pilot Tone [A]. 2012 OSA [C], 2012.

[43] 成煜. 超高速率超大容量建设用光纤技术[J]. 中兴通讯技术,2013,19(3):12-16.

[44] YU J J, DONG Z, CHIEN H C. Field trial Nyquist-WDM transmission of 8×216. 4Gb/s.

[45] PDM-CSRZ-QPSK exceeding 4b/s/Hz spectral efficiency [C]//Proceedings of the Optical Fiber Communication/National Fiber Optic Engineers Conference (OFC/NFOEC'12), Mar 4-8, 2012, Los Angeles, CA, USA. Piscataway, NJ,USA: IEEE, 2012: PDP5D. 3.

[46] XIA T J, WELLBROCK G A, HUANG Y K, et al. 21. 7 Tbit/s field trial with 22 DP-8QAM /QPSK optical super channels over 1,503-km of installed SSMF [C]//Proceedings of the Optical Fiber Communication/National Fiber Optic Engineers Conference (OFC/NFOEC'12), Mar 4-8, 2012, Los Angeles, CA, USA. Piscataway, NJ,USA: IEEE, 2012:PDP5D. 6.

[47] YAMAN F, BAI N, HUANG Y K, et al. 10×112Gbit/s PDM-QPSK transmission over 5032 km in few-mode fibers [J]. Optics Express, 2010, 18(20): 21342-21349.

[48] SAKAGUCHI J, PUTTNAM B J, KLAUS W, et al. 19-core fiber transmission of 19 × 100 × 172-Gbit/s SDM-WDM-PDM-QPSK signals at 305Tbit/s [C]//Proceedings of the Optical Fiber Communication/National Fiber Optic Engineers Conference (OFC/NFOEC'12), Mar 4-8, 2012, Los Angeles, CA, USA. Piscataway, NJ,USA: IEEE, 2012:PDP5C. 1.

[49] Paul Morkel. ADVA Optical Netw. 实现从网络边缘到核心的全光交换. 光波通信. 2008,4(5):12-13.

[50] 龚倩,徐荣,张民,叶培大. 光网络的组网与优化设计[M]. 北京:人民邮电出版社,2002.

[51] 龚倩. 智能光交换网络[M]. 北京:人民邮电出版社,2004.

[52] 张宝富,等. 全光网络[M]. 北京:人民邮电出版社,2002.

[53] 黄善国,顾畹仪,张永军,张沛. IP 数据光网络技术与应用[M]. 北京:人民邮电出版社,2008.

[54] 任海兰. 光传送网设备[M]. 北京:北京邮电大学出版社,2004.

[55] 田瑞雄,贾振生. 宽带 IP 组网技术[M]. 北京:人民邮电出版社,2003.

[56] 巴继东,杨九民. IP 与光互联网[M]. 北京:北京邮电大学出版社,2002.

[57] Byeong Gi Lee,Woojune Kim. 综合宽带网[M]. 李广建,黄永文,黄岚,译. 北京:电子工业出版社,2005.

[58] 翟禹,唐宝民,彭木根. 宽带通信网与组网技术[M]. 北京:人民邮电出版社,2004.

[59] 李健,邓宇,刘海玉,张沛. ASON 网络互联[M]. 北京:人民邮电出版社,2008.

[60] 张杰,徐云斌,宋鸿升. 自动交换光网络 ASON[M]. 北京:人民邮电出版社,2004.

[61] 蔡庭. IP over OTN 光网络路由与生存性研究[J]. 北京邮电大学硕士学位论文, 2013,3.

[62] 李芳,张海懿. IP over OTN 的联合优化组网方案探讨[J]. 电信网技术,2009, (11): 1-5.

［63］ 龚倩，徐荣，李允博，田沛. 分组传送网［M］. 北京：人民邮电出版社，2009.

［64］ 黄丽丽，李晓东，叶运峰，赵继军. 基于 PCE 的 ASON 路由技术研究［J］. 光通信研究，2009，4(2)：11-13，18.

［65］ 谢久雨. 基于 PCE 的多层多域智能光网络若干关键技术研究［D］. 北京邮电大学博士学位论文，2011.

［66］ 顾远. 基于 PCE 的智能光网络多域路由与资源计算策略研究［D］. 北京邮电大学硕士学位论文，2012.

［67］ 张顺淼，邹复民. 软件定义网络研究综述［J］. 计算机应用研究，2013，30(8)：2246-2251.

［68］ JIANG Wei-rong，PRASANNA V K，YAMAGAKI N. Decision forest：a scalable architecture for flexible flow matching on fpga［C］/ /Proc of International Conference on Field Programmable Logic and Applications. 2011：394-399.

［69］ GIORGETTI A，CUGINI F，PAOLUCCI F，et al. OpenFlow and PCE architectures in wavelength switched optical networks［C］/ /Proc of the 16th International Conference on Optical Network Design and Modeling. 2012：1-6.

［70］ LIU Lei，TSURITANI T，MORITA I. From GMPLS to PCE /GMPLS to OpenFlow：how much benefit can we get from the technical evolution of control plane in optical networks? ［C］/ /Proc of the 14th International Conference on transparent Optical Networks. 2012：1-4.

［71］ 张杰，赵永利. SDN：软件定义光网络技术与应用［J］. 中兴通讯技术，2013.

［72］ 王会涛. OTN 网络演进的思考(PPT). 中兴通讯，2013(6).

［73］ Lei Liu，Takehiro Tsuritani，Itsuro Morita，Hongxiang Guo，Jian Wu. OpenFlow-based Wavelength Path Control in Transparent Optical Networks：a Proof-of-Concept Demonstration ［A］. 2011 OSA［C］.